计算机"卓越工程师计划"应用型教材
编委会

计算机"卓越工程师计划"应用型教材

面向对象程序设计（C#.NET）

王文琴　费贤举　李亦飞　唐学忠　编著

電子工業出版社·

Publishing House of Electronics Industry

北京·BEIJING

内 容 简 介

C#语言是微软公司专门为使用.NET 平台而创建的，是一种现代的面向对象的程序开发语言，它使得程序员能够在新的微软.NET 平台上快速开发种类丰富的应用程序。本书以读者不具备面向对象概念为前提，由易到难地全面讲解了 C#相关知识。全书共分为 9 章，主要包括软件开发方法与面向对象概述、.NET 程序设计基础、面向对象程序设计初级篇、面向对象程序设计高级篇、界面设计、文件操作、多线程、图形和数据库程序设计。

本书由多年从事一线程序设计与开发的软件项目开发人员和教学经验丰富的教师根据教学实践和开发心得进行组织编写，充分考虑学生在学习中可能遇到的各种问题和学习效率的提高，以初学者的角度讲述了学习和设计中遇到的所有重点和难点。本书适合作为应用型高等院校计算机及相关专业教材和教学参考书，也可供 C#编程入门者学习使用。

图书在版编目（CIP）数据

面向对象程序设计：C#.NET / 王文琴等编著. —北京：电子工业出版社，2015.7

计算机"卓越工程师计划"应用型教材

ISBN 978-7-121-25685-1

Ⅰ. ① 面… Ⅱ. ① 王… Ⅲ. ① 语言－程序设计－高等学校－教材 Ⅳ. ① TP312

中国版本图书馆 CIP 数据核字（2015）第 047741 号

责任编辑：刘海艳

印　　刷：北京虎彩文化传播有限公司

装　　订：北京虎彩文化传播有限公司

出版发行：电子工业出版社

　　　　　北京市海淀区万寿路 173 信箱　邮编　100036

开　　本：787×1 092　1/16　印张：17.25　字数：498.4 千字

版　　次：2015 年 7 月第 1 版

印　　次：2020 年 8 月第 5 次印刷

定　　价：42.00 元

凡所购买电子工业出版社图书有缺损问题，请向购买书店调换。若书店售缺，请与本社发行部联系，联系及邮购电话：（010）88254888。

质量投诉请发邮件至 zlts@phei.com.cn，盗版侵权举报请发邮件至 dbqq@phei.com.cn。

服务热线：（010）88258888。

丛 书 序 言

党的十八大提出要"努力办好人民满意的教育",要"推动高等教育内涵式发展","全面实施素质教育,深化教育领域综合改革,着力提高教育质量,培养学生社会责任感、创新精神、实践能力。"这对高等教育提出了新的要求,明确了人才培养的目标和标准。

十八大明确指出"坚持走中国特色新型工业化、信息化、城镇化、农业现代化道路,推动信息化和工业化深度融合、工业化和城镇化良性互动、城镇化和农业现代化相互协调,促进工业化、信息化、城镇化、农业现代化同步发展。""推动信息化和工业化深度融合"对高等工程教育改革发展提出了迫切要求。

遵照《国家中长期教育改革和发展规划纲要(2010—2020 年)》和《国家中长期人才发展规划纲要(2010—2020 年)》,为贯彻落实教育部"卓越工程师教育培养计划",促进我国由工程教育大国迈向工程教育强国,培养造就一批创新能力强、适应经济社会发展需要的高质量计算机工程技术人才,电子工业出版社决定组织相关实施和计划实施卓越计划以及江浙两省实施软件服务外包人才培养试点的地方高校的相关教师,在以往实践校企合作人才培养的基础上编写一套适合地方高校的计算机"卓越工程师计划"人才培养系列教材。

我们将秉承"行业指导、校企合作、分类实施、形式多样"的"卓越工程师教育培养计划"四原则,坚持"学科规范、本科平台、行业应用",以"具备较为扎实的专业基础知识、拥有良好的职业道德素质、具有创新的计算机应用能力"为目标,探索"校企一体化"产学研结合人才培养模式改革,强化"岗位目标、职业培养",努力实现计算机工程型技术人才(应用型)培养目标:

(1)尝试以"知识保障、能力渐进、素质为本,重视技术应用能力培养为主线",坚持以"素质教育,能力培养"为导向,体现本科平台、能力定位、应用背景构建课程体系。

(2)尝试"以学生工程意识、创新精神和工程实践能力培养"为核心,坚持以"培养学生的工程化开发能力和职业素质"为原则,校企合作构建实践教学体系。

本系列教材基于"以德为先、能力为重、全面发展"的人才培养观念,在内容选择、知识点覆盖、课程体系安排、实践环节构建、企业强化训练上按照能力培养和满足职业需求为本进行了有益的、初步的探索。

然而,由于社会对计算机人才的需求广泛而多样,各领域的人才规格和标准既有共性又有特殊性,同时各相关高校在计算机相关专业设置以及人才培养的探索上各有特点,我们编写的本套系列教材目前只能部分满足计算机相关专业人才培养的需要。我们力争建立一个体系,以模块构建的增量方式实现教材编写的滚动、增加和淘汰,逐步建设可供地方高校计算机不同专业、针对不同领域培养计算机工程技术人才选择的教材库:①所有专业的公共基础课相对统一,不同专业的专业基础课按模块划分、各自专业的专业课按领域整合、拓展课紧跟技术和行业发展;②公共基础课、专业基础课以经典知识为主,专业课、拓展课与国际主流技术接轨;③实践环节或实践课程必须接纳企业文化、优选企业实际工程项目,体现校企合作、重视企业导师的参与。

"卓越工程师教育培养计划"的实施具有三个特点:一是行业企业深度参与培养过程;二是学校按通用标准和行业标准培养工程人才;三是强化培养学生的工程能力和创新能力。

本系列教材的编写得到了中软国际、苏州花桥国际商务区(及所属企业)、常州创意产业基地(及所属企业)等热心和关注计算机类人才培养的国家重点企业、园区的大力支持。我们曾以"目标明确、责任共担、实现共赢"为原则探索了多种人才培养合作途经:从师资培养到校企共建实训基地，到建立校内软件学院，再到学生进企业强化、顶岗实训……取得了一定的经验。在"卓越工程师教育培养计划"的实施中，企业和学校签订了全面合作协议，共同确定人才培养标准、制订人才培养方案、参与人才培养过程，提供企业学习课程和项目案例，确保学生在企业的学习时间。

同样，本系列教材的编写总结了参编高校和支撑企业在校企合作人才培养过程中共同取得的经验和教训，并涵盖了我们已经做的、想要做的实施卓越计划的理念和努力。这仅是初步的尝试，会存在许多不足和缺陷，但希望由此能起到抛砖引玉的作用。在卓越计划的实施探索中，我们衷心地希望能有更多的地方高校计算机院系、更多的行业企业加入团队，面对企业必须参与的国际化产业竞争，为培养优秀的、具有应用创新精神的计算机工程技术（包括软件）人才，企业和学校能深度合作、各尽职责；每一位教育工作者都能贡献自己的聪明才智，尽一份绵薄之力。

对给予本套丛书编审大力支持的江苏计算机学会、中国矿业大学计算机学院以及参与编写教材的高校、单位表示由衷的感谢！

计算机"卓越工程师计划"应用型教材编委会

前　言

2000 年 6 月 22 日，微软公司正式推出了其下一代的计算计划：Microsoft.NET。.NET 作为新一代互联网软件和服务战略，将使微软现有的软件不仅适用于传统的个人计算机，而且能够满足在网络时代呈现强劲增长的新设备的需要。微软官员把对.NET 定义为代表一个集合，一个环境，一个可以作为平台支持下一代 Internet 的可编程架构。.NET 平台提供了大量的工具和服务，能够最大限度地发掘和使用计算及通信能力。

配合.NET，微软推出了一种新的程序语言——C#。它是从 C/C++演变而来的，是一种现代的面向对象的程序开发语言，使得程序员能够在新的微软.NET 平台上快速开发种类丰富的应用程序。由于其一流的面向对象的设计，从构建组件形式的高层商业对象到构造系统级应用程序，你都会发现 C#将是最合适的选择。在.NET 运行库的支持下，.NET 框架的各种优点在 C#中表现得淋漓尽致。

作为一门高质量的开发语言，很多高校纷纷开设了相关课程，但是很少有 C#结合面向对象、WinForm、ADO.NET、LINQ TO SQL、文件、多线程等内容开发 Windows 应用，并且符合高校课程设置的图书。

本书由多年从事一线程序设计与开发的软件项目开发人员和教学经验丰富的教师根据教学实践和开发心得进行组织编写，从软件开发方法、基础的编程语言知识开始，逐步介绍面向对象的初级、高级特性，并结合.NET 提供的类库和控件介绍使用 C#开发各种应用程序。通过本书的学习，读者将对 C#、面向对象的基本概念和开发方法有一个比较全面的认识和了解，并能应用 C#开发应用程序。

全书分为 9 章。

第 1 章简要介绍了目前常用的软件开发方法、面向对象技术基本概念及面向对象的分析与设计过程。

第 2 章首先简述了.NET Framework，对其特性做了简要概述，介绍了开发环境 Visual Studio.NET；然后对 C#语言基础进行了介绍，主要内容包括 C#基本类型、变量和常量、数组、操作符、表达式、流程控制语句、函数等编程语言的基本要素。

第 3 章首先简要介绍了窗体、标签、按钮及文本框简单控件对象；然后介绍面向对象的初级特性，包括如何使用 C#定义类、创建对象、销毁对象、C#方法的创建和调用，C#的静态成员和静态类，在 C#中实现类的继承和多态，其中包括抽象类、密封类等特殊类；接下来对 C#接口进行了介绍。

第 4 章给出了面向对象的高级特性，包括命名空间、委托、泛型，事件原理、定义和使用过程，常用集合的使用。

第 5 章讨论了如何创建传统的 Windows 应用程序，同时介绍了 Windows Form 的各种可用资源，如控件、菜单和对话框等。

第 6 章介绍如何使用文件，包括文件和目录操作的类，文本文件和二进制文件的创建、读写。同时介绍了序列化对象及其应用，XML 文档编程。

第 7 章介绍多线程的概念、线程的创建和控制以及同步等知识。

第 8 章介绍图形图像编程（GDI+）、Graphics 类、Pen 类和 Brush 类的使用。

第 9 章首先探讨了如何使用 ADO.NET 进行数据访问，介绍了 ADO.NET 中的数据提供程序和 DataSet 对象，以及如何利用这些对象访问数据；介绍了如何使用多层架构来搭建数据访问应用程序，如何使用数据绑定技术简化数据的填充过程；最后介绍了 LINQ 编程，说明了如何使用 LINQ 处理对象，如何把 LINQ 应用于查询和数据处理。

本书适合作为学生的教材，主要面向那些希望学习 C#、没有面向对象概念而且缺乏开发经验的学生及初学者。与现有其他教材相比，本书从应用与工程实践的角度出发，重在激发学生的学习兴趣和将所学知识应用于程序开发实际能力的培养。通过本书的学习，可以达到以下目的。

（1）熟悉 Visual Studio.NET 开发、调试应用程序的步骤和方法。

（2）掌握 Windows 应用程序设计的方法和技巧。

（3）在项目中贯穿面向对象程序设计的思想，掌握使用 C#进行面向对象程序设计的方法。

（4）学会利用 I/O 流进行文件系统的访问和操作。

（5）掌握常见图形应用程序的编写方法。

（6）掌握多线程在应用程序设计中的重要性和方法。

（7）掌握 ADO.NET 对象模型体系、LINQ 编程以及学会使用多层架构搭建数据库应用程序的设计方法。

本书由王文琴、费贤举、李亦飞、唐学忠编著。第 1、2 章由费贤举编写；第 3、4 章由李亦飞编写；第 5、6 章由王文琴编写；第 7、8 章由唐学忠编写；第 9 章由王文琴、李亦飞共同完成。此外，史书明、蒋小莺、胡智喜等人也参与了本书的编写，为部分内容提出宝贵意见，在此一并感谢。同时在编写本书过程中参阅大量的文献资料和网站资料，在此对提供这些资料的作者也表示感谢。

本书文稿的录入，程序编写、运行以及插图的截取都是在 Windows 环境下同步进行的，所有程序都已在 Visual Studio.NET 2010 中文版环境中调试运行通过。

由于时间和水平的关系，书中错误和不当之处在所难免，敬请广大读者批评指正，并请将信息反馈给我们（wendycgy@163.com），不胜感激。

最后感谢电子工业出版社责任编辑刘海艳的辛勤工作。

编　者
2015 年 1 月

目　　录

第1章

软件开发方法与面向对象概述

本章要点

◆ 了解目前常用的软件开发方法；

◆ 比较不同软件开发方法的适应场合；

◆ 理解面向对象技术基本概念及面向对象的分析与设计过程；

◆ 理解常见的面向对象方法与工具及异同。

1.1 软件开发方法概述

1.1.1 面向过程的开发方法

面向过程的开发方法是由 E.Yourdon 和 L.L.Constantine 在 1978 年提出的，即所谓 SASD 方法，也可称为面向功能的软件开发方法或面向数据流的软件开发方法，是 20 世纪 80 年代使用最广泛的软件开发方法。1979 年 TomDeMacro 对此方法作了进一步完善，提出了一组提高软件结构合理性的准则，如分解与抽象、模块独立性、信息隐蔽等。它首先用结构化分析（SA）对软件进行需求分析，然后用结构化设计（SD）方法进行总体设计，最后是结构化程序设计（SP）。这一方法不仅开发步骤明确，SA、SD、SP 相互承启，一气呵成，而且它给出了两类典型的软件结构（变换型和事务型）使软件开发的成功率大大提高。

结构化方法强调过程抽象和功能模块化，将现实问题域映射为数据流和加工，加工之间通过数据流来通信，数据流作为被动的实体被主动的操作所加工，以过程（操作）抽象为中心来构造系统和设计程序。结构化分析产生功能规约。它一般利用图形表达用户需求，使用的手段主要有数据流图、数据字典、结构化语言、判定表以及判定树等。结构化设计阶段用结构化程序设计语言实现分阶段表示出来的用户需求。

1.1.2 面向数据结构的开发方法

面向数据结构的开发方法适合求解算法取决于问题描述的数据结构的情况。这种开发方法最终的目标是得到对程序处理过程的描述，它并不明显地使用软件结构的概念，也不注重模块独立原则，模块只不过是设计过程的副产品。因此，这种方法最适合在完成了软件结构设计之后，用它来设计每个模块的处理过程。

使用面向数据结构的开发方法是根据问题的数据结构定义一组映射，把问题的数据结构转换为问题求解的程序结构。首先分析确定数据结构，并且用适当的工具清晰地描绘数据结构。常用的面向数据结构的开发方法有 Jackson 方法和 Warnier 方法。

1．Jackson 方法

1975 年，英国人 M.A.Jackson 提出的 Jackson 方法是最典型的面向数据结构的软件开发方法。Jackson 方法把问题分解为可由三种基本结构形式表示的各部分的层次结构。三种基本的结构形式是顺序、选择和重复。三种数据结构可以进行组合，形成复杂的结构体系。这一方法从目标系统的输入、输出数据结构入手，导出程序框架结构，再补充其他细节，就可得到完整的程序结构图。这一方法对输入、输出数据结构明确的中小型系统特别有效，也可与其他方法结合，用于模块的详细设计。

Jackson 方法在设计比较简单的数据处理系统时特别方便，当问题比较复杂时，常常遇到输入数据可能有错、条件不能预先测试、数据结构冲突等问题。为解决这些问题，还需要采取一系列比较复杂的辅助技术。

2．Warnier 方法

1974 年，J.D.Warnier 提出的软件开发方法与 Jackson 方法类似。差别主要有三点：①使用的图形工具不同，分别使用 Warnier 图和 Jackson 图；②使用的伪码不同；③在构造程序框架时，Warnier 方法仅考虑输入数据结构，而 Jackson 方法不仅考虑输入数据结构，而且还考虑输出数据结构。

1.1.3 面向对象的开发方法

20 世纪 90 年代计算机业界最流行的几个单词就是分布式、并行和面向对象这几个术语，由此可以看出面向对象（Object Oriented，OO）这个概念在当前计算机业界的地位。现代软件工程对软件开发模式与方法产生了新的需求，面向对象的开发方法逐渐成为计算机软件界青睐的主流开发方法。

面向对象的开发方法是一种把面向对象的思想应用于软件开发过程中，指导开发活动的系统方法，它是建立在对象概念基础上的方法。面向对象技术是软件技术的一次革命，在软件开发史上具有里程碑的意义。面向对象的开发方法基本思想是：对问题空间进行自然分割，以更接近人类思维的方式建立问题域模型，以便对客观实体进行结构模拟和行为模拟，从而使设计出的软件尽可能直观地描述现实世界，构造出模块化的、可重用的、维护性好的软件，同时限定软件的复杂性和降低开发维护费用。

面向对象的软件开发方法是通过面向对象的分析（OOA）、面向对象的设计（OOD）以及面向对象的程序设计（OOP）等过程，将现实世界的问题空间平滑地过渡到软件空间的一种软件开发过程。面向对象的开发方法建立系统模型的基本思想是自底向上的归纳和自顶向下的分解相结合，以对象建模为基础，不仅考虑了输入、输出数据结构，也包含了所有对象的数据结构。此外，OO 技术在需求分析、可维护性和可靠性这三个软件开发的关键环节和质量指标上有了实质性的突破，彻底地解决了在这些方面存在的严重问题。体现在如下方面。

（1）面向对象的开发方法的基础是对象模型，每个对象类由数据结构（属性）和操作（行为）组成，相关的所有数据结构（包括输入、输出数据结构）都成了软件开发的依据。面向对象的开发方法解决了需求分析这一问题，因为需求分析过程与系统模型的形成过程一致，开发人员与用户的讨论是从用户熟悉的具体实例（实体）开始的。

（2）面向对象的开发方法关注的是目标系统的对象模型，而不是功能的分解。功能是对象的使用，它依赖于应用的细节，并在开发过程中不断变化。由于对象是客观存在的，因此当需求变化时对象的性质要比对象的使用更为稳定，从而使建立在对象结构上的软件系统也更为稳定。

（3）面向对象的开发方法解决了软件的可维护性。在 OO 语言中，子类不仅可以继承父类的属性和行为，而且也可以重载父类的某个行为。利用这一特点，可以方便地进行功能修改，如引入某类的一个子类，对要修改的一些行为进行重载，也就是对它们重新定义。由于不再在原来的程序模块中进行修改，所以彻底解决了软件的可修改性，从而也彻底解决了软件的可维护性。

目前，典型的面向对象的开发方法是 UML 和统一开发过程（RUP）。

1.2　软件开发方法的评价与选择

1.2.1　软件开发方法的评价

传统的软件开发方法的本质，是在具体的软件开发工作开始之前，通过需求分析预先定义软件需求，然后一个阶段接着一个阶段有条不紊地开发用户所要求的软件，实现预先定义的软件需求。对某些类型的软件开发，传统的软件开发方法比较适用；但对那些大型复杂的软件系统和系统需求经常变化的项目，传统的软件开发方法有许多不足之处。面向对象的开发方法与传统的软件开发方法相比较，具有以下优点。

（1）面向对象的方法与人类习惯的思维方法一致

传统的结构化开发方法以算法为核心，把数据和过程作为相互独立的部分。功能与数据分离的软件设计结构必然导致对现实世界的认识与编程之间存在着一道很深的理解上的鸿沟。面向对象的开发方法以对象为核心，对象之间通过传递消息互相联系，以模拟现实世界中不同事物彼此之间的联系。

（2）稳定性好

传统的结构化开发方法以算法为核心，开发过程基于功能分析和功能分解。软件系统的结构紧密依赖于系统所要完成的功能，当功能需求发生变化时将引起软件结构的整体修改。面向对象的开发方法以对象为中心构造软件系统，用对象模拟问题领域中的实体，以对象间的联系刻画实体间的联系。当系统的功能需求变化时，往往只需要作一些局部性的修改。这样的软件系统比较稳定。

（3）可重用性好

传统的结构化开发方法用标准函数库中的函数作为"预制件"来建造新的软件系统，但标准函数缺乏必要的"柔性"，不能适应不同的应用场合，不是理想的可重用的软件成分。面向对象的开发方法可以用以下两种方法重用一个对象类：①创建该类的实例，从而直接使用它；②从已有类派生出一个满足当前需要的新类。继承性机制使得子类不仅可以重用其父类的数据结构和程序代码，而且可以在父类代码的基础上方便地修改和扩充，这种修改并不影响对原有类的使用。

（4）较易开发大型软件产品

用传统的结构化开发方法开发涉及多种不同领域知识的大型软件系统，或开发需求模糊或需求动态变化的系统时，所开发出的软件系统往往不能真正满足用户的需要。主要表现在：①开发人员不能完全获得或不能彻底理解用户的需求，以致开发出的软件系统与用户预期的系统不一致，不能满足用户的需要；②开发出的系统不能适应用户需求经常变化的情况，软件系统往往不能真正满足用户需要。面向对象的开发方法可以将大系统分解成相互独立的小产品来处理，可以降低成本、提高质量。面向对象的软件稳定性好、比较容易理解和修改，易于测试和调试、易于维护。

1.2.2　软件开发方法的选择

那么在软件系统开发的时候是否应该放弃传统的软件开发方法而选择面向对象的开发方法呢？从前面的论述可以看到，面向过程的结构化方法更接近于计算机世界的物理实现，而面向对象的方法更符合人类的认识习惯。相对传统的结构化方法来说，面向对象的方法具有更多的优势。但任何软件开发方法都不是十全十美的，结构化程序设计方法经过三十多年的发展和积累，已经有了一整套的工具和成熟的方法学，在发展其他软件方法的同时绝对不能全盘抛弃它。

从执行效率来说，结构化方法比面向对象方法产生的可执行代码更直接、更高，所以对于一些嵌入式的系统，结构化方法产生的系统更小、运行效率更高。从掌握难度来说，面向对象方法比结构化方法复杂，难于理解。面向对象的方法内容广、概念多，要经过长期的开发实践才能很好地理解、掌握。相比之下，结构化方法知识内容少，容易上手。从应用的范围看，结构化方法适用于数据少而操作多的问题。实践证明：对于操作系统这类以功能为主的系统，结构化方法比较适合；对于数据库、信息管理等以数据为主、操作较少的系统，用面向对象方法描述要好于结构化方法。

综上所述，开发者在开发实践中，应从实际出发，考虑执行效率、开发者的技术水平、系统规模、是否为需求易变化的系统等因素，尽量利用它们各自的优点，避免它们的缺点。例如，对于开发一些小型嵌入式实时监控系统或类似稳定小系统，可用结构化方法；对于开发入门者，使用结构化方法和面向对象方法相结合；对于大型系统或者需求易变系统，使用面向对象方法。系统开发的方法随着系统开发工具的不断改进，正在逐渐完善，特别在大型系统的开发中，常常不是采用一种开发方法，而是采用多种方法的组合。各种方法不是相互独立的相互排斥的，相反它们是相互促进相互补充的，它们经常可以混合使用以获得更好的效果。总之，根据实际出发，选取合适的软件开发方法，达到最佳的开发效益。

1.3 面向对象技术

1.3.1 面向对象方法的特点

面向对象的方法学可以概括为下列方程：

OO=Objects+Classes+Inheritance+Communication with Messages

也就是说，面向对象使用了对象、类和继承等机制，而且对象之间仅能通过传递消息实现彼此通信。面向对象方法以对象为中心，它有以下几个基本特点。

（1）客观世界是由各种对象组成的，任何事物都是对象，复杂的对象可以由比较简单的对象以某种方式组合而成。从问题领域的客观事物出发来构造软件系统，用对象作为对这些事物抽象的表示，并作为软件系统的基本构成。

（2）事物的静态特征（即数据的表达特征）用对象的属性表示，事物的动态特征（即事物的行为）用对象服务表示（即方法）。对象的属性与服务结合成一体，成为一个独立的实体，对外屏蔽其内部细节（称作封装）。对事物进行分类，把具有相同属性和相同服务的对象归成一类，类是这些对象的抽象描述，每个对象是它的类的一个实例。

（3）通过在不同程度上运用抽象的原则（较多较少忽略事物之间的差异）可以得到较一般（父类）和特殊（派生类）的类，特殊的类继承一般的类的属性与服务。面向对象方法支持对这种继承关系的描述与实现，从而简化系统的构造过程及其文档。但是，如果在派生类中对某些特性和服务操作又做了重新描述，则在派生类中的这些特性和服务操作将以新描述为准，也就是说，底层的特性将屏蔽高层的同名特性。

（4）复杂的对象可以用简单对象作为其构成部分（称作聚合），对象之间通过消息进行通信以实现对象之间的动态联系，通过关联表达对象之间的静态联系。对象与传统的数据有本质区别，它不是被动地等待外界对它施加操作。相反，它是进行处理的主体，必须发消息请求它执行某个操作，处理它的私有数据，而不能直接从外界对私有数据进行操作，这就是封装性。这种灵活的消息传递方式，便于体现并行和分布式结构。

1.3.2　面向对象的基本概念

1. 对象和类

（1）对象

面向对象方法学中的对象是由描述该对象属性的数据以及可以对这些数据施加的所有操作封装在一起构成的统一体。对象的操作表示它的动态行为，在面向对象分析和面向对象设计中，通常把对象的操作称为服务或方法。人们要进行研究（感兴趣）的任何事物，从最简单的整数到航天飞机都可以看成对象。对象可以是以下形式。

- 有形的实体，指一切看得见摸得着的实物。
- 作用，指人或组织所起的作用，如医生、公司、部门等。
- 事件，在特定时间发生的事，如飞行、演出、开会等。
- 性能说明，如机床厂对机床的性能说明。

对象的形象表示如图 1-1 所示。

实现对象操作的代码和数据是隐藏在对象内部的。一个对象好像是一个黑盒子，表示它内部状态的数据和实现各个操作的代码及局部数据，都被封装在这个黑盒子内部，在外面是看不见的，更不能从外面去访问或修改这些数据或代码。

图 1-1　对象的形象表示

使用对象时只需知道它向外界提供的接口形式而无须知道它的内部实现算法，不仅使得对象的使用变得非常简单、方便，而且具有很高的安全性和可靠性。对象内部的数据只能通过对象的公有方法来访问或处理，这就保证了对这些数据的访问或处理，在任何时候都是使用统一的方法进行的。

从不同的角度可以给出对象的不同定义，目前比较常用的定义是：对象是封装了数据结构及可以施加在这些数据结构上的操作的封装体，这个封装体有可以唯一地标识它的名字，而且向外界提供一组服务（即公有的操作）。一个对象可以有多个属性和多项服务。

（2）类

人类习惯把有相似特征的事物归为一类，分类是人类认识客观世界的基本方法。在面向对象的软件技术中，将那些在程序执行期间除了状态之外其他方面都一样的对象归结在一起，构成对象的"类"，类描述了一组有相同属性和相同行为的对象。因此，定义一个类需要同时定义这个类的属性（说明该类对象的特性）和服务（说明该类对象的行为）。

由某个特定的类所描述的一个具体的对象被称作实例。实际上类是建立对象时使用的"模板"，按照这个模板所建立的一个个具体的对象，就是类的实际例子，通常称为实例。类是对具有相同属性和行为的一组相似的对象的抽象，类在现实世界中并不能真正存在。类反映对象的共同性定义，而对象则是满足该定义的一个具体的实例化个体。例如，"人"类是满足所有人的属性和行为的抽象，而把"人"类的所有属性赋予具体的数据就代表了一个具体的人物，如张三、李四和王五都是类"人"的实例。

2. 封装

封装是面向对象的一个重要方面。它有两层含义：①把对象全部属性和全部服务结合在一起，形成一个不可分割的独立单位；②信息隐藏，即尽可能隐藏对象的内部细节，只保留有限的对外接口使对象与外部发生联系。数据的表示方式和对数据的操作细节被隐藏起来，用户通过操作接口对数据进行操作，这就是数据的封装。封装体现了"信息隐藏和局部化"原则。使用一个对象的时候，只需知道它向外界提供的接口形式，无须知道它的数据结构细节和实现操作的算法。对象的封装性具有如下特点。

（1）有一个清晰的边界。所有私有数据和实现操作的代码都被封装在这个边界内，从外面看不见更不能直接访问。

（2）有确定的接口（即协议）。这些接口就是对象可以接受的消息，只能通过向对象发送消息来使用它。

（3）受保护的内部实现。实现对象功能的细节（私有数据和代码）不能在定义该对象的类的范围外访问。

封装具有很重要的意义，它使得软件的错误和修改可以局部化。举例来说，某个用面向对象概念封装良好的软件包被设计成为为上一层的程序员提供各种底层支持，这时上层的程序员不必去关心底层的库的实现细节，他只是简单地使用底层的软件包提供的对象和服务就可以了，而当底层的库因为硬件或者某些因素改变后，只要它表现出的外部特性不变，上层的程序员就不必去修改自己的代码。

3. 继承

继承表示了基本类型和派生类型之间的相似性。在面向对象的软件技术中，继承是子类自动地共享父类中定义的属性和方法的机制。继承简化了对现实世界的认识和描述，在定义子类时不必重复定义那些已在父类中定义的属性和方法，只要声明自己是某个类的子类，把精力集中于定义本子类所特有的属性和方法上即可。例如在形状问题中，基本类型是形状，每个形状都有大小、位置、颜色等特性，每个形状都能被绘制、擦除、着色等。由此还可以派生出特殊类型的形状：圆、正方形、三角形等，它们每一个都有一些特殊的特性和行为。继承关系既体现了形状间的联系，又体现了它们之间的区别。

继承具有传递性。如果类 C 继承类 B，类 B 继承类 A，则类 C 继承类 A。一个类实际上继承了它所在的类等级中在它上层的全部基类的所有描述。也就是说，属于某类的对象除了具有该类所描述的性质外，还具有类等级中该类上层全部基类描述的一切性质。

另外还有一个重要的概念是多继承，也就是一个类可以是多个基类的派生类，它从多个基类中继承了属性和服务，这种继承模式叫做多继承。

继承性使得相似的对象可以共享程序代码和数据结构，从而大大减少了程序中的冗余信息。派生出新的子类的办法，使得对软件的修改变得更加容易。继承提高了软件的可复用性。用户在开发新的应用系统时不必完全从零开始，可以继承原有的相似系统的功能或从类库中选取需要的类，再派生出新的类以实现所需要的功能。

4. 消息

现实世界是由许多不同的对象组成的，它们之间有各种联系和交互。对象之间的联系称为对象的交互；一个对象向另一个对象发出的请求称为消息。消息是要求对象进行动作的说明、命令或指导，是对象之间相互请求或相互协作的途径。把发送消息的对象称为发送者，接收消息的对象称为接收者。对象间的联系，只能通过传递消息来进行。对象也只有在收到消息后才能选用方法而被激活。

面向对象技术的封装机制使对象各自独立，对象之间通过消息互相联系、互发消息、响应消息、协同工作，实现系统的各种服务功能。消息具有三个性质：

（1）同一个对象可以接收不同形式的多个消息，做出不同的响应。

（2）相同形式的消息可以传递给不同的对象，所做出的响应可以是不同的。

（3）消息的发送可以不考虑具体的接收者，对象可以响应消息，也可以不响应。

5．多态性

多态性是指在基类中定义的属性和服务被子类继承后，可以具有不同的数据类型或表现出不同的行为。这使得同一个属性或服务名在基类及其各个子类中具有不同的含义。

不同层次中的每个类可共享属性名（服务），但却各自按自己的需要有不同的实现。当对象接收到发送给它的消息时，根据该对象所属于的类动态选用在该类中定义的实现算法。

多态性机制不但为面向对象软件系统提供了灵活性，减少冗余信息，而且显著提高了软件的可重用性和可扩充性。

1.4　面向对象的分析

面向对象的分析的主要任务是分析问题论域、找出问题解决方案，发现对象，分析对象的内部构成和外部关系，建立软件系统的对象模型。分析工作主要包括三项内容：理解、表达和验证。需求分析过程是系统分析员与用户及领域专家反复交流和多次修正的过程。也就是说，理解和验证的过程通常交替进行，反复迭代，而且往往需要利用原型系统作为辅助工具。

面向对象的分析的关键，是识别出问题域内的对象，并分析它们相互间的关系，最终建立问题域的简洁、精确、可理解的正确模型。在用面向对象观点建立起的三种模型（对象模型、动态模型、功能模型）中，对象模型是最基本、最重要、最核心的。

面向对象的分析的基本步骤如下。

（1）问题论域分析

分析应用领域的业务范围、业务规则和业务处理过程，确定系统的责任、范围和边界，确定系统的需求。在分析中需要着重对系统与外部用户和其他系统的交互进行分析，确定交互的内容、步骤和顺序。

（2）发现和定义对象与类

识别对象和类，确定它们的内部特征——属性和服务操作，是从现实世界到概念模型的抽象过程，系统分析员不必了解问题论域中的一切方面，只需研究与系统目标有关的事物及其基本特征，并舍弃个体事物的细节差异，抽取其共同的特征而获得有关事物的概念，从而发现对象和类。定义对象的主要活动包括五个层次：确定对象、确定属性、定义服务、建立结构和确定关联。

（3）识别对象的外部联系

在发现和定义对象与类的过程中，需要同时识别对象与对象、类与类之间的各种外部联系，包括结构性的静态联系和行为性的动态联系，包括一般与特殊、整体与部分、实例连接、消息连接等联系。

（4）建立系统的静态结构模型

在前面关于类、对象及其联系的分析基础上，绘制类图和对象图、系统与子系统结构图等，编制相应的说明文档。

（5）建立系统的动态行为模型

分析系统的行为，建立系统的动态行为模型，并且把它们用图形和文字说明表达出来，如Use Case 图、交互图、活动图、状态图等，编制相应的说明文档。

面向对象的分析是对系统行为的分析，以对象为单位，包括对象的服务操作，对象之间的交互、消息传递、对象的转换等。系统的静态结构模型与动态行为模型，以及系统需求说明书、系统分析说明书构成系统的分析模型。它是系统分析活动的成果，是下一步进行系统设计的基础。

1.5 面向对象的设计

如前所述，分析是提取和整理用户需求，并建立问题域模型的过程，而设计则是把分析阶段的需求转变成符合成本和质量要求的、抽象的系统实现方案过程，从面向对象的分析到面向对象的设计（通常缩写为 OOD），是一个逐渐扩充模型的过程。面向对象的设计再细分为系统设计和对象设计。系统设计确定实现系统的策略和目标系统的高层结构。对象设计的目的是确定类、关联、接口形式及实现服务的算法。

1.5.1 面向对象的设计准则

为了使得设计是一个优秀设计，在进行面向对象的设计时应该注意以下准则。

1．模块化

模块的基本元素是对象，它是把数据结构和操作这些数据的方法紧密地结合在一起所构成的模块。

2．抽象

类实际上是一种抽象数据类型，包括规格说明抽象和参数化抽象。其中，对外开放的公共接口构成了类的规格说明，这种接口规定了外界可以使用的合法操作符，利用这些操作符可以对类实例中包含的数据进行操作；所谓参数化抽象，是指在描述类的规格说明时并不具体指定所要操作的数据类型，而是把数据类型作为参数。

3．信息隐藏

信息隐藏通过对象的封装性实现。类结构分离了接口与实现，从而支持了信息隐藏。对于使用类的用户来说，属性的表示方法和操作的实现算法都应该是隐藏的。

4．弱耦合

在面向对象方法中，耦合主要指不同对象之间相互关联的紧密程度。当两个对象必须相互联系相互依赖时，应该通过类的公共接口实现耦合，而不应该依赖类的具体实现细节。一般来说，对象之间的耦合可分两类：交互耦合和继承耦合。其中，对象之间的耦合通过消息连接来实现称为交互耦合，交互耦合应该尽可能松散。一般化类与特殊类之间的耦合称为继承耦合，继承耦合应该尽可能紧密。从本质上看，通过继承关系结合起来的基类和派生类，构成了系统中粒度更大的模块。因此，它们彼此之间应该结合得越紧密越好。

5．强内聚

内聚衡量模块内各元素彼此结合的紧密程度。在面向对象的设计中包括 3 种内聚。

（1）服务内聚：一个服务应该完成一个且仅完成一个功能。

（2）类内聚：一个类只有一个用途，它的属性和服务应是高内聚的。

（3）一般-特殊内聚：一般-特殊结构应该正确地抽取相应的领域知识。也就是说，要符合多数人的概念。

6．可重用

软件重用是指尽量使用已有的类，包括开发环境提供的类库，及以往开发类似系统时创建的类；如果确实需要创建新类，则在设计这些新类的协议时，应该考虑将来的可重用性。软件成分的重用级别包括代码重用（代码剪贴、源代码包含 include 和继承）、设计结果重用和分析结果重用。面向对象技术中的"类"，是比较理想的可重用软构件，可称之为类构件。类构件的重用方式有实例重用、继承重用和多态重用三种。

（1）实例重用：可以使用适当的构造函数，按照需要创建类的实例，然后向所创建的实例发送适当的消息，启动相应的服务，完成需要完成的工作。可以用几个简单的对象作为类的成员，创建出一个更复杂的类。

（2）继承重用：为提高继承重用的效果，关键是设计一个合理的、具有一定深度的类构件继承层次结构。这样做的好处是：①每个子类在继承父类的属性和服务的基础上，只加入少量新属性和新服务；②降低了每个类构件的接口复杂度，表现出一个清晰的进化过程，提高了每个子类的可理解性，为软件开发人员提供了更多可重用的类构件；③为多态重用奠定了良好基础。

（3）多态重用：使对象的对外接口更加一般化，从而降低了消息连接的复杂程度，提供一种简便可靠的软构件组合机制。

为了帮助软件开发人员提高面向对象的设计的质量，人们积累了一些经验，主要包括以下几条启发规则。

（1）设计结果应该清晰易懂：用词一致、使用已有的协议、减少消息模式的数目、避免模糊的定义。

（2）一般-特殊结构的深度应适当：应该使类等级中包含的层次数适当。一般说来，在一个中等规模（大约包含 100 个类）的系统中，类等级层次数应保持为 7±2。不应该仅仅从方便编码的角度出发随意创建派生类，应该使一般-特殊结构与领域知识或常识保持一致。

（3）设计简单的类：避免包含过多的属性，有明确的定义，尽量简化对象之间的合作关系，不要提供太多服务。

（4）使用简单的协议：一般说来，消息中的参数不要超过 3 个。经验表明，通过复杂消息相互关联的对象是紧耦合的，对一个对象的修改往往导致其他对象的修改。

（5）使用简单的服务：一般说，应该尽量避免使用复杂的服务。如果一个服务中包含了过多的源程序语句，或者语句嵌套层次太多，或者使用了复杂的 CASE 语句，则应该仔细检查这个服务，设法分解或简化它。如果需要在服务中使用 CASE 语句，通常应该考虑用一般-特殊结构代替这个类的可能性。

（6）把设计变动减至最小：通常，设计的质量越高，设计结果保持不变的时间也越长。即使出现必须修改设计的情况，也应该使修改的范围尽可能小。

1.5.2　面向对象的设计过程

面向对象的设计在系统分析的成果上进行，着重研究系统的软件实现问题，构建设计模型。面向对象的设计模型分为问题域子系统、人-机交互子系统、任务管理子系统和数据管理子系统。面向对象的设计过程包括设计对象和类、设计系统结构以及设计问题域子系统等几个方面。

1．设计对象和类

在 OOA 的对象模型的基础上具体设计对象与类的属性、服务操作，设计对象与类的各种外部联系的实现结构，设计消息与事件的内容、格式等。类与对象的设计应充分利用预定义的系统类库或其他来源的现有的类，把它们融入到解决方案中，并采用继承、复用、演化等方法设计所需要的新类。

2．设计系统结构

一个复杂的软件系统由若干子系统组成，一个子系统由若干个软件组件组成。设计系统的主要任务是设计组件与子系统，以及它们之间的静态和动态关系。子系统之间有两种交互方式，即客户–供应商关系和平等伙伴关系。

（1）在客户–供应商关系中，作为"客户"的子系统调用作为"供应商"的子系统，后者完成某些服务工作并返回结果。使用这种交互方案，作为客户的子系统必须了解作为供应商的子系统的接口，然而后者却无须了解前者的接口，因为任何交互行为都是由前者驱动的。

（2）在平等伙伴关系中，每个子系统都可能调用其他子系统，因此，每个子系统都必须了解其他子系统的接口。在平等伙伴关系交互方案中，子系统之间的交互更加复杂，而且系统难于理解，容易发生不易察觉的设计错误。总的说来，应该尽量使用客户–供应商关系。

通常软件系统结构的组织方式有两种：层次结构和块状结构。

（1）层次结构：这种组织方案把软件系统组织成一个层次系统，每层是一个子系统。在上、下层之间存在客户–供应商关系。低层子系统提供服务，相当于供应商，上层子系统使用下层提供的服务，相当于客户。层次结构又可进一步划分成两种模式：封闭式和开放式。其中，封闭式模式中，每层子系统仅仅使用其直接下层提供的服务；开放式模式中，某层子系统可以使用处于其下面的任何一层子系统所提供的服务。

（2）块状结构：这种组织方案把软件系统垂直地分解成若干个相对独立的、弱耦合的子系统，一个子系统相当于一块，每块提供一种类型的服务。

当混合使用层次结构和块状结构时，同一层次可以由若干块组成，而同一块也可以分为若干层。

3．设计问题域子系统

从实现角度对问题域模型作一些补充或修改，主要是增添、合并或分解对象类、属性及服务，调整继承关系等等。在面向对象设计过程中，可能对面向对象分析所得出的问题域模型作的补充或修改包括调整需求、重用已有的类、把问题域类组合在一起、增添一般化类以建立协议以及调整继承层次。

4．设计人–机交互子系统

在面向对象分析过程中，已经对用户界面需求作了初步分析。在面向对象设计过程中，则应该对系统的人–机交互子系统进行详细设计，以确定人–机交互的细节。设计人–机交互子系统的准则有一致性、减少步骤、及时提供反馈信息、提供撤销命令、无须记忆、易学、富有吸引力等。设计人–机交互子系统的策略包括分类用户、描述用户、设计命令层次、设计人–机交互类。

5．设计任务管理子系统

设计任务管理子系统，主要包括分析并发性和设计任务管理。

（1）分析并发性：如果两个对象彼此间不存在交互，或者它们同时接受事件，则这两个对象在本质上是并发的。面向对象分析建立起来的动态模型，是分析并发性的主要依据。

（2）设计任务管理：确定各类任务并把任务分配给适当的硬件或软件去执行。

6．设计数据管理子系统

数据管理子系统负责数据的管理，包括数据的录入、操纵、检索、存储，以及对永久性数据的访问等。设计数据管理子系统的主要任务是确定数据管理的方法，设计数据库与数据文件的逻辑结构和物理结构，设计实现数据管理的对象类。

不同的数据存储管理模式有不同的特点，适用范围也不同，设计者应根据系统的特点选择适用的模式。目前常见的数据存储管理模式有 3 种：文件管理系统、关系数据库管理系统、面向对象数据库管理系统。其中，关系数据库使用广泛，能够管理大多数的常规数据。而对于多媒体数据、CAD 图形数据等非关系型和非结构化的数据，需要采用面向对象数据库。

7．设计优化

系统设计的结果需要优化，尽可能地提高系统的性能和质量，但是一个系统的质量和性能有多个，如运行速度、内存开销、资源占用、模型清晰度等。它们的重要性是不同的，指标之间有的还存在矛盾。例如，要求运行速度常导致多用内存，多占资源。因此，应根据实际情况制定一个设计优化的折中方案，进行系统的优化，提高系统的性能和质量。可以通过增加冗余关联提高访问效率、调整查询次序、保留派生属性的方法来提高效率，同时适当调整继承关系来优化设计。

1.6　面向对象的方法与工具

20 世纪 80 年代末以来，随着面向对象技术成为研究的热点，出现了几十种支持软件开发的面向对象方法与工具。其中，Booch、Coad/Yourdon、OMT 和 Jacobson 方法在面向对象软件开发领域得到了广泛的认可。特别值得一提的是统一建模语言（Unified Modeling Language，UML），该方法结合了 Booch、OMT 和 Jacobson 方法的优点，统一了符号体系，并从其他的方法和工程实践中吸收了许多经过实践检验的概念和技术。

面向对象方法都支持三种基本的活动：识别对象和类，描述对象和类之间的关系，以及通过描述每个类的功能定义对象的行为。

为了发现对象和类，开发人员要在系统需求和系统分析的文档中查找名词和名词短语，包括可感知的事物（汽车、压力、传感器）、角色（母亲、教师、政治家）、事件（着陆、中断、请求）、互相作用（借贷、开会、交叉）、人员、场所、组织、设备和地点。通过浏览使用系统的脚本发现重要的对象和其责任，是面向对象分析和设计过程的初期重要的技术。当重要的对象被发现后，通过一组互相关联的模型详细表示类之间的关系和对象的行为。

1.6.1　Booch 面向对象方法

Booch 是面向对象方法最早的倡导者之一，他提出了面向对象软件工程的概念。1991 年，他将以前所进行的面向 Ada 的工作扩展到整个面向对象设计领域。1993 年，Booch 对其先前的方法做了一些改进，使之适合于系统的设计和构造。Booch 强调反复的处理和开发人员的创造性，在设计过程中不存在严格的条条框框和次序，认为软件开发是一个螺旋上升的过程。在这个螺旋上升的每个周期中，都遵循下列步骤：在给定的抽象层次上识别类和对象、识别这些对象和类的语义、识别这些类和对象之间的关系、实现类和对象以及说明每一个界面。

1．Booch 基本模型

Booch 在其 OOAda 中提出了面向对象开发的 4 个模型：逻辑模型、物理模型及其相应的静态和动态语义。对逻辑结构的静态模型，OOAda 提供对象图和类图；对逻辑结构的动态模型，OOAda 提供了状态变迁图和交互图；对于物理结构的静态模型，OOAda 提供了模块图和进程图。

（1）类图：用于表达类的存在以及类与类之间的相互关系，从构成的角度来描述正在开发的系统。

（2）对象图：用于表示具体的对象和对象间传递的消息。在一个系统的生命期内，类的存在基本上是稳定的，而对象则不断地从产生到消灭，经历着一系列的变化。一个对象图即是描述在这个变化过程中某一时刻的场景，也是用来说明决定系统行为的基本结构。

（3）状态迁移图：用来说明每一类的状态空间、触发状态迁移的事件，以及在状态迁移时所执行的操作。它表现一个状态机器，包括状态、转移、事件和活动四个部分。它被用来描述一个系统的动态视图，强调一个对象的时序行为。

（4）时序图：用于追踪系统执行过程中的一个可能的场景，也就是几个对象在共同完成某一系统功能中所表现出来的交互关系。它描述一组对象以及由这些对象发送和接收的消息。

（5）模块图：在系统的物理设计中说明如何将类和对象分配到不同的软件模块中。模块图把程序构件（对象）表示为一个盒子，分为说明部分和私有部分。模块图之间的连接箭头表示程序构件间的依赖关系，箭尾所在的包或构件依赖于箭头所指的包或构件。具体方法与最后编写代码采用的程序设计语言有关。

（6）进程图：在系统的物理设计中说明如何将可以同时执行的进程分配给不同的处理机。即使对于运行于单处理机之上的系统，进程图也是有用的，因为它可以一边表示同时活动状态的对象，一边决定进程调度方法。

2．Booch 方法的过程

Booch 方法的主要作用是提供给开发人员图形技术。它是从外到内的方法，也是一种分而治之的方法。Booch 方法的过程是迭代进行的，每次迭代的过程包括以下步骤。

（1）在给定的抽象层次上识别类和对象。类和对象的识别包括找出问题空间中关键的抽象和产生动态行为的重要机制。开发人员可以通过研究问题域的术语发现关键的抽象。

（2）识别这些对象和类的语义。语义的识别主要是建立前一阶段识别出的类和对象的含义。开发人员确定类的行为（即方法）和类及对象之间的互相作用（即行为的规范描述）。该阶段利用状态转移图描述对象的状态的模型，利用时序图（系统中的时序约束）和对象图（对象之间的互相作用）描述行为模型。

（3）识别这些类和对象之间的关系。在关系识别阶段描述静态和动态关系模型。这些关系包括使用、实例化、继承、关联和聚集等。类和对象之间的可见性也在此时确定。

（4）实现类和对象。在类和对象的实现阶段要考虑如何用选定的编程语言实现，如何将类和对象组织成模块。

（5）说明每一类的界面和实现。这一步的主要任务是将类和对象分配到不同的模块中，而且将可以同时执行的进程分配到不同的处理机上。这一步是对过程的进一步细化和完善，往往有助于发现新的类和对象，从而影响下一周期的开发工作。

上述活动不仅仅是一个简单的步骤序列，而是对系统的逻辑和物理视图不断细化的迭代和渐增的开发过程。在面向对象的设计方法中，Booch 强调基于类和对象的系统逻辑视图与基于模块和进程的系统物理视图之间的区别。他还区别了系统的静态和动态模型。然而，他的方法偏向于系统的静态描述，对动态描述支持较少。

1.6.2　Jacobson 的面向对象方法

Jacobson 于 1994 年提出了面向对象的软件工程（OOSE）方法，该方法的最大特点是面向用例（use case）。OOSE 是由用例模型、域对象模型、分析模型、设计模型、实现模型和测试模型组成的。其中用例模型贯穿于整个开发过程，它驱动所有其他模型的开发。

Jacobson 方法与其他三种方法有所不同，它涉及整个软件生命周期，包括需求分析、设计、实现和测试等四个阶段。需求分析和设计密切相关。需求分析阶段的活动包括定义潜在的角色（角色指使用系统的人和与系统互相作用的软、硬件环境），识别问题域中的对象和关系，基于需求规范说明和角色的需要发现 use case，详细描述 use case。设计阶段包括两个主要活动，从需求分析模型中发现设计对象，以及针对实现环境调整设计模型。第一个活动包括从 use case 的描述发现设计对象，并描述对象的属性、行为和关联。在这里还要把 use case 的行为分派给对象。

在需求分析阶段的识别领域对象和关系的活动中，开发人员识别类、属性和关系。关系包括继承、熟悉（关联）、组成（聚集）和通信关联。定义 use case 的活动和识别设计对象的活动共同完成行为的描述。Jacobson 方法还将对象区分为语义对象（领域对象）、界面对象（如用户界面对象）和控制对象（处理界面对象和领域对象之间的控制）。

在 Jacobson 方法中的一个关键概念就是 use case。use case 是指行为相关的事务（transaction）序列，该序列将由用户在与系统对话中执行。因此，每一个 use case 就是一个使用系统的方式，当用户给定一个输入，就执行一个 use case 的实例并引发执行属于该 use case 的一个事务。基于这种系统视图，Jacobson 将 use case 模型与其他五种系统模型关联。

（1）领域对象模型：use case 模型根据领域来表示。

（2）分析模型：use case 模型通过分析来构造。

（3）设计模型：use case 模型通过设计来具体化。

（4）实现模型：该模型依据具体化的设计来实现 use case 模型。

（5）测试模型：用来测试具体化的 use case 模型。

1.6.3 Coad-Yourdon 面向对象方法

OOAD（Object-Oriented Analysis and Design）方法是由 Peter Coad 和 Edward Yourdon 在 1991 年提出的。这是一种逐步进阶的面向对象建模方法。Coad-Yourdon 方法严格区分了面向对象分析 OOA 和面向对象设计 OOD。

Coad-Yourdon 软件开发模型如图 1-2 所示。

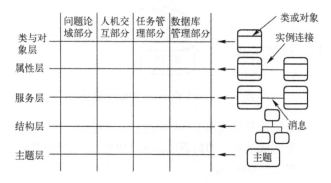

图 1-2 Coad-Yourdon 软件开发模型

从 Coad-Yourdon 软件开发模型可以看出，OOAD 方法的对象模型被划分为五个层次：主题层（也称为范畴层）、结构层、服务层、属性层和类与对象层。

1. Coad-Yourdon 的 OOA

Coad-Yourdon 的 OOA 目标是开发一系列模型，用来描述客户需求的计算机软件。定义所有与待求解问题有关的类。为了达到该目标，必须完成下面几个任务。

（1）客户和软件工程师之间沟通，了解基本的用户需求。

（2）标识类。

（3）划分类层次。

（4）表示对象间关系。

（5）建立对象的行为模型。

在任务（1）～（5）之间重复，直至完成建模。

OOA 的过程分为五个步骤。

（1）发现和标识类及对象，描述如何发现类及对象。从应用领域开始识别类及对象，形成整个应用的基础，然后，据此分析系统的责任。

（2）识别类结构。该阶段分为两个步骤。①识别一般-特殊结构，该结构捕获了识别出的类的层次结构；②识别整体-部分结构，该结构用来表示一个对象如何成为另一个对象的一部分，以及多个对象如何组装成更大的对象。

（3）定义主题。主题由一组类及对象组成，用于将类及对象模型划分为更大的单位，便于理解。

（4）定义属性。其中包括定义类的实例（对象）之间的实例连接。

（5）定义服务。其中包括定义对象之间的消息。

在面向对象分析阶段，经过五个层次的活动后的结果是一个分成五个层次的问题域模型，包括主题、类及对象、结构、属性和服务五个层次，由类及对象图表示。五个层次活动的顺序并不重要。

2．Coad-Yourdon 的 OOD 方法

像其他的设计方法一样，面向对象的设计目标是生成对真实世界问题域的表示并将之映射到解域，也就是映射到软件上。Coad-Yourdon 的设计模型如图 1-3 所示。

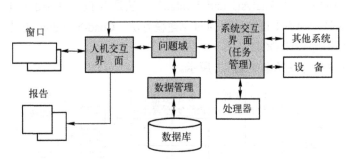

图 1-3　Coad-Yourdon 的设计模型

Coad-Yourdon 的 OOD 阶段继续采用 OOA 阶段的五个层次，这样有利于从分析到设计的过渡。同时，它又引入了四个组成部分，即问题域部分（PDC）、人机交互部分（HIC）、任务管理部分（TMC）和数据管理部分（DMC）。

（1）问题域部分（PDC）。面向对象分析的结果直接放入该部分。

（2）人机交互部分（HIC）。这部分的活动包括对用户分类，描述人机交互的脚本，设计命令层次结构，设计详细的交互，生成用户界面的原型，定义 HIC 类。

（3）任务管理部分（TMC）。这部分的活动包括识别任务（进程）、任务所提供的服务、任务的优先级、进程是事件驱动还是时钟驱动、以及任务与其他进程和外界如何通信。

（4）数据管理部分（DMC）。这部分依赖于存储技术是文件系统、关系数据库管理系统，还是面向对象数据库管理系统。

1.6.4　James Rumbauth 面向对象方法

面向对象模型化技术（Object Modeling Technique，OMT）方法最早是由 Loomis、Shan 和 Rumbaugh 在 1987 年提出的，曾扩展应用于关系数据库设计。Jim Rumbaugh 在 1991 年正式把 OMT 应用于面向对象的分析和设计。这个方法是在实体关系模型上扩展了类、继承和行为而得到的。

1．三种对象模型

Rumbaugh 的 OMT 方法从三个视角描述系统，相应地提供了三种模型：对象模型、动态模型和功能模型。它不仅考虑输入、输出数据结构，而且也包含了所有对象的数据结构。

对象模型描述对象的静态结构和它们之间的关系。主要的概念包括类、属性、操作、继承、关联（即关系）、聚集等。

动态模型描述系统那些随时间变化的、行为的、"控制"方面的特性，它是对某一时刻的操作序列的表示，其主要概念有状态、子状态和超状态、事件、行为、活动。

功能模型描述系统内部数据值的转换，其主要概念有加工、数据存储、数据流、控制流、角色。

这三个模型从不同的角度对系统进行描述，分别抓住了系统的一个重要方面，组合起来则构成了对系统的完整的描述。OMT 认为一个典型的软件过程是数据结构（对象模型）、按时间顺序的操作（动态模型）和它所改变的值（功能模型）三个方面的合作。

2．OMT 方法的开发过程

OMT 方法将开发过程分为四个阶段。

（1）分析阶段

分析阶段的主要任务是基于问题和用户需求的理解与描述，建立现实世界的模型。分析的焦点是通过输入问题陈述，产生一个准确、完整、一致、可检验的系统模型，称为分析模型。分析模型的作用是阐明需求、提供软件的需求者和开发者之间交流的基础，使他们尽量能够达成一致的意见，同时为以后的设计和实现提供一个框架。分析阶段的产物有以下。

- 问题描述
- 对象模型=对象图+数据词典
- 动态模型=状态图+全局事件流图
- 功能模型=数据流图+约束

（2）系统设计阶段

系统设计阶段的主要任务是结合问题域的知识和目标系统的体系结构（求解域），将目标系统分解为子系统。该阶段的主要工作有将系统划分成子系统，确定问题中的一致的继承，分配子系统的处理器和任务，选择一个方法管理数据存储，处理全局资源的访问，选择软件中控制的实现方法，处理边界条件，设置折中条件的优先级。

系统设计阶段的文档包括系统的基本体系结构以及高层的策略决定。

（3）对象设计

对象设计阶段的主要任务是基于分析模型和求解域中的体系结构等添加的实现细节，完成系统设计。主要产物包括细化的对象模型、细化的动态模型和细化的功能模型。

在对象设计阶段，设计者必须执行下面的步骤。

① 合并三个模型来获得类的操作。

② 设计算法来实现操作。

③ 优化对数据的访问路径。

④ 实现外部交互的控制。

⑤ 调整类结构，增加继承。

⑥ 设计关系的实现。

⑦ 决定对象的表示。

⑧ 将类和关系在模块中结合。

（4）实现

将设计转换为特定的编程语言或硬件，同时保持可追踪性、灵活性和可扩展性。

1.7　本章小结

本章介绍了常见的软件开发方法，讲述了软件生命周期的主要概念、主要阶段以及常见的软件开发模型，阐述了面向对象技术的基本概念以及面向对象的开发方法的过程。同时简述了常见的面向对象方法，并比较了它们的特点。

软件开发模型是从软件项目需求定义直至软件经使用后废弃为止，跨越整个生命周期的系统开发、运作和维护所实施的全部过程、活动和任务的结构框架。面向对象技术自 20 世纪 80 年代起，逐步形成了面向对象方法学，目前已经成为人们在开发软件时首选的范型。面向对象技术已发展成为当前最流行的系统分析方法和软件开发技术，并且已经逐步统一、融合形成 UML 语言。

 习题 1

1. 常见软件开发方法有哪些？各有什么特点？

2. 面向对象中的"对象"与"类"之间是什么关系？

3. 解释下列概念：

面向对象方法、对象、类、封装、继承、消息、多态性

4. 试述传统的开发方法与面向对象的开发方法各自的优缺点。

5. 试述 OOA 的主要优点。

6. 简述 OOA 的主要原则。

7. 简述 OOA 的过程。

8. 简述 Coad/Yourdon 的 OOA&D 方法。

9. 简述 OOA 与 OOD 的关系。

10. 简述 OOD 的建模过程和主要活动。

11. 常见的面向对象方法有哪些？有何异同？

第2章

.NET 程序设计基础

本章要点

◆ .NET Framework 平台的体系结构

◆ Visual Studio .NET 集成开发环境

◆ C# .NET 程序基本结构和两类 C# .NET 程序创建方法

◆ C#语言语法基础

◆ 程序调试和异常处理

2.1 .NET Framework 概述

2.1.1 什么是.NET?

微软公司对.NET 定义如下。

NET is a "revolutionary new platform, built on open Internet protocols and standards, with tools and services that meld computing and communications in new ways".

即.NET 是微软推出的一个开发平台，它基于 Internet，为传统的 Windows API 和服务提供全新的编程接口，并融合了微软在 20 世纪 90 年代中后期开发的各种技术。

微软总裁兼首席执行官 Steve Ballmer 把.NET 定义为代表一个集合，一个环境，一个可以作为平台支持下一代 Internet 的可编程结构。

无论对于开发人员还是最终用户，.NET 都是一个相当有吸引力的战略平台，因为它具有以下特点。

（1）跨语言：.NET 支持多语言的互操作性，用一种语言编写的程序被编译成中间代码，编译好的代码可以和从其他代码编译过来的代码交互。

（2）跨系统平台：用各种语言编写的代码都先编译成中间代码，在执行时再使用即时编译技术把中间代码编译成特定系统平台的机器代码，实现了异构系统平台的互操作。

（3）安全：.NET 通过公共语言运行库实现资源对象和类型的安全。

（4）支持开放因特网标准和协议：.NET 通过支持 HTTP、XML、SOAP、WSDL、UDDI 等 Internet 的标准和协议，在分布式网络环境下获取远程服务，连接远程设备，实现与远程应用的交互。

2.1.2 .NET Framework

.NET Framework 是.NET 平台最重要的基础框架，它简化了分布式环境中的应用程序开发，为开发人员提供了面向对象的编程环境以及安全、可靠、高效的代码执行环境，可用于创建、发布和运行各种应用程序，包括基于 Web 的应用程序、各种客户端应用程序以及 XML Web 服务。

| C# | C++ | VB | J# | 其他语言 |

通用语言规范（Common Language Specification）

| XML
Web 服务 | Web 表单 |
| | Windows 表单 |

数据和 XML

.NET Framework 类库

公共语言运行时（Common Language Runtime）

图 2-1　.NET 框架的主要组成部分

图 2-1 为.NET 框架的主要组成部分，其中最重要的是公共语言运行时和.NET Framework 类库。公共语言运行时（CLR）是.NET Framework 的基础，提供了程序的执行环境。可以将公共语言运行时看作一个在执行时管理代码的代理，它提供内存管理、线程管理和远程处理等核心服务，并且还强制实施严格的类型安全以及可提高安全性和可靠性的其他形式的代码准确性。类库是一个综合性的、面向对象的、可重用类型集合，可以使用它开发多种应用程序。这些应用程序包括传统的命令行或图形用户界面（GUI）应用程序、基于 ASP.NET 的应用程序（如 Web 窗体和 XML Web 服务）。

2.2　C#程序的开发环境

Visual Studio IDE 是一套完整的开发工具，用于生成 ASP.NET Web 应用程序、XML Web 服务、Windows 应用程序和移动应用程序等。Visual Basic、Visual C#和 Visual C++等编程语言使用相同的集成开发环境（IDE），这样就能够进行工具共享，并能够轻松地创建混合语言解决方案。Visual Studio IDE 版本从 Visual Studio .NET、Visual Studio 2003、Visual Studio 2005、Visual Studio 2008、Visual Studio 2010、Visual Studio 2012 一直演变到最新的 Visual Studio 2013。本教程所有示例都是在 Visual Studio 2010 环境下调试通过，这里简单介绍一下 Visual Studio 2010 的开发环境。

2.2.1　Visual Studio 2010 IDE 窗口

1．起始页

Visual Studio 产品系列共用一个集成开发环境（IDE），此环境由若干元素组成，包括菜单栏、标准工具栏以及停靠或自动隐藏在左侧、右侧、底部和编辑器空间中的各种工具窗口，如图 2-2 所示。可用的工具窗口、菜单和工具栏取决于所处理的项目或文件类型。

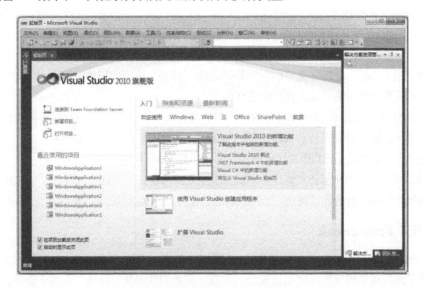

图 2-2　Visual Studio 2010 "起始页"

2. 工作区

Visual Studio IDE 的工作区窗口如图 2-3 所示。每个窗口都可以移动、调整大小、打开、关闭和定制。一些窗口还允许显示不同内容的标题栏，可以定制工作区中窗体的摆放位置，定制窗口的位置和停靠动作。根据所应用的设置以及随后执行的任何自定义设置，IDE 中的工具窗口及其他元素的布置会有所不同。使用菜单"工具（<u>T</u>）"中"导入和导出设置（I）…"可以更改这些窗口界面设置。通过选择"重置所有设置"选项，可以更改默认编程语言。

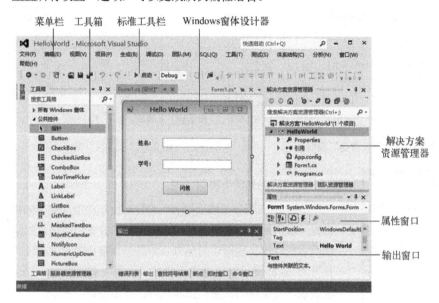

图 2-3 Visual Studio 2010 集成开发环境工作区窗口

3. "解决方案资源管理器"窗口

利用解决方案资源管理器，可以方便地组织需要设计的项目、文件、配置应用程序和组件。"解决方案资源管理器"窗口如图 2-4 所示，显示了解决方案、解决方案的项目及这些项目中的项。通过"解决方案资源管理器"，可以打开文件进行编辑，向项目中添加新文件，以及查看解决方案、项目和项属性。

4. "工具箱"窗口

"工具箱"窗口由工具图标组成，如图 2-5 所示，这些图标是 C#.NET 应用程序的构件，称为控件或图形对象，每个控件由工具箱中一个图标来表示。工具箱主要用于应用程序的界面设计，每个控件的具体用法将在后面章节具体介绍。

5. "属性"窗口

"属性"窗口如图 2-6 所示，主要用于设置窗体或控件的属性。属性定义了控件的信息，如字体、大小、颜色、名称等。每个控件都有自己的属性。除了标题之外"属性"窗口分为 4 个部分，分别为类和命名空间、工具栏、属性列表和属性解释。

属性显示方式分为两种，即按字母顺序和按分类顺序，分别通过单击工具栏中相应的工具按钮来实现。在属性列表部分，可滚动显示当前活动对象的所有属性，以便观察或设置每项属性的当前值。属性的变化将改变相应对象的特征。有些属性的取值是有一定限制的，例如对象的可见性（visible）只能设置 True 或 False。在实际的程序设计中，不可能也没必要设置每个对象的所有属性，很多属性可以使用默认值。

图 2-4　"解决方案资源管理器"窗口　　　　　图 2-5　"工具栏"窗口

图 2-6　"属性"窗口

6. "错误列表"窗口

图 2-7 所示的"错误列表"窗口有助于根除代码中的错误，因为它会跟踪我们的工作，编译项目。如果双击该窗口中显示的错误，光标会跳到源代码中出现错误的地方（如果包含错误的源文件没有打开，将被打开），这样就可以快速更正错误。代码中有错误的一行会出现红色的波浪线，便于我们快速扫描源代码，找出错误。错误的位置用一个行号来指定。在默认情况下，行号不会显示在 Visual Studio 文本编辑器中。为此，需要单击"工具"→"选项"菜单项，在"文本编辑器"→"C#"→"常规"类别中选中"行号"复选框，如图 2-8 所示。

图 2-7　"错误列表"窗口

图 2-8　选中"行号"复选框

2.2.2　Visual Studio .NET 解决方案和项目文件的组织结构

一个 Visual Studio IDE 开发的项目系统通常由解决方案和项目组成，其组织结构如图 2-9 所示。解决方案和项目包含一些项，这些项表示创建应用程序所需的引用、数据连接、文件夹和文件。解决方案容器可包含多个项目，而项目容器通常包含多项。另外，Visual Studio

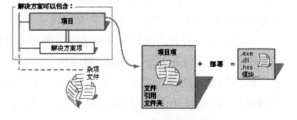

图 2-9　某项目系统组织结构图

还提供了解决方案文件夹，用于将相关的项目组织成组，然后对这些项目组执行操作。

创建新项目时，Visual Studio 会自动生成一个解决方案，然后可以根据需要将其他项目添加到该解决方案中。"解决方案资源管理器"提供整个解决方案的图形视图，开发应用程序时，该视图可帮助管理解决方案中的项目和文件。

1．解决方案

解决方案管理 Visual Studio 配置，生成和部署相关项目集。Visual Studio 解决方案可以只包含一个项目，也可以包含由开发团队联合生成的多个项目。解决方案的启动项目是执行解决方案时所运行的项目，它的名称在"解决方案资源管理器"中以粗体文本显示。使用"解决方案生成配置"可以指定如何为特定的用户组生成和部署不同的应用程序版本。例如，您可以为开发人员和测试人员配置调试版本，为合作伙伴和最终用户配置发布版本。

一个解决方案包含以下几种类型的文件。

（1）解决方案文件：Visual Studio 采用两种文件类型（.sln 和.suo）来存储特定解决方案的设置，这些文件总称为解决方案文件，为解决方案资源管理器提供显示管理文件的图形接口所需的信息。其中，.sln 文件为 Visual Studio 解决方案，记录解决方案中包含的项目、项目项和解决方案项；.suo 文件为解决方案用户选项，记录用户对 Visual Studio 做的用户级自定义项，例如断点。

（2）项目文件：后缀名为.csproj，其中记录了与工程有关的相关信息，如包含的文件、程序的版本、所生成的文件的类型和位置的信息等。

（3）Properties 项目属性文件夹：包括 AssemblyInfo.cs、resources.resx 和 Settings. settings 文件。AssemblyInfo.cs 文件用于保存程序集的信息，如名称、版本等；resources.resx 负责管理程序中非源代码性质的文件，包括图片、音频、字符串、图标等；Settings.settings 是提供给用户的专门设置配置信息息的文件。

（4）App.config 文件：应用程序配置文件。在设计界面添加 Settings.settings 配置项后，App.config 文件自动添加相应的节。

（5）Program.cs 文件：整个应用程序的入口，Application.Run(new Form1())语句标记了启动的窗口，可以通过改变参数来设置启动窗体。

（6）.cs 文件：C#源代码文件。

（7）.Designer.cs 设计文件：窗体设计器自动生成的代码文件，作用是对窗体上的控件做初始化工作。Visual Studio 2003 以前把这部分代码也放到窗体的.cs 文件中，由于这部分代码一般不用手工修改，在 Visual Studio 2005 以后微软把它单独分离出来形成一个.Designer.cs 文件与窗体对应，这样.cs 文件中剩下的代码都是与程序功能相关性较高的代码，利于维护。

（8）.resx 文件：与窗体文件对应的窗体资源文件，定义了窗体要用到的所有资源，包括字符串文本、数字以及所有的图形等。

（9）.aspx 文件：Web 窗体文件，是在服务器端运行的动态网页文件，通过 IIS 解析执行后可以得到动态页面。

2．项目模板

Visual Studio .NET 提供了若干应用程序模板，作为开发更复杂应用程序的基础。这些模板的重点在于应用程序要完成的任务，而不考虑所使用的开发语言。开发人员可以在这些模板的基础上设计符合特定要求的应用程序，同时降低开发应用程序的复杂性和成本。

要创建一个新的项目，可在初始界面中选择"新建项目"选项，弹出如图 2-10 所示的"新建项目"窗口，其中的图标表示可用的项目类型及其模板。选择的项目模板确定了该项目的输出类型和可用于项目的其他选项，所有项目模板都会添加该项目类型的必要文件和引用。根据项目类型，C# 模板主要分为 Windows 模板、Web 模板、Office 模板、SharePoint 模板、工作流模板及云服务、报告、WCF 等其他模板。

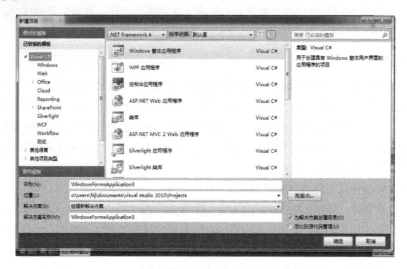

图 2-10 "新建项目"窗口

2.2.3 C#简介

20 世纪 80 年代末以来，C 和 C++一直是最有生命力的程序设计语言。这两种语言为程序员提供了丰富的功能、高度的灵活性和强大的底层控制能力，而这一切都不得不在效率上做出不同程度的牺牲。例如：与 Visual Basic 相比，Visual C++程序员为实现同样的功能就要花费更长的开发周期。由于 C 和 C++既为我们带来了高度的灵活性又使我们必须要忍受学习的艰苦和开发的长期性，许多 C 和 C++程序员一直在寻求一种新的语言以图在开发能力和效率之间取得更好的平衡。

针对上述问题，微软开发了 C#语言，它从 C 和 C++语言演化而来，是微软专门为使用.NET 平台而创建的。C#是一种现代的、面向对象的程序开发语言，它使得程序员能够在新的微软.NET 平台上快速开发种类丰富的应用程序。C#本身并无类库，而是直接使用.NET 框架提供的类库，并且安全检查、结构优化、异常处理等也都交给 CLR 处理。因此，C#是最适合.NET 开发的编程语言。

1. C# 语言的特点

C#是一种简洁、类型安全的面向对象的语言，它是从 C/C++演变而来的，因此保留了自己的家族名称。#原为音乐标记，用于标识声调音符并读作"Sharp"，因此 C#应读作"C Sharp"。

C#语法表现力强，只有不到 90 个关键字，而且简单易学。C#的语法使任何熟悉 C、C++或者 Java 的人都可以轻松上手，了解上述任何一种语言的开发人员通常在很短的时间内就可以使用 C# 进行工作。C#语法简化了 C++的诸多复杂性，同时提供了很多强大的功能。作为一种面向对象语言，C#支持封装、继承和多态性概念。所有的变量和方法，包括 Main 方法都封装在类定义中。C# 的生成过程比 C 和 C++简单，比 Java 更为灵活。没有单独的头文件，也不要求按照特定顺序声明方法和类型。C#源文件可以定义任意数量的类、结构、接口和事件。总体来说，C#语言具有以下特性。

（1）简洁的语法。与 C++相比，C#的代码在.NET 框架提供的"可操控"环境下运行，在默认的情况，不允许直接地操作内存，它所带来的最大特色是没有了指针。

（2）完全面向对象。C#是一种完全面向对象的语言，在 C#语言中不再存在全局函数、全局变量，所有的函数、变量和常量都必须定义在类中，使得代码具有更好的可读性，并且减少了发生命名冲突的可能。C#具有面向对象语言所应有的一切特性：封装、继承与多态。在 C#的类型系统中，每种类型都可以看作一个对象，C#提供了装箱（boxing）与拆箱（unboxing）机制来完成这种操作，而不给使用者带来麻烦，更为详细的介绍见后面的章节。C#只允许单继承，即一个类只能有一个基类，从而避免了类型定义的混乱。

（3）与 Web 的紧密结合。C#与 Web 紧密结合，支持绝大多数的 Web 标准，如 HTML、XML、SOAP 等。利用简单的 C#组件，程序设计人员能够快速开发 Web 服务，并通过 Internet 使这些 Web 服务能被运行在任何操作系统上的应用所调用。

（4）完全的安全性与错误处理。C#的先进设计思想可以消除软件开发中的许多常见错误，并提供了包括类型安全在内的完整的安全性能。为了减少开发中的错误，C#会帮助开发者通过更少的代码完成相同的功能。这不但减轻了编程人员的工作量，同时更有效地避免了错误发生。内存管理中的垃圾收集机制减轻了开发人员对内存管理的负担。

（5）版本处理技术。升级软件系统中的组件模块是一件容易产生错误的工作。在代码修改过程中可能对现存的软件产生影响，很有可能导致程序的崩溃。为了帮助开发人员处理这些问题，C#在语言中内置了版本控制功能。

（6）灵活性和兼容性。C#遵守.NET 公用语言规范（Common Language Specification，CLS），从而保证了 C#组件与其他语言组件间的互操作性。

2．C#编译过程

C#语言程序编译和执行过程如图 2-11 所示，共分为两个阶段。

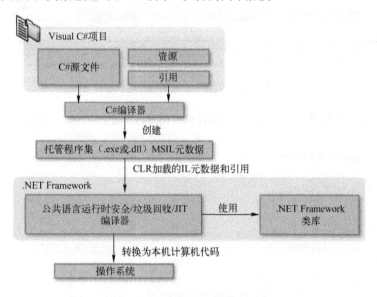

图 2-11　C#语言编译和执行过程图

第一阶段把 C#编写的源文件编译为一种符合 CLI 规范（Common Language Infrastructure）的中间语言 IL（Intermediate Language）。IL 代码与资源（如位图和字符串）一起作为一种称为程序集的可执行文件存储在磁盘上，通常具有的扩展名为.exe 或.dll。

第二阶段执行 C#程序时，程序集将加载到 CLR 中，这可能会根据清单中的信息执行不同的操作。如果符合安全要求，CLR 执行即时编译（JIT）将 IL 代码转换为本机机器语言。CLR 还提供与自动垃圾回收、异常处理和资源管理有关的其他服务。由 CLR 执行的代码有时称为"托管代码"，它与编译为面向特定系统的本机机器语言的"非托管代码"相对应。

2.2.4 利用 Visual Studio IDE 编写 C#程序

1．C#控制台应用程序

【例2-1】编写一控制台程序，程序执行时首先出现一行提示，要求输入姓名，然后输出如下文字：***同学，欢迎进入 C#.NET 世界，祝你学习进步！。

（1）打开 Microsoft Visual Studio 2010，单击"文件"→"新建"→"项目"菜单。项目类型选择 Visual C#，模板选择"控制台应用程序"，并设置好名称和位置，如图 2-12 所示。

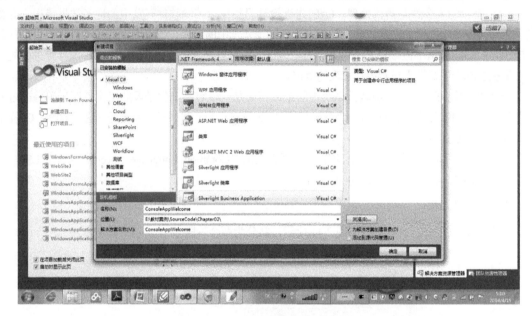

图 2-12　创建一个控制台应用程序

（2）单击"确定"按钮，在系统生成框架的 void Main()方法中输入如下代码。

```
using System;
namespace ConsoleAppWelcome
{
    class ConsoleAppWelcome
    {
        /*
        * 这是我们的第一个控制台程序
        * 程序总体结构已经写好了，只要在下面 Main 函数中添加代码就可以了
        */
        static void Main(string[] args)
        {
            string name;                                    //定义两个字符串变量,存放输入的姓名
            string welMsg;                                  //存放形成的输出信息
            Console.WriteLine("请输入您的姓名：");            //输出提示信息
            name = Console.ReadLine();                      //从键盘上输入人的姓名
            welMsg = name + " 同学，欢迎进入 C#.NET 世界，祝你学习进步！ "; //形成欢迎信息
            Console.WriteLine(welMsg);                      //输出欢迎信息
            Console.Write("请按任意键继续...");
            Console.ReadKey();
        }
    }
}
```

（3）按 Ctrl+F5 键或者单击"调试"菜单下的"开始运行（不调试）"按钮运行程序。运行结果如图 2-13 所示。

（4）代码分析。

图 2-13 【例 2-1】的运行结果

① using System 表示导入名字空间，如同 C 或 C++程序中使用#include 语句导入其他 C 或 C++源文件一样。这里用到的是 Console 类，如果不用 using System，那么必须在每个 Console 前加上一个前缀 "System."，这个小原点 "." 表示 Console 是作为 System 的成员而存在的。System 是.NET 平台框架提供的最基本的名字空间之一。

② 程序代码的第四行 class ConsoleAppWelcome 声明了一个名叫 ConsoleAppWelcome 的类。我们从写第一个 C#程序时就应记住，类是面向对象程序设计的最基本单元。和 C/C++程序中一样，源代码块被包含在一对大括号 "{" 和 "}" 中，每一个右括号 "}" 总是和它前面离它最近的一个左括号 "{" 相配套。C#程序中，程序的执行总是从 Main()方法开始的。一个程序中不允许出现两个或两个以上的 Main()方法。习惯了写 C 控制台程序的读者请牢记 C#中 Main()方法必须被包含在一个类中。

③ 此程序所完成的输入/输出功能都是通过 Console 来完成的。Console 是在名字空间 System 中已经为我们定义好的一个类。Console.ReadLine 方法表示接收输入设备输入，Console.WriteLine 方法则用于在输出设备上输出。Console 中用于输入/输出的另两个方法为 Read 和 Write，它们和 ReadLine 与 WriteLine 的不同之处在于，ReadLine 和 WriteLine 执行时相当于在显示时多加了一个回车键，而使用 Read 和 Write 时光标不会自动转移到下一行。

④ C#使用的是传统的 C 风格注释方式：单行注释使用 "//"，单行注释中的任何内容，即 "//" 后面的内容都会被编译器忽略。多行注释使用 "/*……*/"，多行注释中 "/*" 和 "*/" 之间的所有内容也会被忽略。

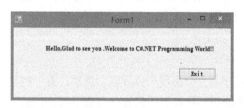

图 2-14 【例 2-2】程序运行界面

2. Windows 应用程序

【例 2-2】编写一个 C#.NET Windows 应用程序，在程序运行时显示一行信息："Hello, Glad to see you. Welcome to C#.NET Programming World!!"。在界面放置一个 "Exit" 按钮，单击该按钮退出应用程序的执行。程序运行界面如图 2-14 所示。

实现步骤如下：

① 启动 Visual Studio 2010，执行菜单"文件"→"新建"→"项目"命令，弹出如图 2-15 所示的"新建项目"窗口，选择"Visual C#"，在"模板"列表中选择"Windows 窗体应用程序"，在"位置"文本框中输入项目保存的位置，如"D:\Project"，在"名称"文本框输入"HelloWorld"。

② 在"工具箱"中单击 Label 控件工具，然后在窗体的适当位置按下鼠标并拖动，在窗体上生成一个标签对象；同样选中 Button 控件，在窗体产生一个按钮对象。

③ 修改 Label1 控件和按钮 Button1 的属性。首先选中 label1，在"属性"窗口中设置 Text 属性值为"Hello,Glad to see you .Welcome to C#.NET Programming World!!"，设置 Font 属性值为"Times New Roman, 9pt, style=Bold"，设置 Autosize 属性值为 True。然后，选中 Button1，修改 Text 属性值为 "Exit"。

④ 在窗体上单击鼠标右键，在出现的快捷菜单中选择"查看代码"命令或双击窗体，切换到代码视图，可以看到生成的 Visual C#.NET 程序代码。在窗体上双击"Exit"按钮，切换到代码视图的 button1_Click 事件过程中，编写如下代码。

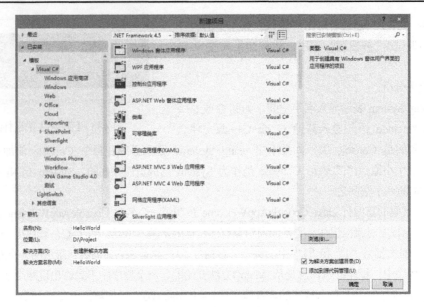

图 2-15 "新建项目"窗口

```
private void button1_Click(object sender, EventArgs e)
{
    Application.Exit();
}
```

⑤ 执行菜单中"调试"→"开始执行（不调试）"命令或单击工具栏上的按钮▶，也可以使用快捷键 F5，将会出现如图 2-14 所示的运行结果。

⑥ 保存。在任何应用程序的设计过程中，都必须经常保存设计进度和相关的文件。可以在 IDE 环境中修改"选项"菜单中的设置，使文件会在每次创建或执行项目时自动保存。

2.2.5 发现并修正错误

代码中有时难免存在错误。无论程序员多么优秀，程序总是会出现一些问题。当然，有一些问题比较小，不会影响应用程序的执行，例如，屏幕上文字的拼写错误等；但有一些错误可能比较严重，会导致应用程序完全失败（通常称为致命错误），致命错误包括妨碍代码编译的简单错误（语法错误），或者只在运行期间发生的更严重的错误；还有一些错误是由于应用程序的逻辑在某些方面有瑕疵时产生，此类错误称为语义错误（或逻辑错误）。为了更正程序中发生的不同错误，需要跟踪代码，确定发生了什么问题，并修改代码，使之按照希望的那样工作。C#.NET 的集成开发环境提供了多种调试工具，如设置断点、中断表达式、监视表达式、逐行执行和过程跟踪、各种调试窗口等。学会利用调试工具采用合理的调试方法来解决程序设计中的错误，是一个程序员必备的基本素质。

对于运行时错误，可以利用 C#中的错误处理技术对可能发生错误的地方采取预防措施，并编写弹性代码来处理可能会致命的错误。

1. Visual Studio 运行模式

Visual Studio C#有三种模式：设计模式（Design Mode）、执行模式（Run Mode）和中断模式（Break Mode）。

（1）设计模式

启动 Visual Studio C#后，即进入设计模式。建立一个应用程序的所有步骤基本上都在设计模式下完成，包括窗体设计、建立控件、编写程序代码以及利用窗口设置属性值或查看当前属性值等。在设计阶段，不能执行程序，也不能使用调试工具，但可设置断点。应用程序可直接从设计阶段进入运行阶段，但不可以进入中断模式。

（2）执行模式

执行"调试"菜单中的"开始执行（不调试）"菜单命令（或按 Ctrl+F5 键，或单击工具条上的"启动"按钮），即进入执行模式。进入执行阶段，把全部控制权交给应用程序，可对应用程序进行测试。在此阶段，可查看程序代码，但无法修改。如果执行"调试"菜单中的"停止调试"命令（或单击工具条中的"停止调试"按钮），则回到设计模式。如果执行"调试"菜单中的"全部中断"命令（或单击工具条中的"全部中断"按钮，或按 Ctrl+Alt+Break 键），则可进入中断模式。

（3）中断模式

中断模式暂停程序的执行。在中断模式下，可以检查程序代码，并可进行修改，也可以检查数据是否正确，修改完毕后，可继续执行。

可以用以下五种方式进入中断模式。

● 如前所述，在执行模式下，执行"调试"菜单下的"全部中断"命令。
● 在程序设置断点，程序执行到该断点处时自动进入中断模式。
● 遇到 Stop 语句。
● 在程序执行过程中，如果出现错误，将自动进入中断模式。
● 利用"调试"菜单下的"新建断点"命令进入中断模式。

（4）调试和非调试模式

前面提到，可以用两种方式执行应用程序：调试模式或非调试模式。在 Visual Studio 中执行应用程序时，它默认在调试模式下执行。例如，按下 F5 键或单击工具栏中的绿色"启动"按钮时，就是在调试模式下执行应用程序。要在非调试模式下执行应用程序，应选择"调试"→"开始执行（不调试）"，或者按下 Ctrl+F5 键。

Visual Studio 允许在两种配置下创建应用程序：Debug（默认）和 Release，使用标准工具栏中的"解决方案配置"下拉框可以在这两种配置之间切换。Debug 通常称为调试版本，它包含调试信息，并且不作任何优化，便于程序员调试程序。Release 称为发布版本，它往往是进行了各种优化，使得程序在代码大小和运行速度上都是最优的，以便用户很好地使用。

2．Visual Studio 中非中断模式调试方法

本书前面使用的 Console.WriteLine()函数可以把文本输出到控制台上，在开发应用程序时，这个函数可以方便地获得操作的额外反馈，例如：

```
Console.WriteLine("MyFunc() Function about to be called.");
MyFunc("Do something.");
Console.WriteLine("MyFunc() Function execution completed.");
```

这段代码说明了如何获取 MyFunc()函数的额外信息。这么做完全正确，但控制台的输出结果会比较混乱。在开发其他类型的应用程序时，如 Windows 窗体应用程序，没有用于输出信息的控制台。作为一种替代方法，可以把文本输出到 IDE 中的"输出"窗口。

2.2.1 节简要介绍了"错误列表窗口"，其他窗口也可以显示在这个位置上。其中一个窗口就是"输出"窗口（见图 2-16），在调试时这个窗口非常有用。要显示这个窗口，可以选择"调试"→"窗口"→"输出"。在这个窗口中，可以查看与代码的编译和执行相关的信息，包括在编译过程中遇到的错误等，还可以将自定义的诊断信息直接写到窗口中，使用这个窗口显示自定义信息。

另外，还可以创建一个日志文件，在运行应用程序时，把信息添加到该日志文件中。把信息写入日志文件所用的技巧与把文本写到"输出"窗口上所用的技巧相同，但需要理解如何从 C#应用程序中访问文件系统。

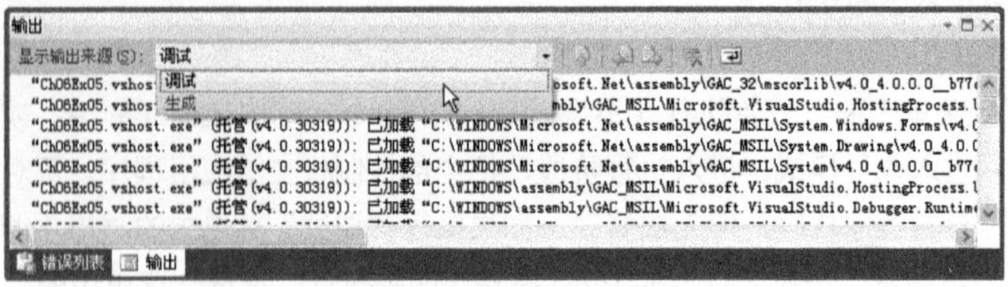

图 2-16 "输出"窗口

（1）输出调试信息

在运行期间把文本写入"输出"窗口是非常简单的，可以引入 System.Diagnostics 名字空间，使用如下两个命令。

```
Debug.WriteLine();
Trace.WriteLine();
```

这两个命令函数的用法几乎完全相同，但有一个重要区别。第一个命令仅在调试模式下运行，而第二个命令还可用于发布程序。实际上，Debug.WriteLine()命令甚至不能编译为可发布的程序，在发布版本中，该命令会消失。实际上，一个源文件可以创建出两个版本的应用程序。调试版本显示所有的额外诊断信息，而发布版本没有这个开销，也不向用户显示信息，否则会引起用户的反感。

例如，下面的语句把 MyFunc 作为可选的类别参数，"Added 1 to i"为输出信息。

```
Debug.WriteLine("Added 1 to i", "MyFunc");
```

其结果如下。

```
MyFunc: Added 1 to i
```

【例 2-3】 按以上方式输出调试信息。

```csharp
using System;
using System.Collections.Generic;
using System.Linq;
using System.Text;
using System.Threading.Tasks;
using System.Diagnostics;

namespace Ch02Ex03
{
    class Program
    {
        static void Main(string[] args)
        {
            int[] testArray = { 4, 7, 4, 2, 7, 3, 7, 8, 3, 9, 1, 9 };
            int[] maxValIndices;
            int maxVal = Maxima(testArray, out maxValIndices);
            Console.WriteLine("Maximum value {0} found at element indices:", maxVal);
            foreach (int index in maxValIndices)
            {
                Console.WriteLine(index);
            }
            Console.ReadKey();
        }

        static int Maxima(int[] integers, out int[] indices)
```

```
    {
            Debug.WriteLine("Maximum value search started.");
            indices = new int[1];
            int maxVal = integers[0];
            indices[0] = 0;
            int count = 1;
            Debug.WriteLine(string.Format("Maximum value initialized to {0}, at element index 0.",
                    maxVal));        //代码 1
            for (int i = 1; i < integers.Length; i++)
            {
                Debug.WriteLine(string.Format("Now looking at element at index {0}.", i));
                if (integers[i] > maxVal)
                {
                    maxVal = integers[i];
                    count = 1;
                    indices = new int[1];
                    indices[0] = i;
                    Debug.WriteLine(string.Format("New maximum found. New value is {0}, at
                            element index {1}.", maxVal, i));
                }
                else
                {
                    if (integers[i] == maxVal)
                    {
                        count++;
                        int[] oldIndices = indices;
                        indices = new int[count];
                        oldIndices.CopyTo(indices, 0);
                        indices[count - 1] = i;
                        Debug.WriteLine(string.Format("Duplicate maximum found at element
                                index {0}.", i));
                    }
                }
            }
            Trace.WriteLine(string.Format("Maximum value {0} found, with {1} occurrences.",
                    maxVal, count));
            Debug.WriteLine("Maximum value search completed.");
            return maxVal;
        }
    }
}
```

① 在"调试"模式下执行代码，结果如图 2-17 所示。

图 2-17 【例 2-3】的运行结果

② 中断应用程序的执行，查看"输出"窗口中的内容如下。

```
......
Maximum value search started.
Maximum value initialized to 4, at element index 0.
Now looking at element at index 1.
New maximum found. New value is 7, at element index 1.
```

Now looking at element at index 2.

Now looking at element at index 3.

Now looking at element at index 4.

Duplicate maximum found at element index 4.

Now looking at element at index 5.

Now looking at element at index 6.

Duplicate maximum found at element index 6.

Now looking at element at index 7.

New maximum found. New value is 8, at element index 7.

Now looking at element at index 8.

Now looking at element at index 9.

New maximum found. New value is 9, at element index 9.

Now looking at element at index 10.

Now looking at element at index 11.

Duplicate maximum found at element index 11.

Maximum value 9 found, with 2 occurrences.

Maximum value search completed.

The thread 'vshost.RunParkingWindow' (0x110c) has exited with code 0 (0x0).

The thread '<No Name>' (0x688) has exited with code 0 (0x0).

The program '[4568] Ch07Ex01.vshost.exe: Managed (v4.0.20506)' has exited with code 0 (0x0).

③ 使用标准工具栏上的解决方案配置下拉列表切换到 Release 模式，如图 2-18 所示。

④ 再次运行程序，这次是在 Release 模式下运行。执行中止时，查看"输出"窗口。结果如下所示。

图 2-18　解决方案
配置下拉框

Maximum value 9 found, with 2 occurrences.

在 Debug 模式下运行应用程序时，其最终结果是一个完整的记录，它记述了在循环中计算出结果所采取的步骤。在 Release 模式下，仅能看到计算的最终结果，因为没有调用 Debug.WriteLine()函数。

除了这些 WriteLine()函数外，还有 Console.Write()的等价函数：Debug.Write()和 Trace.Write()。这两个函数使用的语法与 WriteLine()函数相同，但它们没有添加行尾字符。

还有 Debug.WriteLineIf()、Trace.WriteLineIf()、Debug.WriteIf()和 Trace.WriteIf()命令。这些函数的参数都与没有 if 的对应函数相同，但增加了一个必选参数，且该参数放在列表参数的最前面。这个参数的值为 true 或 false，只有这个值为 true 时，函数才会输出文本。使用这些函数可以有条件地把文本输出到"输出"窗口中。

（2）跟踪点

另一种把信息输出到"输出"窗口中的方法是使用跟踪点。这是 Visual Studio 的一个功能，而不是 C#的功能，但其作用与使用 Debug.WriteLine()相同。它实际上是输出调试信息且不修改代码的一种方式。

添加跟踪点的过程如下所示，这里使用【例 2-3】所示代码。

① 把光标放在要插入跟踪点的代码行上。注意，跟踪点会在执行这行代码之前被处理。

② 右击该行代码，选择"断点"→"插入跟踪点"。

③ 在打开的"命中断点时"对话框中，在"打印消息"文本框中键入要输出的字符串。如果要输出变量值，应把变量名放在花括号中。

④ 单击"确定"按钮。在包含跟踪点的代码行左边会出现一个红色的菱形，该行代码也会突出显示为红色。

图 2-19 显示了【例 2-3】中，在"代码 1"位置删除已有的
Debug.WriteLine()语句，在下一条语句上所设置的跟踪点。

还有一个窗口可用于快速查看应用程序中的跟踪点。要显示
这个窗口，可以从 Visual Studio 菜单中选择"调试"→"窗口"
→"断点"。这是显示断点的通用窗口，可以定制显示的内容。从
这个窗口的"列"下拉框中选择"命中条件"列，显示与跟踪点
关系更密切的信息。图 2-20 显示窗口配置了这个列，还显示了添
加到【例 2-3】中的所有跟踪点。

图 2-19 设置跟踪点

```
Program.cs* ↔ ×
Ch02Ex03.Program                                                          Maxima(int[] integers, out int[] indic
    25        static int Maxima(int[] integers, out int[] indices)
    26        {
    27            indices = new int[1];
    28            int maxVal = integers[0];
    29            indices[0] = 0;
    30            int count = 1;
    31            for (int i = 1; i < integers.Length; i++)
    32            {
    33                if (integers[i] > maxVal)
    34                {
    35                    maxVal = integers[i];
    36                    count = 1;
    37                    indices = new int[1];
    38                    indices[0] = i;
    39                    Debug.WriteLine(string.Format("New maximum found. New value is {0}, at element index {1}.", maxVal, i));
    40                }
    41                else
    42                {
    43                    if (integers[i] == maxVal)
    44                    {
    45                        count++;
    46                        int[] oldIndices = indices;
    47                        indices = new int[count];
    48                        oldIndices.CopyTo(indices, 0);
    49                        indices[count - 1] = i;
    50                        Debug.WriteLine(string.Format("Duplicate maximum found at element index {0}.", i));
    51                    }
    52                }
    53            }
    54            Trace.WriteLine(string.Format("Maximum value {0} found, with {1} occurrences.", maxVal, count));
    55            return maxVal;
    56        }
    57    }
    58  }
    59
100 %
```

断点
新建 ▾ ✗ ◆ ◆ ◆ ◆ ❂ 列 ▾ 搜索   ▾ 在列中：全部可见   ▾ ☲
名称   标签 条件   命中次数 命中条件
☑ ◆ Program.cs，行 27 字符 13   (无条件) 总是中断 打印消息"Maximum value search started."
☑ ◆ Program.cs，行 31 字符 18   (无条件) 总是中断 打印消息"Maximum value initialized to {maxVal}, at element index 0."
☑ ◆ Program.cs，行 33 字符 17   (无条件) 总是中断 打印消息"Now looking at element at index {i}."
☑ ◆ Program.cs，行 40 字符 17   (无条件) 总是中断 打印消息"New maximum found. New value is {maxVal}, at element index {i}."
☑ ◆ Program.cs，行 51 字符 21   (无条件) 总是中断 打印消息"Duplicate maximum found at element index {i}."
☑ ◆ Program.cs，行 55 字符 13   (无条件) 总是中断 打印消息"Maximum value search completed."

图 2-20 【例 2-3】中的所有跟踪点信息

在调试模式下执行这个应用程序，会得到与前面完全相同的结果。在代码窗口中选中跟踪点所
在的行，单击鼠标右键，或者利用"断点"窗口，就可以删除或临时禁用跟踪点。在"断点"窗口
中，跟踪点左边的复选框确定是否启用跟踪点；禁用的跟踪点未被选中，在代码窗口中显示为菱形
框，而不是实心菱形。

3. 中断模式下的调试方法

调试技术的剩余内容是在中断模式下工作。可以通过几种方式进入这种模式，这些方式都可以
暂停程序的执行。

（1）进入中断模式

进入中断模式的最简单方式是在运行应用程序时，单击 IDE 中的"全部中断"按钮，或单击"调
试"→"全部中断"菜单。暂停应用程序是进入中断模式的最简单方式，但这并不能很好地控制停止程
序运行的位置。我们可能会很自然地停止运行应用程序，例如，要求用户输入信息；还可能在长时间的

操作或循环过程中进入中断模式，但停止的位置可能相当随机。一般情况下，最好使用断点。

① 断点是在源代码中自动进入中断模式的标记，它们可以配置为：

● 在遇到断点时，立即进入中断模式。

● 在遇到断点时，如果布尔表达式的值为 true，就进入中断模式。

● 遇到某断点一定的次数后，进入中断模式。

● 在遇到断点时，如果自从上次遇到断点以来变量的值发生了变化，就进入中断模式。

● 把文本输出到"输出"窗口中，或者执行一个宏。

☞**注意**：上述功能仅能用于调试程序。如果编译发布程序，将会忽略所有断点。

添加断点有几种方法。要添加简单断点，当遇到该断点所在的代码行时，就中断执行，可以单击该代码行左边的灰色区域；或右击该代码行，选择"断点"→"插入断点"菜单项；或选择"调试"→"切换断点"菜单项；或者按下 F9 键。

断点在该代码行的旁边显示一个红色的圆圈，而该行代码也突出显示，如图 2-21 所示。

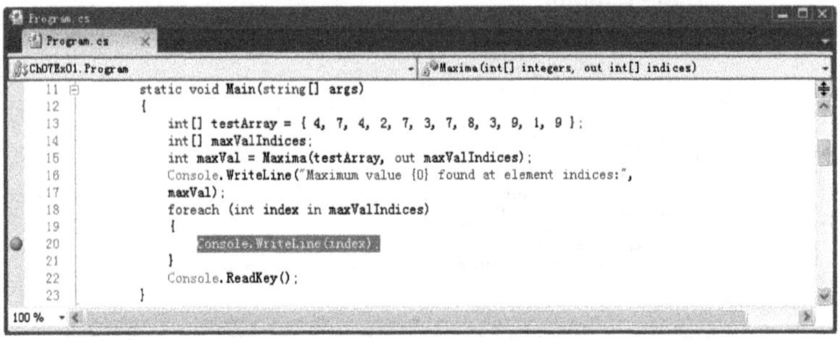

图 2-21　设置断点

在 Visual Studio 中，使用"断点"窗口除了可以查看文件中的跟踪点信息，还可以查看断点信息。此外，在"断点"窗口中可以禁用断点（删除描述信息左边的记号：禁用的断点用未填充的红色圆圈来表示）、删除断点、编辑断点的属性。

"断点"窗口中显示的"条件"和"命中次数"列是唯一的两个可用列，它们非常有用。在"代码"或"断点"窗口右击断点，选择"条件"或"命中次数"菜单项，就可以编辑它们。

选择"条件"菜单项，将弹出"断点条件"对话框。在该对话框中可以键入任意布尔表达式，该表达式可以包含断点涉及的任何变量。例如，可以配置一个断点，输入表达式"maxVal > 4"，选择"为 true"选项，那么当遇到这个断点，且 maxVal 的值大于 4 时，就会触发该断点。还可以检查这个表达式是否有变化，仅当发生变化时，断点才会被触发（例如，如果在遇到断点时，maxVal 的值从 2 改为 6，就会触发该断点）。

选择"命中次数"菜单项，将弹出"断点命中次数"对话框。在这个对话框中可以指定在触发前，要遇到该断点多少次。该对话框中的下拉列表提供了如下选项。

● 总是中断；

● 中断，条件是命中次数等于；

● 中断，条件是命中次数几倍于；

● 中断，条件是命中次数大于或等于。

所选的选项与在旁边的文本框中输入的值共同确定断点的行为。这个"命中次数"选项在比较长的循环中很有用，例如，在执行了前 5000 次循环后需要中断。如果不这么做，中断并再重新启动 5000 次是很痛苦的。

② 进入中断模式的其他方式。

进入中断模式还有两种方式。一种是在抛出一个未处理的异常时选择进入该模式。这种方式在本章后面讨论到错误处理时论述。另一种方式是生成一个判定语句（assertion）时中断。

判定语句是可以使用用户定义的消息中断应用程序的指令。它们常常用于应用程序的开发过程，作为测试程序是否能平滑运行的一种方式。例如，在应用程序的某一处要给定的变量值小于10，此时就可以使用一个判定语句，确定它是否为 true，如果不是，就中断程序的执行。当遇到判定语句时，可以选择"终止"，中断应用程序的执行；选择"重试"，进入中断模式；或选择"忽略"，让应用程序像往常一样继续执行。

与前面的调试输出函数一样，判定函数也有两个版本：

```
Debug.Assert()
```

和

```
Trace.Assert()
```

例如下面的语句，当第一个参数的条件为 false 时，就会弹出一个消息框。在第一个字符串中提供错误的简短描述，在第二个字符串中提供下一步该如何操作的指示，如图 2-22 所示。

```
Trace.Assert(myVar < 10, "Variable out of bounds.","Please contact vendor with the error code KCW001.");
```

图 2-22　中断对话框

（2）监视变量的内容

查看变量值最简单的方式是在中断模式下，使鼠标指向源代码中的变量名，此时会出现一个黄色的工具提示，显示该变量的信息，其中包括该变量的当前值。

还可以高亮显示整个表达式，以相同的方式得到该表达式的结果。对于比较复杂的值，例如数组，甚至可以扩展工具提示中的值，查看各个数组元素项。

☞**注意**：在运行应用程序时，IDE 中各个窗口的布局会发生变化，如"属性"窗口、"解决方案资源管理器"窗口会消失，"错误列表"窗口会被屏幕底部的两个新窗口代替等。新的屏幕布局如图 2-23 所示，一些选项卡和窗口可能与读者不完全匹配，这个可以通过"视图"和"调试"→"窗口"菜单来定制（在中断模式下），也可以在屏幕上拖动窗口重新设定它们的位置。

图 2-23 中底部左下角的新窗口在调试时非常有用，它允许在中断模式下，在应用程序的变量值上保留标签，它包含 3 个选项卡。

- 自动窗口：显示当前和前面的语句使用的变量的值。
- 局部变量：显示作用域内的所有变量的值。
- 监视：显示定制的变量和表达式。

一般情况下，每个选项卡都包含一个变量列表，其中包括变量的名称、值和类型等信息。它们的内容以树状视图的方式显示，更复杂的变量（如数组）可以使用变量名左边的＋和－符号进一步查看。例如，在图 2-23 的示例中，在代码中放置了一个断点，得到的"局部变量"选项卡如图 2-24 所示，其中显示了数组变量 maxValIndices 的展开视图。在这个视图中，还可以编辑变量的内容。为此，只需在"值"列中为要编辑的变量输入一个新值即可。

图 2-23　运行调试期间屏幕布局

可以通过"监视"选项卡监视特定变量或涉及特定变量的表达式。要使用这个选项卡，只需在"名称"列中键入变量名或表达式，就可以查看它们的结果。

☞**注意**：并不是应用程序中的所有变量在任何时候都在作用域内，这种情况下会在"监视"选项卡中对变量做出标记。例如，针对【例 2-3】代码，图 2-25 显示了一个"监视"选项卡，其中包含几个被监视的变量和表达式，在遇到 Maxima()函数末尾前面的一个断点时，会显示这个"监视"选项卡。其中，testArray 数组是 Main()函数的局部数组，所以在该图中没有值，而是显示了一个信息，提示这个变量不在作用域内。在这个选项卡中显示变量结果的一个优点是：它们可以显示变量在断点之间的变化情况，新值显示为红色而不是黑色，所以很容易看出哪个值发生了变化。

图 2-24　中断模式下"局部变量"选项卡　　　　图 2-25　中断模式下"监视"选项卡

要在 Visual Studio 中添加更多的"监视"选项卡，可以在中断模式下，使用"调试"→"窗口"→"监视"→"监视 N"菜单项来打开或关闭 4 个"监视"选项卡。每个选项卡都可以包含变量和表达式的一组观察结果，把相关的变量组合在一起，以便于访问。

"监视"选项卡可以在应用程序的各个执行过程之间保留下来。如果中断应用程序，再重新运行，就不必再次添加"监视"选项卡了，IDE 会记住上次使用的"监视"选项卡。

（3）单步执行代码

前面介绍了如何在中断模式下查看应用程序的运行情况。下面论述如何在中断模式下使用 IDE 单步执行代码，查看代码的执行结果。人们的思维速度不会比计算机运行得更快，所以这是一个极有价值的技巧。进入中断模式后，在代码视图的左边，正在执行的代码旁边会出现一个光标（如果使用断点进入中断模式，该光标最初应显示在断点的红色圆圈中），如图 2-26 所示。

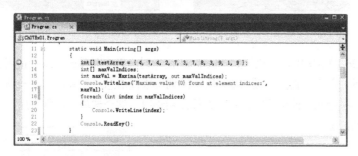

图 2-26　中断模式下的代码视图

图 2-26 显示了在进入中断模式时程序执行到的位置。在这个位置上，可以选择逐行执行。为此，可以使用"调试"菜单或"调试"工具栏按钮。

"调试"工具栏按钮中第 6～8 个图标控制了中断模式下的程序流，它们依次如下。

● 逐语句：执行并移动到下一个要执行的语句上。

● 逐过程：同上，但不进入嵌套的代码块，包括函数。

● 跳出：执行到代码块的末尾，在执行完该语句块后，重新进入中断模式。

如果要查看应用程序执行的每个步骤，可以使用"逐语句"工具按钮按顺序执行指令，这包括在函数中执行。例如，图 2-26 示例中，当光标到达第 15 行调用 Maxima() 时，使用"逐语句"按顺序执行指令，会使光标移动到 Maxima() 函数内部的第一行代码上。而如果光标到达第 15 行时使用"逐过程"执行指令，会使光标移动到第 16 行，不必进入 Maxima() 中的代码（但仍执行这段代码）。如果单步执行到不感兴趣的函数，可以使用"跳出"，返回到调用该函数的代码。在单步执行代码时，变量的值可能会发生变化，此时可以使用前面介绍的"监视"选项卡、"局部变量"选项卡、"自动窗口"选项卡等，查看变量值的变化情况。

在存在语义错误的代码中，这个技巧是最有效的。可以单步执行代码，当执行到有错误的代码时，错误会像正常运行程序那样发生。在这个过程中，可以监视数据，看看什么地方出错。

（4）"即时窗口"选项卡和"命令"窗口

"命令"窗口和"即时窗口"选项卡可以在运行应用程序的过程中执行命令。通过"命令"窗口可以手动执行 Visual Studio 操作（例如菜单和工具栏操作），"即时窗口"选项卡可以执行源代码，计算表达式，或执行其他代码。选择"调试"→"窗口"→"即时窗口"菜单项，可以显示如图 2-27 所示的"即时窗口"选项卡。在此选项卡中输入>cmd 可以从"即时"选项卡切换到"命令"窗口。在"命令"窗口中输入命令>immed，可以从"命令"窗口切换到"即时窗口"选项卡。

"即时窗口"选项卡最简单的用法是计算表达式，为此，只需键入一个表达式，并按回车键即可，如图 2-27 所示。

也可以在这里修改变量的内容，如图 2-28 所示。

（5）"调用堆栈"选项卡

"调用堆栈"选项卡描述了程序是如何执行到当前位置的。简言之，该选项卡显示了当前函数、调用它的函数以及调用函数的函数（即一个嵌套的函数调用列表），同时调用的位置也被记录下来。

图 2-27　利用"即时窗口"选项卡计算表达式

图 2-28　利用"即时窗口"选项卡修改变量值

在前面图 2-26 的示例中，在执行到 Maxima()函数时进入中断模式，或者使用代码单步执行功能移动到这个函数的内部后，得到如图 2-29 所示的调用堆栈信息。如果双击某一项，就会移动到相应的位置，跟踪代码执行到当前位置的过程。在检测错误时，这个选项卡非常有用，因为它们可以查看临近错误发生时的情况。

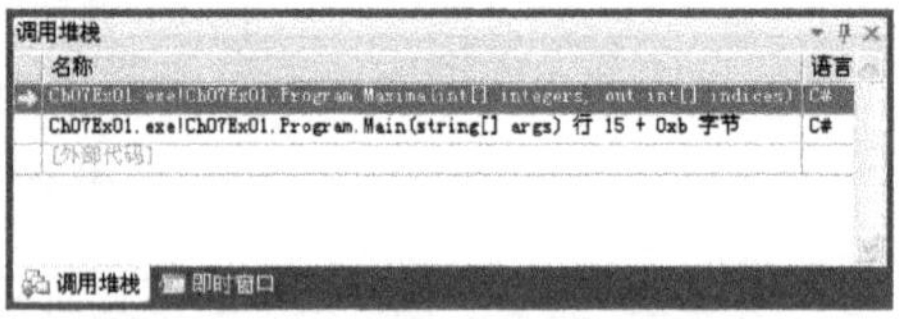

2.3　C#语言基础

2.3.1　标识符

图 2-29　"调用堆栈"信息

为了识别应用程序中使用到的各种对象名称，如常量、变量、数组、对象、类、方法及文件等，必须将每一个对象用一组字符序列来命名，这样的名称被称为标识符。在 C#.NET 中，有以下几种类型的标识符。

1．系统标识符

系统标识符是系统定义的关键字、保留字。系统标识符是 C#.NET 能够识别的，用户使用这些标识符，代表着特定的含义，不能另做它用。例如，class 表示类的定义，void 表示方法无返回值，string 表示定义字符串等。

2．系统预定义标识符

系统预定义标识符也是 C#.NET 能够识别的，与系统标识符不同的是，这类标识符可以为用户另做其他用途，不会发生语法错误。但一旦被用户另做其他用途，则 C#.NET 识别的原来的意义就没有了。C#.NET 中的系统类库名、方法名属于此类标识符。

3．用户自定义标识符

用户自定义标识符是用户在编程时，在程序中使用的一种标识，用以标识变量名、数组名、过程名、函数名、对象名等。通常情况下，标识符就是指用户定义的一种字符序列。

标识符可由用户指定，但必须遵循以下的命名规则：

（1）变量名的第一个字符必须是字母、下画线"_"或"@"。

（2）其后的字符可以是字母、数字或下画线。

（3）长度不超过 255 个字符。

（4）区分大小写。

例如，合法的标识符有 Sum、s_e、PI、Student_Wang、_abc、Form1、@string，不合法的用户标识符有 string、xx1.2、Mr.Li、void、aa bb、2sum 等。

2.3.2　良好的编程规范与习惯

程序设计语言的代码书写均有规则，本书结合微软 MSDN 帮助文档，总结以下规范。

1．通用命名约定

通用命名约定讨论的是如何为元素选择最适当的名称。这些准则适用于所有标识符。

（1）不能使用系统关键字作为变量名、常量名、过程名等用户标识符。

（2）一般不使用系统的预定义标识符（如 C#中的类库）作为用户标识符。

（3）请选择易读的标识符名称。命名标识符应注意做到"见名知义"，如可用相应含义的英文单词、汉语拼音等作为标识符，以增加程序的可读性。尽量少用汉字，因为字库的兼容问题有时会带来错误。

（4）可读性比简洁性更重要。属性名称 CanScrollHorizontally 比 ScrollableX（指 X 轴，但意义不明确）更好。

（5）不要使用下画线、连字符或任何其他非字母数字字符。

（6）不要使用匈牙利表示法。匈牙利表示法是在标识符中使用一个前缀对参数的某些元数据进行编码，如标识符的数据类型。

（7）避免使用与常用编程语言的关键字冲突的标识符。

（8）不要将缩写或缩略形式用作标识符名称的组成部分。例如，使用 OnButtonClick 而不要使用 OnBtnClick。除非必要，不要使用任何未被广泛接受的首字母缩写词。

2．大小写约定

许多命名约定都与标识符的大小写有关，目前在.NET Framework 命名空间中有三种大小写样式，描述了标识符的不同大小写形式。

（1）PascalCase：将标识符的首字母和后面连接的每个单词的首字母都大写，如 BackColor。

（2）CamelCase：标识符的首字母小写，而每个后面连接的单词的首字母都大写，如 backColor。

（3）大写：标识符中的所有字母都大写，如 IO。

如果标识符由多个单词组成，请不要在各单词之间使用分隔符，如下画线 "_" 或连字符 "-"等，而应使用大小写来指示每个单词的开头。

通常，对于由多个单词组成的所有公共成员、类型及命名空间名称，要使用 PascalCase；对参数名称使用 CamelCase。表 2-1 汇总了标识符的大小写规则，并提供了不同类型标识符的示例。

表 2-1　不同类型标识符示例

标 识 符	大小写样式	示 例	标 识 符	大小写样式	示 例
局部变量	Camel Case	connectionString	接口	Pascal Case	IDisposable
常量	大写，单词间以下画线间隔	LOCK_SECONDS	方法	Pascal Case	ToString
类	Pascal Case	AppDomain	命名空间	Pascal Case	System.Drawing
枚举类型	Pascal Case	ErrorLevel	参数	Camel Case	typeName
枚举值	Pascal Case	FatalError	属性	Pascal Case	BackColor
事件	Pascal Case	ValueChanged	数据成员	Camel Case	workCollection

3．注释

最优秀的代码本身就是注释。作为一流的程序员，并不仅仅要实现功能，而是要让代码更加优美，具备让他人维护或今后扩充的能力。在整个编码的过程中，不仅能考虑到性能，还要考虑代码的可读性和可维护性。

在 C#的程序代码中，注释语句是一种非执行语句，即这种语句在程序运行时并不会被计算机执行，它在程序代码中只起到解释、说明的作用。注释通常用来解释某条语句的作用；或者是用在某段程序或某模块之前，简单说明其功能，以提高程序的可读性。

在 C#的程序代码中，注释语句以"/*…*/"或"//"开头。注释语句可单独写在一行，也可写在某条语句之后。不过在同一行中，注释不能接在续行符之后，如

```
Single pi;            //定义语句，定义 pi 为单精度变量
pi = 3.141593;        //赋值语句，将 3.141593 赋给变量 pi
```

（1）文件头部注释

在代码文件的头部进行注释，有利于对代码文件做变更跟踪。在代码头部分标注出作者、创始时间、修改人、修改时间、代码的功能，这在团队开发中必不可少，它们可以使后来维护/修改的同伴在遇到问题时，在第一时间知道他应该向谁去寻求帮助，并且知道这个文件经历了多少次迭代、经历了多少个程序员的开发和修改。例如：

```
/*********************************************************************
** 作者：   Frank
** 创始时间：2014-6-8
** 修改人：FlyBird
** 修改时间：2014-6-9
** 修改人：Wendy
** 修改时间：2014-07-29
** 描述：
** 主要用于产品信息的资料录入，…
*********************************************************************/
```

（2）函数、属性、类等注释

请使用"///"三斜线注释，这种注释是基于 XML 的，不仅能导出 XML 制作帮助文档，而且在各个函数、属性、类等的使用中，编辑环境会自动带出注释，方便开发。以 protected、protected Internal、public 声明的定义注释时都建议以这样的方法。例如：

```
///<summary>
///用于从 ERP 系统中捞出产品信息的类
///</summary>
class ProductTypeCollector
{
    …
}
```

（3）逻辑点注释

在逻辑性较强的地方加入注释，说明这段程序的逻辑是怎样的，以方便后来自己的理解以及其他人的理解，并且这样还可以在一定程度上排除 BUG。

4．排版

（1）每行语句至少占一行，如果语句过长（超过一屏），则该语句断为两行显示。

（2）把相似的内容放在一起，如数据成员、属性、方法、事件等，并使用#region…#endregion。

（3）使用空格。

① 双目运算符的前后加空格（+、=、&&等），如"index = index + 1;"。

② 单目运算符前加空格（!、++、～等），如"index ++;"。

③ 逗号、分号只在后面加空格。

（4）使用空行，在一段功能代码、函数或者属性之间插入空行，这样会很直观。

在 Visual Studio 2010 中，带有代码格式化这样的功能，快捷键是 Ctrl+K、Ctrl+D。

2.3.3 数据类型

C#是强类型语言，即在这种语言中每一个对象或变量都要声明类型，编译器会检查对象的赋值类型是否正确。C#的数据类型可以分为两大部分：值（Value）类型和引用（Reference）类型，如

图 2-30 所示。两者的主要区别是在内存中存储的方式不同，值类型变量存储数据，引用类型变量存储对实际数据的引用。对于引用类型，两种变量可引用同一对象，因此，对一个变量执行的操作会影响另一个变量所引用的对象。对于值类型，每个变量都具有其自己的数据副本，对一个变量执行的操作不会影响另一个变量。

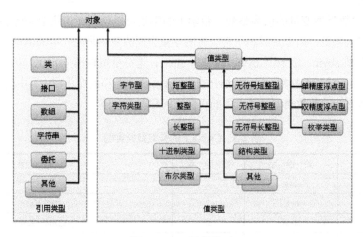

图 2-30　C#数据类型

1．内置类型

.NET Framework 是一种跨语言的框架。为了不同语言之间的交互操作，部分.NET Framework 制定了类型中最基础的部分，称之为通用类型系统（CTS）。C#支持 CTS，其类型包括基本数据类型，如 int、char、float 等，也包括比较复杂的类型，如 string、decimal 等。作为一个完全面向对象的语言，C# 中所有的数据类型都是一个真正的类，具有格式化及类型转换等方法。表 2-2 显示了 C#内置类型的关键字，这些类型是 System 命名空间中的预定义类型的别名。C#类型的关键字及其别名可以互换。

表 2-2　C#内置类型表

数 据 类 型	关 键 字	类型后缀	默 认 值
bool	System.Boolean		false
byte	System.Byte		0
sbyte	System.SByte		0
char	System.Char		'\0'
decimal	System.Decimal	M 或 m	0.0M
double	System.Double	D 或 d	0.0D
float	System.Single	F 或 f	0.0F
int	System.Int32		0
uint	System.UInt32	U 或 u	0
long	System.Int64	L 或 l	0L
ulong	System.UInt64	UL 或 ul	0
object	System.Object		
short	System.Int16		0
ushort	System.UInt16		0
string	System.String		

例如，可使用下列两种声明中的一种来声明一个整数变量。

```
int x = 123;
System.Int32 x = 123;
```

（1）整数类型

顾名思义，整数类型变量的值为整数。数学上的整数可以从负无穷大到正无穷大，但是由于计算机的存储单元是有限的，所以计算机语言提供的整数类型的值总是在一定的范围之内。C#中有 8 种整数类型：短字节型 sbyte、字节型 byte、短整型 short、无符号短整型 ushort、整型 int、无符号整型 uint、长整型 long、无符号长整型 ulong。划分的依据是根据该类型的变量在内存中所占的位数。表 2-3 列出了 C#.NET 所支持的整数类型及其占用的存储空间和取值范围。

表 2-3 C#.NET 的整数数据类型

数 据 类 型	关 键 字	字 节 数	取 值 范 围
8 位有符号整数	sbyte	1	−128～127
8 位无符号整数	byte	1	0～255
16 位有符号整数	short	2	−32768～32767
16 位无符号整数	ushort	2	0～65535
32 位有符号整数	int	4	−2147483648～2147483647
32 位无符号整数	uint	4	0～4294967295
64 位有符号整数	long	8	−9223372036854775808～9223372036854775807
64 位无符号整数	ulong	8	0～18446744073709551615

（2）浮点数类型

浮点数据类型包括 float、double 和 decimal，用来表示带有小数点的数。单精度 float 和双精度 double 的差别在于取值范围和精度不同。计算机对浮点数的运算速度大大低于对整数的运算，在对精度要求不是很高的浮点数计算中，可以采用 float 型，而采用 double 型获得的结果将更为精确。但是，如果在程序中大量地使用双精度类浮点数，将会占用更多的内存单元，而且计算机的处理任务也将更加繁重。

① 单精度取值范围为±1.5E−45～±3.4E38，精度为 7 位数；

② 双精度取值范围为±5.0E−324～±1.7E308，精度为 15～16 位数。

C#还定义了一种类型 decimal，是 128 位高精度十进制数标识法。与浮点型相比，decimal 类型具有更高的精度和更小的范围，这使它适合于财务和货币计算。decimal 类型的大致范围为$-7.9×10^{28}$～$7.9×10^{28}$，精度为 28～29 个有效位。

如果希望实数被视为 decimal 类型，请使用后缀 m 或 M。如果没有后缀 m，则数字将被视为 double 类型并会生成编译器错误。例如：

```
decimal myMoney = 300.5m;
```

（3）布尔类型

布尔类型表示的逻辑变量只有两种取值：真或假。在 C#中，分别采用 true 和 false 两个值来表示。C#语言不再支持用 0 和 1 来表示布尔值的方法，不存在布尔类型与其他类型之间的相互转换。例如下列语句在 C#中是非法的。

```
bool  x = 1;        //错误，不存在这种写法，只能写成 x=true 或 x=false
```

（4）字符类型

字符类型在 C#语言中表示一个 Unicode 字符。Unicode 字符是 16 位字符，也是目前计算机中通用的字符编码，可以表示世界上大多数书面语言。char 类型的常数可以写成字符、十六进制换码序列或 Unicode 表示形式。在下面的示例中，四个 char 变量使用同一字符 X 初始化。

```
char chars1 = 'X';              //Character literal
char chars2 = '\x0058';         //十六进制转义符
char chars3 = (char)88;         //Cast from integral type
char chars4 = '\u0058';         //Unicode 表示法
```

System.Char 类型提供几个处理 char 值的静态方法。例如，IsNumber 方法用于判断该字符是否属于数字类别，IsDigit 方法用于判断该字符是否属于十进制数字类别，ToLower 方法将该字符转换为它的小写等效项。

（5）字符串类型

字符串类型表示一个由零个或更多 Unicode 字符组成的字符序列。字符串常量可写成两种形式。

① 用双引号括起来的字符串，例如：

```
string str = "good morning";
```

字符串文本可包含任何字符，包括转义序列。下面的示例使用转义序列 "\\" 来表示反斜杠，使用 "\u0066" 来表示字母 "f"，使用 "\n" 来表示换行符。

```
string a = "\\\u0066\n";
```

② 原义字符串，以 "@" 开头并且也用双引号引起来，例如：

```
string str = @"good morning";
```

原义字符串的优势在于转义符不被处理，因此很容易写入，例如完全限定的文件名就是原义字符串。

```
string str = @"c:\Docs\Source\a.txt";       //优于"c:\\Docs\\Source\\a.txt"
```

可以用 "+" 运算符连接 string 字符串，"[ ]" 运算符访问 string 中的个别字符。例如：

```
string str = "test";
char x = str[2];             //x = 's';
```

string 是.NET Framework 中 String 的别名。String 类提供了很多用于安全地创建、操作和比较字符串的属性和方法，详见 2.3.6 节。

（6）结构类型

利用上面介绍过的简单类型，进行一些常用的数据运算、文字处理似乎已经足够了。但是，在现实生活中，有些数据是相互关联的。例如，通讯录中可以包含他人的姓名、电话和地址，如果按照简单类型来管理，每一条记录都要存放到三个不同的变量当中，这样工作量很大，也不够直观。在C#中，作为一个整体的"通讯录"，称为结构型，而每个人的姓名、电话和地址等数据项称为结构型成员。结构型可以用来处理一组类型不同、内容相关的数据。

结构类型采用 struct 来进行声明，每一个变量称为结构的成员。结构类型包含的成员类型没有限制，可以相同，也可以不同。例如，通讯录记录结构定义如下。

```
struct PhoneBook{
    public string name;
    public string phone;
    public string address;
    public uint age;
}
```

结构型类型是用户定义的新数据类型，一旦定义就可以像基本数据类型名称那样用来定义变量。例如：

```
PhoneBook p1;
```

p1 就是一个 PhoneBook 结构类型的变量。上面声明中的 public 表示对结构类型的成员的访问权限。有关访问的细节问题，我们将在面向对象章节详细讨论。

对结构变量的访问都转换为对结构中的成员的访问，方法是在结构变量和成员之间通过句点字符 "." 连接在一起。例如：

```
p1.name = "Mike";
```

可以用一个结构变量为另一个结构变量赋值，甚至可以把结构类型作为另一个结构的成员的类型。

```
struct PhoneBook {
    public string name;
    public uint age;
    public string phone;
    public struct address{
        public string city;
        public string street;
        public uint no;
    }
}
```

这样，通讯录结构体中又包括了地址这个结构类型，地址结构类型包括城市、街道、门牌号码三个成员。

（7）枚举类型

在程序设计中，有时会用到若干个有限数据元素组成的集合，如星期一到星期日 7 个数据元素组成的集合；由红、黄、绿 3 种颜色组成的集合等。此时可以将这些数据集合定义为枚举类型。

enum 关键字用于声明枚举，枚举是一种值类型，由许多有名字的常量（也叫枚举列表）组成。枚举中每个常量都对应着一个数值，如果不特别设置，枚举从 0 开始，每个后续值都为前一个值加 1。例如，下面的枚举，Sat 是 0，Sun 是 1，Mon 是 2 等。

```
enum Days {Sat, Sun, Mon, Tue, Wed, Thu, Fri};
Days day;
day=Tue;
```

每种枚举类型都有基础类型，该类型可以是除 char 以外的任何整型。枚举元素的默认基础类型为 int。要声明另一整型枚举（如 byte），请在标识符 enum 之后紧跟类型名、冒号、数据类型名，如下面的示例所示。准许作为枚举基础类型的有 byte、sbyte、short、ushort、int、uint、long 或 ulong。

```
enum Days : byte {Sat=1, Sun, Mon, Tue, Wed, Thu, Fri};
```

可以在定义枚举类型时为成员赋予特定的整数值，例如：

```
enum Days {Sat=6, Sun, Mon=1, Tue, Wed, Thu, Fri};
```

在此枚举中，Sat 为 6，Sun 为 7，Mon 为 1，Tue 为 2，Wed 为 3，Thu 为 4，Fri 为 5。

【例 2-4】枚举类型应用举例。

```
namespace Ch02Ex04
{
    enum orientation : byte
    {
        north = 1,
        south = 2,
        east = 3,
        west = 4
    }
```

```
class Program
{
    static void Main(string[] args)
    {
        //Commented code is for the second part the of the Try it Out.
        orientation myDirection = orientation.north;
        Console.WriteLine("myDirection = {0}", myDirection);
        Console.ReadKey();
    }
}
}
```

2. 数据类型转换

在计算机中，所有的数据都是一系列的二进制位，即一系列 0 和 1。变量的含义是通过解释这些数据的方式来传达的。一般情况下，不同类型的变量使用不同的模式来表示数据。C#对类型安全的要求很高，程序中的每个值都有一个特定的类型，给变量赋值或运算都要求类型完全一致才能进行操作。在实际应用中，经常需要在不同类型的数据之间进行操作，这种操作称为"类型转换"。在 C#中，可以执行以下两种形式的转换：隐式转换和显式转换。

（1）隐式转换

隐式转换就是不需要声明，由编译器自动安全地转换成另一种类型。隐式转换是一种安全类型的转换，不会导致数据丢失。例如，从较小整数类型到较大整数类型的转换以及从派生类到基类的转换都是这样的转换。对于内置数值类型，如果要存储的值无需截断或四舍五入即可适应变量，则可以进行隐式转换。C#支持的隐式转换见表 2-4。例如，long 类型的变量（8 字节整数）能够存储 int 类型的变量（4 字节整数）可存储的任何值。在下面的示例中，编译器先将右侧的值隐式转换为 long 类型，再将它赋给 bigNum。

```
//Implicit conversion. bigNum long, can hold any value an int can hold, and more!
int num = 2147483647;
long bigNum = num;
```

表 2-4　C#.NET 中预定义的隐式数值转换

源	目　　标
byte	short, ushort, int, uint, long, ulong, float, double, decimal
sbyte	short, int, long, float, double, decimal
short	int, long, float, double, decimal
ushort	int, uint, long, ulong, float, double, decimal
int	long, float, double, decimal
uint	long, ulong, float, double, decimal
long	float, double, decimal
ulong	float, double, decimal
float	double
char	ushort, int, uint, long, ulong, float, double, decimal

前面已经了解每种简单数据类型的取值范围，从表中可以发现隐式转换规则是：任何类型 A，只要其取值范围完全包含在类型 B 的取值范围内，就可以隐式转换为类型 B。此外，还有以下两个特殊点：

① 不存在浮点型和 decimal 类型间的隐式转换；

② 不存在到 char 类型的隐式转换。

（2）显式转接

如果进行转换可能会导致信息丢失，则编译器会要求执行显式转换，显式转换也称为"强制转换"。强制转换是显式通知编译器您打算进行转换且您知道可能会发生数据丢失的一种方式。典型的例子包括数值从精度较高或范围较大的类型到精度较低或范围较小的类型的转换和从基类实例到派生类的转换。C#提供以下 3 种方式的显式转换：

① 数据前直接加上类型。

格式：（类型）表达式

例如下面的程序将 double 强制转换为 int，如不强制转换则该程序不会进行编译。

```
class Test
{
    static void Main()
    {
        double x = 1234.7;
        int a;
        //Cast double to int.
        a = (int)x;
        System.Console.WriteLine(a);
    }
}
//Output: 1234
```

② 类型的 Parse 方法。

类型的 Parse 方法可以将数字字符串转换为与之等价的值类型。例如：int.Parse()方法可以将数字字符串转换为与之等价的 int 类型。

③ Convert 类的方法。

Convert 类提供了很多方法用于基本数据类型之间的转换，详见 2.3.6 节。

3. 装箱与拆箱

装箱和拆箱的概念是 C#类型系统的核心，它在值类型和引用类型之间架起了一座桥梁，使得值类型的值都可以转换为 object 类型的值，反过来也是一样。装箱和拆箱使得程序员能够统一地来考察类型系统，其中任何类型的数据最终都可以作为对象处理。

为了保证效率，值类型要在栈中分配内存，在声明时初始化才能使用，不能为 NULL；而引用类型在堆中分配内存，初始化时默认为 NULL。值类型超出作用范围，系统自动释放内存，而引用类型是通过垃圾回收机制进行回收的。由于 C#中所有的数据类型都是由基类 System.Object 继承而来，所以值类型和引用类型的值可以相互转换，它们之间的转换过程即为装箱和拆箱的过程。

（1）装箱

装箱是值类型到 object 类型或到此值类型所实现的任何接口类型的隐式转换。对值类型，装箱会在堆中分配一个对象实例，并将该值复制到新的对象中。例如：

```
int i = 10;                    //值类型变量的声明
object obj = i;                //对变量 i 隐式应用装箱操作
```

这段语句的结果是在堆栈上创建对象引用 obj，而在堆上则引用 int 类型的值。该值是赋给变量 i 的值类型值的一个副本。图 2-31 说明了两个变量 i 和 obj 之间的差异。

我们也可以用显式的方法来进行装箱操作：

```
int i = 10;
object obj = object(i);
```

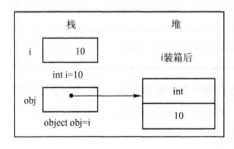

图 2-31　装箱转换

【例 2-5】装箱实例。

```
class Program
{
    public static void Main()
    {
        int i = 10;
        object obj = i;                      //对象类型
        if (obj is int)
        {
            Console.WriteLine("The value of i is boxing! ");
        }
        i = 20;                              //改变 i 的值
        Console.WriteLine("int: i = {0}", i);
        Console.WriteLine("object: obj = {0}", obj);
        Console.ReadKey();
    }
}
```

输出结果:

```
The value of i is boxing!
int: i = 20;
object: obj = 10;
```

这就证明了被装箱的类型的值是作为一个复本赋给对象的。

（2）拆箱

拆箱是从 object 类型到值类型或从接口类型到实现该接口的值类型的显式转换。拆箱转换操作包括:

① 检查 object 类型实例,看它是不是给定值类型的装箱值。

② 如果是,将该 object 实例复制到给定值类型的变量中。

下面的语句演示了装箱和拆箱两种操作:

```
int i = 10;           //值类型
object obj = i;       //装箱
int j = (int)obj;     //拆箱
```

可以看出拆箱过程正好是装箱过程的逆过程。必须注意,装箱转换和拆箱转换必须遵循类型兼容原则。

2.3.4 数据——变量和常量

1. 常量

所谓常量是指在程序运行过程中其值不变的量。常量可分成两类:直接常量和符号常量。

从数据类型角度来看,常量的类型可以是任何一种值类型或引用类型。直接常量可分为整型常量、实型常量、字符串常量、布尔常量、引用类型常量等,由书写规律决定。

在程序设计中,需要反复用到一些固定不变的数据,如圆周率和指数常量 e 等。它们一般是难于记忆或没有明显意义的数值。为了提高代码的可读性,并使代码更易维护,对于这些数据应将它们定义为符号常量。在 C#.NET 中,定义符号常量使用 Const 语句,该语句格式如下。

```
[修饰符] Const 数据类型 常量名=表达式;
```

其中，"常量名"是标识符，必须符合前面所说的命名规则；"数据类型"说明常量的数据类型；"表达式"可以是直接常量、符号常量和由运算符组成的任何表达式。

例如，有下列符号常量定义语句：

```
public const double PI=3.1415926;
const int DAYS_IN_WEEk =7;
```

☞**注意:**（1）为了在一行中声明若干个常量，可以使用逗号将每个常量赋值分开。用这种方法声明常量时，如果使用了 Public 或 Private 关键字，则该关键字对该行中所有常量都有效。

（2）在给常量赋值的表达式中，不能使用变量、用户自定义的函数或 C#类库函数。

（3）已定义的符号常量名在其作用域内不能作为变量使用。

使用符号常量有两个好处：一是方便程序的编写；二是当要改变符号常量所代表的数据时，只需改变符号常量定义语句，不需要改变每个用到该数据的语句，提高了编程效率。

2．变量

变量是在程序运行过程中其值可以发生改变的量。在程序设计语言中，变量的实质是对应着计算机内存的一段存储单元。变量在声明的时候，系统根据其被说明的数据类型不同，在内存中分配相应字节的存储单元，以供程序运行时存放临时数据、数据处理的中间数据和最终结果。

变量的取名规则与前面讲述的标识符的取名规则一致。在程序中可以若干次给变量赋值，变量的当前值是最近一次所赋的值。变量的值可以随时被引用，在程序中通过变量名引用变量的当前值。引用变量的值不会改变变量中的内容。变量当前的值将一直保持到下一次给该变量送入新的数据为止。

使用变量前，应先声明变量类型。在声明变量的同时还可以给变量赋初值。声明变量的格式如下。

```
[修饰符] 数据类型 变量名[=表达式];
```

如果有多个变量的数据类型相同时，则可以将这些变量声明在一条语句中，用逗号隔开，比如：

```
int sum,max,min;
string year,month,day;
sum=0;
year="2014";
```

☞**注意:** 下列两类代码意义不一样。

```
int   xSize=4,ySize=10;          //xSize、ySize 分别被赋初值 4、10
int   xSize,ySize=10;            //ySize 被赋初值 10，xSize 没有初始化
```

切记，对变量要明确赋值，避免使用未初始化的变量，否则编译器会报错。

3．变量的作用域

变量的作用域是指可以使用该变量的代码区域。一般情况下，确定作用域有如下规则：

（1）只要变量所属的类在某个作用域内，其字段（也叫成员变量）也在该作用域中。

（2）局部变量存在于声明该变量的块语句或方法结束的大括号之前的作用域。

（3）在 for、while 循环中声明的变量，只存在于该循环体内。

4．静态变量与非静态变量

用 static 修饰符声明的变量称为静态变量。静态变量在应用程序初始化装载类时分配内存，以后创建的对象都使用该内存，相应的操作也是对这个内存进行操作，直到它所在的类的程序运行结

束时才消亡。静态变量的初始值是该变量的类型的默认值。不带有 static 修饰符声明的变量称为实例变量（非静态变量），类的实例变量在创建该类的新实例时开始存在，在所有对该实例的引用都已终止，并且已执行了该实例的析构函数（若有）时终止。例如：

```
int a;                              //实例变量
static int a = 10;                  //静态变量
```

静态变量的生存周期为应用程序的存在周期，而非静态变量的生存周期取决于实例化的类的存在周期。静态变量只能通过"类名.静态变量名"的方式调用，一个类的所有实例的同一静态变量都是同一个值。实例变量通过对象进行访问，同一个类的不同实例的同一非静态变量可以是不同的值。

在 C#中不再有全局变量的概念，可以定义一个类，通过静态变量存放所有需要的全局变量。

2.3.5 计算——运算符与表达式

表达式由操作数和运算符构成，表达式的运算符指示对操作数进行什么样的运算。运算符的示例包括 +、-、*、/ 和 new 等；操作数的示例包括文本、字段、局部变量和表达式。C#的运算符范围很广，根据其处理的操作数个数可以分为如下三种。

- 一元运算符：处理一个操作数，并使用前缀表示法（如++x）或后缀表示法（如 x++）。
- 二元运算符：处理两个操作数，并且全都使用中缀表示法（如 x + y）。
- 三元运算符：处理三个操作数，C#中只有一个三元运算符?:（如 c? x: y）。

1. 算术运算符

算术运算符用于进行简单的算术运算，C#中提供了几个算术运算符，按优先级高低顺序自上而下排列如下。

- 乘法*、除法/
- 取模运算（取余运算）%
- 加+、减-
- 自增++、自减—

其中，二元+运算符对于两个数字类型是计算两个操作数的和；对于字符串类型，+将两个字符串连接起来。

2. 关系和类型测试运算符

（1）关系运算符

关系运算符的作用是比较两个值，并返回一个布尔值。条件满足返回 true，不满足返回 false。C#定义的比较运算符有大于（>）、小于（<）、等于（==）、不等于（!=）、大于等于（>=）、小于等于（<=）。

关系运算符说明如下。

① 对于整数类型、实数类型和字符类型，上述 6 种关系运算符都可以适用；对于布尔类型和字符串的比较，实际上只能使用==和!=。

② 所有关系运算符的优先级相同。在算术运算符与关系运算符共同组成表达式时，算术运算符的优先级高于关系运算符。

③ 在表达数学中的一个区间如 x∈[a,b]时，不能写成 a<=x<=b，在 C#中，这样的表达式不能表示 x 在闭区间[a,b]内。

（2）is 运算符

is 运算符用于动态检查对象的运行时类型是否与给定类型兼容，并不执行真正的转换。运算 e is

T 的结果是布尔值（其中 e 为表达式，T 为类型），表示 e 的类型是否可通过引用转换、装箱转换或拆箱转换成功地转换为类型 T。如果判断的对象引用为 null，则返回 false。

【例 2-6】

```
class Program
{
    public static void Main()
    {
        Console.WriteLine(1 is int);
        Console.WriteLine(1 is float);
        Console.WriteLine(1.0 is float);
        Console.WriteLine(1.0 is double);
        Console.ReadKey();
    }
}
```

输出：

```
true
false
false
true
```

（3）as 运算符

as 运算符用于将一个值显式地转换（使用引用转换或装箱转换）为一个给定的引用类型。与强制转换不同，as 运算符从不引发异常。它采用的转换是，如果指定的转换不可能实施，则运算结果为 null。因此转换是否成功可以通过结果是否为 null 进行判断，并且只能在运行时才能判断。在 e as T 形式的运算中，e 必须是一个表达式，T 必须是一个引用类型。

3．逻辑运算符

逻辑运算符用于进行逻辑判断。用逻辑运算符将算术表达式、关系表达式、常量、变量、返回逻辑结果的函数连接起来形成的有意义的式子称为逻辑表达式。逻辑表达式的值取 true 或 false 二者之一。C#提供了的逻辑运算符如下。

- !：对布尔型操作数逻辑非。
- &：对整数型操作数按位与，对布尔型操作数逻辑与。
- |：对整数型操作数按位或，对布尔型操作数逻辑或。
- ^：对整数型操作数按位异或，对布尔型操作数逻辑异或。
- ～：对整数型操作数按位取反，对布尔型操作数取反。

&&和||运算符称为条件逻辑运算符，也称为"短路"逻辑运算符。

- x && y 运算对应于 x & y 运算，但仅当 x 为 true 时才计算 y。
- x || y 运算对应于 x | y 运算，但仅当 x 为 false 时才计算 y。

4．位运算符

我们知道，任何信息在计算机中都是以二进制的形式保存的。位运算符就是对数据按二进制位进行运算的运算符。C#语言中的位运算符如下。

- & 与。
- | 或。
- ^ 异或。
- ～ 取反。
- << 左移。

● >> 右移。

其中，取反只有一个操作数，而其他的位运算符都有两个操作数。这些运算都不会产生溢出。位运算符的操作数为整型或者是可以转换为整型的任何其他类型。

5. 赋值运算符和赋值表达式

赋值运算符（=）将运算符左边操作数的值改为右边的操作数，如：

```
string x;
x= "I love Programming!!";
```

如果赋值运算符两边的操作数类型不一致，那就先要进行类型转换。

有时部分算术运算符可以与赋值运算符（=）结合使用，构成复合赋值运算符。复合赋值运算符对两个操作数执行算术运算后将结果赋予左操作数指定的变量。其一般形式为：

```
x OP=y
```

其中，OP 代表了二元运算符（包括+、-、*、/、%、^、&、|、>>、<<）。

复合赋值运算符产生的效果等价与 x =x OP y，如 x+=1 与 x=x+1 效果相同。

6. 运算符优先级

表达式中运算符的计算顺序由运算符的优先级和顺序关联性确定，有以下原则：

（1）括号可以越过优先级的限制，强制括号内的运算符先运算，但括号内的运算仍然遵循优先级的顺序。

（2）表达式中函数总是以函数值参加运算，表示函数调用优先于任何运算符。

（3）算术运算符的优先级高于字符串连接符，字符串连接符的优先级高于关系运算符，关系运算符的优先级高于逻辑运算符。

（4）运算符优先级相同时，按自左向右的顺序进行运算。

7. 其他特殊运算符

（1）条件运算符

三元运算符?: ，有时也被称为条件运算符。

对条件表达式 b? x: y，先计算条件 b，然后进行判断。如果 b 的值为 true，计算 x 的值，运算结果为 x 的值；否则计算 y，运算结果为 y 的值。条件运算符是向右关联的，也就是说从左向右分组计算。例如，表达式 a? b: c? d: e 将按 a? b: (c? d: e)形式执行。

?的第一个操作数必须是一个可以隐式转换成 bool 型的常量、变量或表达式，如果上述条件一个也不满足，则发生运行时错误。

?的第二和第三个操作数控制了条件表达式的类型。它们可以是 C#语言中任意类型的表达式。

（2）new 运算符

new 运算符用于创建一个新的类型实例。它有三种形式：

● 对象创建表达式，用于创建一个类类型或值类型的实例；

● 数组创建表达式，用于创建一个数组类型实例；

● 委托创建表达式，用于创建一个新的委托类型实例。

new 运算符暗示一个类实例的创建，但不一定必须暗示动态内存分配，这和 C++中对指针的操作不同。例如，下面三个式子分别创建了一个对象、一个数组和一个委托实例：

```
A a = new A;                       //创建 A 类类型的对象 a
int[] intArr = new int[10];        //创建具有 10 个元素的数组 intArr
delegate double DFunc(int x);
DFunc f = new DFunc(5);            //创建 Dfunc 类型委托
```

（3）typeof 运算符

typeof 运算符用于获得系统原型对象的类型。

【例 2-7】typeof 运算符应用举例。

程序代码：

```
class Program
{
    public static void Main()
    {
        Console.WriteLine(typeof(int));
        Console.WriteLine(typeof(System.Int32));
        Console.WriteLine(typeof(string));
        Console.WriteLine(typeof(double[]));
    }
}
```

产生如下输出：

```
System.Int32
System.Int32
System.String
System.Double[]
```

这表明，int 和 system.Int32 是同一类型。

（4）sizeof 运算符

sizeof 运算符可以获取数值类型变量在内存中所占的字节数，通过这个运算符可以检索数值类型的大小。比如

```
Console.WriteLine(sizeof(int));                 //输出结果是 4
Console.WriteLine(sizeof(decimal));             //输出结果是 16
```

（5）checked 和 unchecked 运算符

checked 和 unchecked 运算符用来控制编译器是否对代码进行数据溢出情况的安全检查。Checked 运算符用于对整型算术运算和转换显式启用溢出检查，而 unchecked 运算符用于取消整型算术运算和转换的溢出检查。

默认情况下，如果表达式仅包含常数值，且产生的值在目标类型范围之外，则它会导致编译器错误。如果表达式包含一个或多个非常数值，则编译器不检测溢出。在下面的示例中，计算赋给 i2 的表达式不会导致编译器错误。

```
//以下代码导致编译器错误，因为 2147483647 是 int 类型最大值
int i1 = 2147483647 + 10;
//以下代码包含变量 ten，因此不会导致编译器错误
int ten = 10;
int i2 = 2147483647 + ten;
//默认情况下，在运行时也不检查这些非常数表达式是否溢出，这些表达式不引发溢出异常。
//上面的示例显示-2,147,483,639 作为两个正整数之和
Console.WriteLine(i2);
```

可以通过编译器选项、环境配置或使用 checked 运算符来启用溢出检查。下面的代码使用 checked 表达式或 checked 块，在运行时检测由前面的求和计算导致的溢出。两个示例都引发溢出异常。

```
//将前面的求和运算写在 checked 表达式中,结果会抛出 OverflowException 异常
Console.WriteLine(checked(2147483647 + ten));

//将前面的求和运算写在 checked 块中
checked
```

```
{
    int i3 = 2147483647 + ten;
    Console.WriteLine(i3);
}
```

在未检查的上下文中，如果表达式产生的值在目标类型范围之外，并不会标记溢出。例如，下例中的计算在 unchecked 块或表达式中执行，因此将忽略结果对于整数而言过大这一事实，并会对 int1 赋值−2 147 483 639。如果移除 unchecked 环境，则发生编译错误。因为表达式的各个项都是常数，所以可以在编译时检测到溢出。

```
//使用 unchecked 块
unchecked
{
    int1 = 2147483647 + 10;
}
//使用 unchecked 表达式
int1 = unchecked(ConstantMax + 10);
```

因为溢出检查比较耗时，所以当无溢出危险时，使用不检查的代码可以提高性能。但是，如果可能发生溢出，则应使用检查环境。

2.3.6 常用数据处理方法

为了方便对数据进行操作，可以使用 C#.NET 中提供的一些类，通过调用类中的方法或属性，对数据进行操作。

1. 数学计算

Math 类为三角函数、对数函数和其他通用数学函数提供常数和静态方法，使用时应在函数名前加上 Math。表 2-5 列举了常用方法。

表2-5 Math 类的常用方法

方 法 名	说 明	示 例
Abs(x)	求 x 的绝对值，返回值类型和参数相同	Abs(15.2)=15.2;Abs(0)=0;Abs(−2.3)=2.3
Sqrt(x)	求 x 的算术平方根	Sqrt(4.0)=2.0
Exp(x)	返回常数 e 的 x 次幂。e=2.718282	Exp(2)=7.38905609893065
Ceiling(x)	返回不小于 x 的最小整数	Ceiling(7.3)=8.0;Ceiling(−9.5)= −9.0
Floor(x)	返回不大于 x 的最大整数	Floor(7.5)=7.0; Floor(−9.2)= −10.0
Round(x)	对 x 四舍五入取整	Round(7.5)=8;Round(−5.8)= −6
Log(x)	求 x 以 e 为底的自然对数	
Log10(x)	求 x 以 10 为底的对数	
Pow(x,y)	求 x 的 y 次幂	
Max(x,y)	求 x、y 的最大值	
Min(x,y)	求 x、y 的最小值	
Sign(x)	求 x 的符号	
Sin(x)	求 x 的正弦值（x 为弧度）	
Asin(x)	求正弦值为 x 对应的角的弧度值	
Cos(x)	求 x 的余弦值（x 为弧度）	
Acos(x)	求余弦值为 x 对应的角的弧度值	
Tan(x)	求 x 的正切值（x 为弧度）	
Atan(x)	求正切值为 x 对应的角的弧度值	

另外在 Math 类中还定义了两个重要的字段：PI（此字段的值为 3.14159265358979323846）和 E（此字段的值为 2.71828182845904523154）。

2. 字符处理

String 类表示文本，即一系列 Unicode 字符，提供了常用的字符处理方法，见表 2-6。

表 2-6 String 类中常用的字符处理方法和属性

名　称	说　明	示　例
Compare(String, String)	静态方法。比较两个指定的 String 对象，并返回一个指示二者在排序顺序中的相对位置的整数	string myString = "Hello World!"; string comString="Hello World?"; Console.WriteLine(string.Compare(myString,comString)); 程序运行结果：−1
CompareOrdinal (String, String)	静态方法。通过计算每个字符串中相应 Char 对象的数值来比较两个指定的 String 对象	string myString = "Hello World!"; string compare = "hello World!"; Console.WriteLine(string.CompareOrdinal(myString, compare)); 程序运行结果：−32
CompareTo (String)	将此实例与指定的 String 对象进行比较，并指示此实例在排序顺序中是位于指定的 String 之前、之后还是与其出现在同一位置	string myString = "Hello World!"; string otherString = "Hello Cruel World!"; int myInt = myString.CompareTo(otherString); Console.WriteLine(myInt); 程序运行结果：1
Contains	返回一个值，该值指示指定的子字符串是否出现在此字符串中	
EndsWith(String)	确定此字符串实例的结尾是否与指定的字符串匹配	string myString = "Hello World"; Console.WriteLine(myString.EndsWith("Hello")); 程序运行结果：False
Format(String, Object)	将指定字符串中的一个或多个格式项替换为指定对象的字符串表示形式	
IndexOf(String)	返回字符串在此实例中的第一个匹配项的从零开始的索引	string MyString = "Hello World"; Console.WriteLine(MyString.IndexOf("l")); 程序运行结果：2
IndexOfAny (Char[])	返回 Unicode 字符数组中的任意字符在此实例中第一个匹配项的从零开始的索引	
Insert(int,string)	返回一个新的字符串，在此实例中的指定的索引位置插入指定的字符串	string myString = "Once a time"; Console.WriteLine(myString.Insert(4, " upon")); 程序运行结果：Once upon a time
LastIndexOf (String)	返回指定字符串在此实例中的最后一个匹配项的从零开始的索引的位置	string MyString = "Hello World"; Console.WriteLine(MyString.LastIndexOf("l")); 程序运行结果：9
LastIndexOfAny (Char[])	返回在 Unicode 数组中指定的一个或多个字符在此实例中的最后一个匹配项的从零开始的索引的位置	
PadLeft(Int32, Char)	返回一个新字符串，其通过在原实例中的字符左侧填充指定的 Unicode 字符来达到指定的总长度，从而使这些字符右对齐	string myString = "Hello World!"; Console.WriteLine(myString.PadLeft(20, '-')); 程序运行结果：--------Hello World!
PadRight(Int32, Char)	返回一个新字符串，其通过在原字符串中的字符右侧填充指定的 Unicode 字符来达到指定的总长度，从而使这些字符左对齐	
Remove(Int32, Int32)	返回一个新字符串，该字符串在当前这个实例的指定位置删除了指定数量字符	string myString = "Hello Beautiful World!"; Console.WriteLine(myString.Remove(5, 10)); 程序运行结果：Hello World!
Replace(String, String)	返回一个新字符串，其中当前实例中出现的所有指定字符串都替换为另一个指定的字符串	
Split(Char[])	返回一个字符串数组，包含此实例中的子字符串（由指定字符数组的元素分隔）	
StartsWith(String)	确定此字符串实例的开头是否与指定的字符串匹配	string MyString = "Hello World"; Console.WriteLine(MyString.StartsWith("Hello")); 程序运行结果：True
Substring(Int32, Int32)	从此实例提取子字符串，子字符串从指定的字符位置开始且具有指定的长度	string MyString = "Hello World!"; Console.WriteLine(MyString. Substring(6,5)); 程序运行结果：World
ToCharArray()	将此实例中字符复制到 Unicode 字符数组	

续表

名　称	说　明	示　例
ToLower()	返回此字符串转换为小写形式的副本	string myString = "Hello World!"; Console.WriteLine(myString.ToLower()); 程序运行结果：hello world!
ToUpper()	返回此字符串转换为大写形式的副本	
Trim()	从当前 String 对象移除所有前导空白字符和尾部空白字符	
TrimEnd	从当前 String 对象移除数组中指定的一组字符的所有尾部匹配项	
TrimStart	从当前 String 对象移除数组中指定的一组字符的所有前导匹配项	
Length 属性	获取当前 String 对象中的字符数	

3．日期和时间

表 2-7 描述如何利用与日期和时间管理相关的 DateTime 结构。

表 2-7　DateTime 结构中的方法及属性

名　称	说　明
Now 属性	静态属性，获取一个 DateTime 对象，该对象设置为此计算机上的当前日期和时间
Year 属性	获取此实例所表示日期的年份部分
Month 属性	获取此实例所表示日期的月份部分
Day 属性	获取此实例所表示的日期为该月中的第几天
Hour 属性	获取此实例所表示日期的小时部分
Minute 属性	获取此实例所表示日期的分钟部分
Second 属性	获取此实例所表示日期的秒部分
Millisecond 属性	获取此实例所表示日期的毫秒部分
Today 属性	静态属性，获取当前日期
DayOfWeek 属性	获取此实例所表示的日期是星期几
DayOfYear 属性	获取此实例所表示的日期是该年中的第几天
Date 属性	获取此实例的日期部分
Ticks 属性	获取表示此实例的日期和时间的计时周期数
TimeOfDay 属性	获取此实例的当天的时间
Compare 方法	静态方法，对两个 DateTime 的实例进行比较，并返回一个指示第一个实例是早于、等于还是晚于第二个实例的整数
CompareTo(DateTime)方法	将此实例的值与指定的 DateTime 值相比较，并返回一个整数，该整数指示此实例是早于、等于还是晚于指定的 DateTime 值
Add 方法	返回一个新的 DateTime，它将指定 TimeSpan 的值加到此实例的值上
AddDays 方法	返回一个新的 DateTime，它将指定的天数加到此实例的值上
AddHours 方法	返回一个新的 DateTime，它将指定的小时数加到此实例的值上
AddMinutes 方法	返回一个新的 DateTime，它将指定的分钟数加到此实例的值上
AddMonths 方法	返回一个新的 DateTime，它将指定的月数加到此实例的值上
AddYears 方法	返回一个新的 DateTime，它将指定的年份数加到此实例的值上
DaysInMonth 方法	静态方法，返回指定年和月中的天数
Subtract(DateTime)方法	从此实例中减去指定的日期和时间

4．类型转换函数

System.Convert 类为将一个基本数据类型转换为另一个基本数据类型提供了许多静态方法，见表 2-8。

表2-8　**Convert 类中的数据类型转换方法**

名　　称	说　　明
ToBoolean(expression)	将指定的值转换为等效的布尔值
ToByte(expression)	将指定的值转换为 8 位无符号整数
ToChar(expression)	将指定的值转换为其等效的 Unicode 字符
ToDateTime(expression)	将指定的值转换为 DateTime
ToDecimal(expression)	将指定的值转换为等效的 Decimal 数
ToDouble(expression)	将指定的值转换为其等效的双精度浮点数
ToInt16(expression)	将指定的值转换为其等效的 16 位有符号整数
ToInt32(expression)	将指定的值转换为其等效的 32 位有符号整数
ToInt64(expression)	将指定的值转换为其等效的 64 位有符号整数
ToSByte(expression)	将指定的值转换为其等效的 8 位有符号整数
ToSingle(expression)	将指定的值转换为其等效的单精度浮点数
ToString(expression)	将指定的值转换为其等效的字符串表示形式
ToUInt16(expression)	将指定的值转换为其等效的 16 无符号整数
ToUInt32(expression)	将指定的值转换为其等效的 32 位无符号整数
ToUInt64(expression)	将指定的值转换为其等效的 64 位无符号整数

5. 随机数函数

在实际应用中很多地方会用到随机数，如需要生成唯一的订单号、验证码以及随机生成一份题目不同考试卷等。C#提供的 System.Random 类表示伪随机数生成器，一种能够产生满足某些随机性统计要求的数字序列的设备。伪随机数是以相同的概率从一组有限的数字中选取的，所选数字并不具有完全的随机性，因为它们是用一种确定的数学算法选择的，但是从实用的角度而言，其随机程度已足够了。

随机数的生成是从种子值开始。如果反复使用同一个种子，就会生成相同的数字系列。产生不同序列的一种方法是使种子值与时间相关，从而对于 Random 的每个新实例，都会产生不同的系列。生成随机数发生器的方法有以下两种：

（1）使用 Random 的无参数构造函数，系统自动选取当前时间作为随机种子。例如：

```
Random ro = new Random();
```

（2）利用 Random 的参数化构造函数，指定一个 int 型参数作为种子值初始化 Random 类的新实例。通常可根据当前时间的计时周期数，这样可以保证99%不是一样。

```
long tick = DateTime.Now.Ticks;
Random ran = new Random((int)tick);
```

初始化一个随机数发生器之后，我们就可以使用 Random.Next()方法来产生随机数。这个方法使用相当灵活，可以指定产生的随机数的上下限。例如：

（1）不指定上下限的使用。

```
int iResult =ro.Next();
```

（2）指定返回小于 100 的随机数。

```
int iResult=ro.Next(100);
```

（3）指定返回值必须在范围 50～100 的之内随机数。

```
int iResult =ro.Next(50,100);
```

除了 Random.Next()方法之外，Random 类还提供了 Random.NextDouble()方法产生一个范围在 0.0～1.0 之间的随机浮点数。

2.3.7 数组

在前面章节中，程序中存放一个数据，需要声明一个变量，但当程序中使用很多相同类型的数据时，使用变量会极不方便。例如，假定要对所有朋友的姓名执行一些操作，可以使用简单的字符串变量，如下所示：

```
string friendName1 = "Robert Barwell";
string friendName2 = "Mike Parry";
string friendName3 = "Jeremy Beacock";
```

由于不能在循环中迭代这个字符串列表，因此程序中需要编写不同的代码来处理每个变量，解决方案是使用数组。数组是有序数据的结合，数组中的每一个元素都属于同一个数据类型，都具有唯一的索引（或称为下标）与其对应。在 C#中数组的索引从零开始。声明数组的语法为

数据类型[ ] 数组名;

在 C#语言中必须声明一个任意长度的数组然后再指定长度。数组的声明其实并没有创建数组，必须对数组进行创建。例如：

```
int[ ] Array;
Array=new int[100];
```

通常，会在声明数组的同时创建数组，如上述语句可以写成

```
int[ ] Array = new int[100];
```

1．数组的初始化

数组必须在访问之前初始化，不能像下面这样访问数组或给数组元素赋值。

```
int[ ] myIntArray;
myIntArray[10] = 5;
```

数组的初始化有两种方式：

（1）不包含 new 运算符的数组初始化

数据类型[ ] 数组名={用逗号分隔的初值表};

例如：

```
int[ ] myIntArray = { 5, 9, 10, 2, 99 };
```

（2）包含 new 运算符的数组初始化

数据类型[ ] 数组名=new 数据类型[数组长度]{用逗号分隔的初值表}

例如：

```
int[] myArray = new int[5];   //无初值表，数组成员将自动初始化为该数据类型的默认值
int[] myArray = new int[5]{5, 9, 10, 2, 99};      //每个数组元素被初值表中的数据初始化
```

用户也可以省略数组大小，长度由初始化值的个数决定。例如：

```
int[] myArray = new int[]{5, 9, 10, 2, 99 };
```

初始化数组时，数组的初值个数一定要与数组长度相符合，否则将会出现语法错误。例如：

```
int[] myArray = new int[10]{ 5, 9, 10, 2, 99 };        //错误，初值个数少于数组长度
```

【例2-8】 字符串数组应用举例。

```
namespace Ch02Ex08
{
    class Program
    {
        public static void Main()
        {
            string[] friendNames = {"Robert Barwell", "Mike Parry", "Jeremy Beacock"};
            int i;
            Console.WriteLine("Here are {0} of my friends:",friendNames.Length);
            for (i = 0; i < friendNames.Length; i++)
            {
                Console.WriteLine(friendNames[i]);
            }
            Console.ReadKey();
        }
    }
}
```

运行结果如图 2-32 所示。

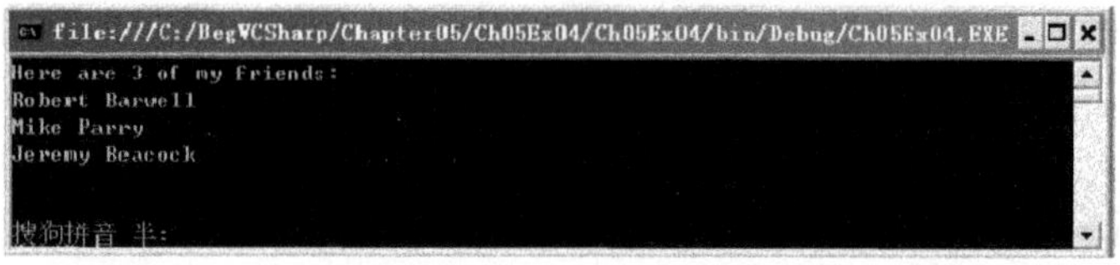

图 2-32 【例 2-8】运行结果

这段代码用 3 个值创建并初始化了一个 string 数组 friendNames，并在 for 循环中把它们显示在控制台上，程序中使用 friendNames.Length 来确定数组中元素的个数。

使用 for 循环输出数组元素的值容易出错。例如，把<改为<=。

```
for (i = 0; i <= friendNames.Length; i++)
{
    Console.WriteLine(friendNames[i]);
}
```

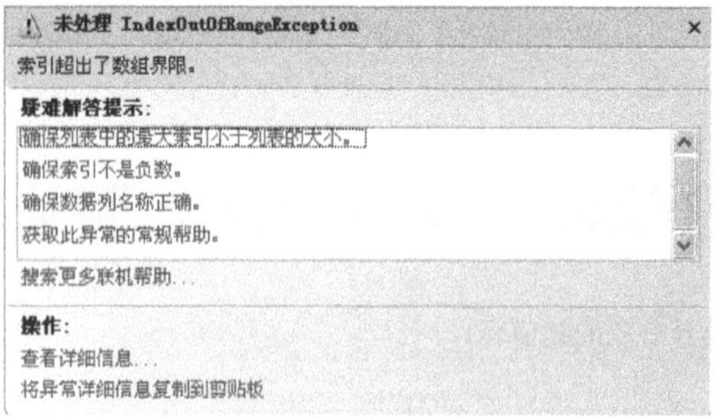

图 2-33 错误对话框

编译并执行程序，会弹出如图 2-33 所示的对话框。

修改后的代码试图访问 friendNames[3]。记住，数组索引从 0 开始，所以最后一个元素是 friendNames[2]。如果试图访问超出数组大小的元素，代码就会出现问题。可以通过一个更具弹性的方法来访问数组的所有成员，即使用 foreach 循环。

2. foreach 循环

foreach 循环可以使用一种简便的语法来定位数组中的每个元素：

```
foreach (<baseType>  <name>  in  <array>)
{
    //can use <name> for each element
}
```

这个循环会迭代每个数组元素，依次把每个数组元素放到变量<name>中。使用这种方法，不需要考虑数组中有多少个元素，并可以确保在循环中使用每个元素，且不存在访问非法元素的危险。使用这种方法修改【例 2-8】中的代码如下。

```
public static void Main()
{
    string[] friendNames = { "Robert Barwell", "Mike Parry", "Jeremy Beacock" };
    Console.WriteLine("Here are {0} of my friends:",friendNames.Length);
    foreach (string friendName in friendNames)
    {
        Console.WriteLine(friendName);
    }
    Console.ReadKey();
}
```

这段代码的输出结果与前面的示例完全相同。使用这种方法和标准的 for 循环的主要区别在于：foreach 循环对数组内容进行只读访问，所以不能改变任何元素的值。例如，不能编写如下代码。

```
foreach (string friendName in friendNames)
{
    friendName = "Rupert the bear";
}
```

3. 多维数组

多维数组是使用多个索引访问其元素的数组。例如，假定要确定一座山相对于某位置的高度，可以使用两个坐标 x 和 y 指定一个位置。把这两个坐标用作索引，数组 hillHeight 就可以用每对坐标来存储高度。这种方法需要使用多维数组。

二维数组可以声明如下。

<数据类型>[,] <数组名>;

多维数组只需要更多的逗号，例如：

<数据类型>[,,,] <数组名>;　　　　//声明了一个四维数组

声明和创建二维数组 hillHeight 的代码如下，假设其基本类型是 double，x 的大小是 3，y 的大小是 4。

double[,] hillHeight = new double[3,4];

还可以使用初值列表声明和创建二维数组 hillHeight，并赋初始值，代码如下。

double[,] hillHeight = { { 1, 2, 3, 4 }, { 2, 3, 4, 5 }, { 3, 4, 5, 6 } };

这个数组的维度与前面的相同，也是 3 行 4 列，通过提供初值表隐式定义了这些维度，图 2-34 表示了这个数组的值。要访问多维数组中的每个元素，只需指定它们的索引，并用逗号分隔开，例如：hillHeight[2,1]访问 hillHeight 数组第三行第二列数组元素，其值是 4。

foreach 循环可以访问多维数组中的所有元素，其方式与访问一维数组相同，例如：

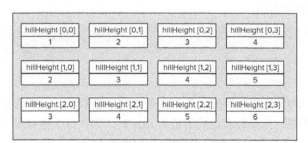

图 2-34　hillHeight 数组初始化情况

```
double[,] hillHeight = { { 1, 2, 3, 4 }, { 2, 3, 4, 5 }, { 3, 4, 5, 6 } };
foreach (double height in hillHeight)
{
    Console.Write("{0},", height);
}
```

元素的输出顺序与初值表赋值的顺序相同：

```
1, 2, 3, 4, 2, 3, 4, 5, 3, 4, 5, 6,
```

2.4 结构化程序设计

无论是面向对象程序设计还是面向过程程序设计，局部的程序代码都是按照结构化程序设计方法进行设计的。所谓结构化程序设计方法，是一种基于提高程序的可读性、可维护性的程序设计方法。它要求所有编程人员都要按统一的思路和格式组织程序。结构化程序设计方法的核心内容是三大基本结构，即顺序结构、分支结构、循环结构。

顺序结构是三大基本结构中最简单、最基本的程序结构形式。各条语句或语句块按自上而下顺序执行。不论多么复杂的模块，语句块之间的关系都是顺序结构。顺序结构的程序设计思路简单，各条语句顺序被执行。选择结构也叫分支结构，程序在运行到分支结构的语句块时，可以根据条件的不同，选择不同的执行方向。所谓循环就是重复地做某条语句或某语句块。

2.4.1 分支语句

选择结构根据测试条件是否为 true 采取不同操作。图 2-35 为选择结构的程序流程图。

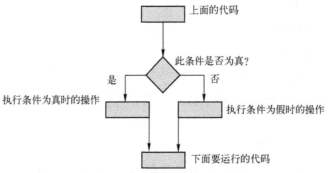

图 2-35　选择结构的程序流程图

在 C#中，实现分支结构的语句有两大类。一是 if 语句，二是 switch 语句。

1. if 语句

if 语句通过设置一个关系表达式或逻辑表达式作为控制条件，根据条件的成立与否，确定程序的执行走向。用 if 语句可以构成单分支结构、双分支结构和多分支结构。

（1）单分支结构的 if 语句

```
if(条件表达式)
{
    语句块;
}
```

其中，语句块可以是 C#中任何类型的一条或多条语句，包括嵌套一条或多条任意结构的完整的 if 语句，嵌套的层数不限。当条件表达式的值为 true 时，则执行大括号里的语句块；当条件表达式的值为 false 时，将跳过语句块，执行大括号后面的语句。

（2）双分支结构的 if 语句

```
if(条件表达式)
{
    语句块 1;
}
else
{
    语句块 2;
}
```

其中，语句块 1 和语句块 2 可以是 C#中任何类型的一条或多条语句，包括嵌套一条或多条任意结构的完整的 if 语句，嵌套的层数不限。当条件表达式的值为 true 时，则执行语句块 1，否则执行语句块 2。

【例 2-9】键盘输入一个整数，如果大于 0，则以该数作为圆半径，计算出圆面积，若小于或等于 0，则报告"非法数据！"

程序分析：本题涉及对键盘临时输入的数据进行判断，根据其是否大于 0 而进行不同的数据处理。可以用单分支或双分支的 if 语句完成。

```
namespace Ch02Ex09
{
    class Program
    {
        static void Main(string[] args)
        {
            int x;
            x = Int16.Parse(Console.ReadLine());
            if (x > 0)
                Console.WriteLine("s=" + Math.PI * x * x);
            else
                Console.WriteLine("非法数据!");
            Console.ReadKey();
        }
    }
}
```

（3）多分支结构的 if 语句

```
if(条件表达式 1)
{
    语句块 1;
}
else if(条件表达式 2)
{
    语句块 2;
}
......
else if(条件表达式 n)
{
    语句块 n;
}
else
{
    语句块 n+1;
}
```

格式中各个语句块的意义与前述相同。程序执行到多分支语句时，首先对条件表达式 1 进行判断，若成立，则执行相应的分支（语句块 1）；若不成立，则顺序判断条件表达式 2 是否成立，若成立，则执行语句块 2；否则继续向下，如此反复。若前面的 *n* 个条件表达式没有一个成立，则程序执行 else 后的语句块 *n*+1。在 *n*+1 个语句块中，只要有一个语句块被执行，则执行后程序跳转到该多分支语句的下一条语句继续执行。

【例 2-10】 输入一个学生的一门功课成绩，要求根据其所处的分数段，给出其成绩等级。成绩等级划分见表 2-9。

表 2-9　成绩等级划分表

x<0 或 *x*>100	0≤*x*<60	60≤*x*<70	70≤*x*<8	80≤*x*<8	90≤*x*<100
非法数据	不及格	及格	中等	良好	优良

根据题目意思，可以画出如图 2-36 所示的程序流程图，程序代码如下。

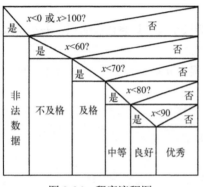

图 2-36　程序流程图

```csharp
static void Main(string[] args)
{
    double x;
    Console.WriteLine("请输入成绩： ");
    x = double.Parse(Console.ReadLine());
    if (x > 100 || x < 0)
        Console.WriteLine("非法数据!");
    else
    {
        if (x < 60)
        {
            Console.WriteLine("不及格！ ");
        }
        else if (x < 70)
        {
            Console.WriteLine("及格!");
        }
        else if (x < 80)
        {
            Console.WriteLine("中等!");
        }
        else if (x < 90)
        {
            Console.WriteLine("良好!");
        }
        else
        {
            Console.WriteLine("优秀!");
        }
    }
}
```

2．switch 语句

switch 语句是一个控制语句，用于从候选列表中选择一个要执行的开关部分。switch 语句包含一个或多个开关部分，每个开关部分包含一个或多个 case 标签，后接一个或多个语句。其基本格式：

```
switch (变量或表达式)
{
    case 常量表达式 1:
```

```
        语句块 1;
        break;
    case  常量表达式 2:
        语句块 2;
        break;
    ......
    default:
        语句块 n;
        break;
}
```

每个 case 标签指定一个常数值。switch 语句会将控制传输到 case 标签与 switch 表达式的值相符的开关部分。如果任何 case 标签都不包含匹配值，则将控制传输到 default 部分（如果有）。如果没有 default 部分，则不会执行任何操作，并在 switch 语句之外传输控制。与 C++不同，C#不允许从一个开关部分继续执行到下一个开关部分，因此要求在每一个开关部分使用 break 语句。说明：

（1）switch 关键字后面的测试表达式的结果只能为整型、字符型、字符串型或枚举类型。

（2）每个 case 标签后的常量表达式必须属于或能隐式转换成测试表达式的类型。

（3）switch 语句中可以包含任意数量的开关部分，每个开关部分可以具有一个或多个 case 标签。但是，任何两个 case 标签不可包含相同的常数值。

（4）switch 语句中最多只能有一个 default 标签。

【例 2-11】将【例 2-10】改成 switch 语句，程序代码如下。

```
static void Main(string[] args)
{
    double x;
    int m;
    Console.WriteLine("请输入成绩:  ");
    x = double.Parse(Console.ReadLine());
    if (x > 100 || x < 0)
        Console.WriteLine("非法数据!");
    else
    {
        m = (int)x / 10;
        switch (m)
        {
            case 10:
            case 9:
                Console.WriteLine("优秀！ ");
                break;
            case 8:
                Console.WriteLine("良好！ ");
                break;
            case 7:
                Console.WriteLine("中等！ ");
                break;
            case 6:
                Console.WriteLine("及格！ ");
                break;
            default:
                Console.WriteLine("不及格！ ");
                break;
        }
    }
}
```

2.4.2 循环结构

所谓循环就是重复地做某条语句或某语句块。可以用循环结构重复执行语句，直到条件为 true、直到条件为 false、执行了指定的次数，或者为集合中的每个元素各执行一次语句。图 2-37 显示了一个循环结构的执行流程，该结构运行一组语句直到条件变为 true。

C#中，实现循环的语句主要介绍如下。

1．for 循环

```
for(初始化;继续循环的条件;计数器操作)
{
    执行语句;
}
```

其中，初始化为循环控制变量做初始化，循环控制变量可以有一个或多个（用逗号隔开）；继续循环的条件可以有一个或多个语句；计数器操作按规律改变循环控制变量的值。例如：

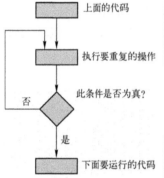

```
for (int i = 0; i < 10; i++)
{
    Console.WriteLine(i);
}//循环输出 0～9 的数字
```

请注意，初始化、继续循环的条件和计数器操作都是可选的。如果忽略了条件，就可以产生一个死循环，要用跳转语句 break 或 goto 才能退出。

```
for (;;)
{
    break;          //由于某些原因
}
```

图 2-37　循环结构的执行流程

for 语句可以嵌套使用，帮助我们完成大量重复性、规律性的工作。

【例 2-12】 编写程序以每行四个数输出所有的"水仙花数"。

所谓"水仙花数"是指该数的各数位上的数字的立方和恰好等于该数的三位数。该题使用典型的算法：穷举法。所谓"穷举法"就是对所有可能的情况进行判断，以找出合乎条件的解。使用此算法的关键在于把握"所有可能的情况"，才不会漏解。本题为了判断"是否合乎条件"，要将数字的各个数字位分离出来，计算出其立方和与原数字比较，以确定是否为"水仙花数"。为了遍历所有可能情况，程序采用计数型循环。

```
static void Main(string[] args)
{
    int a, b, c;
    int j = 0;
    for (int i = 100; i <= 999; i++)
    {
        a = i % 10;
        b = (i / 10) % 10;
        c = i / 100;
        if (i == Math.Pow(a, 3) + Math.Pow(b, 3) + Math.Pow(c, 3))
        {
            Console.Write(i + "   ");
            j = j + 1;
            if (j % 4 == 0)
            {
                Console.WriteLine();
```

```
            }
        }
    }
    Console.ReadKey();
}
```

程序运行结果：

153   370   371   407

2．foreach 循环

C#的 foreach 语句提供了一种简单的方法来循环遍历数组或集合中的元素，前面 2.3.7 节数组部分对其做了详细介绍。

3．while 循环

while 语句有条件地将内嵌语句执行 0 遍或若干遍。while 语句的格式如下。

```
while (布尔测试)
{
    循环语句;
}
```

while 循环按如下顺序执行。

① 计算布尔测试的值；

② 当布尔测试的值为 true 时，执行循环语句，然后程序转至第①步；

③ 当布尔测试的值为 false 时，while 循环结束。

【例 2-13】在数组中查找一个指定的值 8，如找到就返回数组下标，否则返回并报告。

```
class Program
{
    static void Main()
    {
        int[] array= new int[] { 5, 4, 3, 2, 1 };
        int i = 0;
        while (array[i] != 8)
        {
            i++;
            if (i >= array.Length)
                Console.WriteLine("Can not find");
        }
        Console.WriteLine(i);
        Console.ReadKey();
    }
}
```

while 语句中允许使用 break 语句立刻终止循环；或使用 continue 语句终止本次循环，不执行本次循环 continue 以后的语句，直接进行下一次循环。例如：可以使用下面的程序片段来计算一个整数 x 的阶乘值。

```
long y = 1;
int x = Convert.ToInt16(Console.ReadLine());
while (true)
{
    y *= x;
    x--;
    if (x == 0)
```

```
    {
        break;
    }
}
 Console.WriteLine(y);
```

4. do-while 循环

do-while 语句与 while 语句不同的是，它将循环语句执行一次（至少一次）或若干次。

do-while 语句的格式：

```
do
{
    循环语句;
} while (布尔测试);
```

do-while 循环按如下顺序执行。

① 执行循环语句一遍；

② 计算布尔测试的值，为 true 则回到第一步，为 false 则终止 do 循环。

do-while 循环语句同样允许用 break 语句和 continue 语句实现与在 while 语句中相同的功能。以下代码使用 do-while 循环来实现求整数的阶乘。

```
long y = 1;
int x = Convert.ToInt16(Console.ReadLine());
do
{
    y *= x;
    x--;
} while (x > 0);
Console.WriteLine(y);
```

【例 2-14】编一个程序按下列公式求 e 的值（要求精度达到 1.0e-6）。

$$e = 1 + \frac{1}{1!} + \frac{1}{2!} + \frac{1}{3!} + \cdots\cdots + \frac{1}{n!}$$

```
static void Main()
{
    double sum=1.0,t = 1;
    int i = 1;
    do
    {
        t = t / i;
        sum = sum + t;
        i++;
    } while (t > 0.000001);
    Console.WriteLine(sum);
    Console.ReadKey();
}
```

程序的运行结果：

```
2.71828180114638
```

2.4.3 跳转语句

C#提供了许多可以立即跳转到程序中另一行代码的语句，即跳转语句。与选择语句不同的是，跳转语句无条件的改变控制。

1．break 语句

break 语句用于跳出某个控制结构，在前面提到的 switch 中使用它退出某个 case 语句。break 语句也可以用于立即终止循环。例如以下代码中，如果 if 判断的条件为 true，则执行 break 语句，跳出 while 循环。

```
int i = 0;
while (true)
{
    语句块;
    if (i == 10)
    {
        break;
    }
}
```

2．continue 语句

continue 语句类似于 break 语句，但它用于终止本次循环，不执行本次循环 continue 后面的语句，直接进行下一次循环。例如：

```
for (int i = 0; i < 10; i++)
{
    if (i % 2 == 0)
    {
        continue;
    }
    Console.WriteLine(i);
}
```

在上面的例子中，如果 for 语句循环体中的 if 判断为 true，则不执行 for 循环体中的输出语句，而是进行下一次 for 循环操作。因此此例的结果只输出奇数，如果是偶数则跳过输出语句。

3．return 语句

return 语句用于跳出方法，把控制权交给方法的调用者。如果方法有返回类型，return 语句必须返回这种类型的值；如果没有返回类型，则应使用没有表达式的 return 语句。例如：

```
public int aa(int i)
{
    return i * i;
}
```

4．goto 语句

goto 语句可以直接跳转到程序中用标签指定的代码处，标签为一个标识符，后跟一个冒号。例如：

```
    for (int i = 0; i < 10; i++)
    {
        if (i == 5)
        {
            goto lable1;
        }
        Console.WriteLine(i);
    }
lable1:
    Console.WriteLine("我是利用 goto 语句跳转过来的。");
```

在上面的例子中，如果 if 语句的判断为 true，则 goto 语句跳转到标签 lable1 处，执行标签中的代码，此时 for 循环结束。

在 C#中，goto 语句不能跳转到类似 for 循环这样的代码中，也不能跳出类的范围。在程序设计中，应尽量避免使用 goto 语句，因为使用 goto 语句使得程序的可读性和结构性变差。

2.5 函数

在实际编程过程中，往往把一个复杂的程序分成若干个相对独立的部分，每个部分用一个功能模块实现。使用模块化程序设计，既可以提高程序的可读性、可维护性，同时能大大提高程序代码的利用率，使得在程序设计时，那些反复用到的某个功能不须重复书写。每个模块中完成一定功能的程序代码段，称为函数，又叫方法。

2.5.1 定义和使用函数

在 C#中，函数就是将一堆代码进行重用的机制，所有应用程序中函数是主要组成部分。函数就是一段代码，这段代码可能有输入的值（参数），可能会返回值。首先，通过一个简单例子来了解一下 C#中的函数。

【例 2-15】函数定义举例。

```
namespace Ch02Ex15
{
    class Program
    {
        static void Write()
        {
            Console.WriteLine("Text output from function.");
        }

        static void Main(string[] args)
        {
            Write();
            Console.ReadKey();
        }
    }
}
```

上述代码中 static void Write()和 static void Main(string[] args)就是函数，其中 static void Main(string[] args)是系统定义的作为应用程序的入口点函数（如 C 语言一样），而 static void Write()是自定义函数。通过上述代码可以看出 C#中函数的定义有以下几个特点。

● 两个关键字：static、void。
● 函数名要符合命名规范，并且后面有()，如 Write()。
● 一段要执行的代码放在{}中。

在实际的编程过程中，有些函数可能有返回值，可能会有参数。

1. 返回值

通过函数进行数据传递的最简单方法是利用返回值。与变量一样，函数返回值也有数据类型。当函数有返回值时，要对函数定义进行如下修改：

- 在函数声明中指定返回值类型，但不能用 void 关键字；
- 在函数体中使用 return 语句结束函数，把函数返回值传给调用代码。

比如：

```
public double getVal(){
        return 2.5;
}
```

☞**注意**：函数的返回值类型可以是任意数据类型。

在函数体中执行 return 语句后，程序立即结束函数，返回调用代码。return 语句后面的代码不会执行，但并不意味着 return 语句只能放在函数体的最后一行。可以在前面的代码中使用 return 语句，也可能在使用了逻辑分支后使用。如果把 return 语句放在 for 循环、if 或其他结构中，执行到 return 语句该结构立即终止，同时函数也返回。比如：

```
public double getVal(){
        double checkVal;
        //给 checkVal 赋值
        if(checkVal>5)
                return 1;
        return 0;
}
```

根据 checkVal 的值，该函数返回值可能是 1 和 0 两者之一。

2．参数

当函数接受参数时，就必须指定下面的内容：

- 函数在其定义时指定接受参数的列表，并说明其数据类型；
- 函数调用时匹配参数列表。

其中可以有多个参数，每个参数都有一个类型和名称，参数之间用逗号隔开，每个参数在函数体中都作为一个变量。

例如，下面是一个包含两个参数的函数，返回它们的乘积。

```
public double product(double param1,double param2){
        return param1*param2;
}
```

【例 2-16】通过一个求数组中最大值的实例来理解参数传递。

```
namespace Ch02Ex16
{
    class Program
    {
        static int MaxValue(int[] intArray)
        {
            int maxVal = intArray[0];
            for (int i = 1; i < intArray.Length; i++)
            {
                if (intArray[i] > maxVal)
                    maxVal = intArray[i];
            }
            return maxVal;
```

```
        }

        static void Main(string[] args)
        {
            int[] myArray = { 1, 8, 3, 6, 2, 5, 9, 3, 0, 2 };
            int maxVal = MaxValue(myArray);
            Console.WriteLine("The maximum value in myArray is {0}", maxVal);
            Console.ReadKey();
        }
    }
}
```

执行代码在控制台输出结果：

The maximum value in myArray is 9

在调用函数时，必须使实际参数与函数定义时的形参完全匹配，也就是要匹配参数的个数、类型和顺序。例如，下面的函数：

```
public void myFunction(string myString, double myDouble)
{
    …
}
```

不能使用下面的函数调用：

myFunction（5.2，"Hello World!"）；

因为试图把一个 double 类型的变量传给第一个 string 参数，把第二个 string 类型的变量传给第二个 double 参数，参数的顺序与函数定义声明的顺序不匹配。

也不能使用下面的函数调用：

myFunction（"Hello World!"）；

这里只传了一个参数，而函数定义是两个。

2.5.2　参数传递

在定义函数时，函数名后面的圆括号中的变量名称称为形参；在调用函数时，函数名后面圆括号中的表达式称为实参。关于形参与实参，需注意以下几点。

（1）在未调用函数时，形参并不占用存储空间。只有在发生函数调用时，才会给函数中的形参分配内存空间。在调用结束后，形参所占的存储单元也会自动释放。

（2）实参可以是常量、变量或表达式；形参必须是声明的变量，且必须指定数据类型。

（3）在调用函数时，必须使实参与函数定义时的形参完全匹配，也就是要匹配参数的个数、类型和顺序。

（4）实参对形参的数据传递是单向传递，即只能由实参传给形参。

C#中，参数传递形式包括以下几种：

- 值参数；
- 引用参数；
- 输出型参数（或称输出参数）；
- 数组型参数（或称数组参数）。

1. 值参数

值参数是指声明时不带任何修饰符的参数。当使用值参数调用函数时，编译程序将实参的值做一个副本，并把此副本传递给该函数的相应形参。被调用的函数不会修改内存中实参的值。

例如，新建 Windows 应用程序，在 Form 上添加 Label 控件和 Button 控件，将 Label 控件的 Name 属性设置为 LblMsg，将 Button 控件的 Name 属性设置为 BtnShow。在窗体类中输入如下方法代码。ShowDouble 方法使传递过来的参数值加倍，并显示出来。

```
void ShowDouble(int val)
{
    val *= 2;
    LblMsg.Text=LblMsg.Text + string.Format("val doubled = {0}", val)+"\n";
}
```

在设计状态下双击 BtnShow 控件，在生成的 Click 事件方法中添加如下代码。

```
private void BtnShow_Click(object sender, EventArgs e)
{
    LblMsg.Text = "";
    int myNumber = 5;
    LblMsg.Text=LblMsg.Text+string.Format("myNumber = {0}", myNumber)+"\n";
    ShowDouble(myNumber);
    LblMsg.Text=LblMsg.Text+string.Format("myNumber = {0}", myNumber);
}
```

运行程序，单击 Button 控件，标签上的文本如下所示。

```
myNumber = 5
val doubled = 10
myNumber = 5
```

从结果中可以发现，ShowDouble 方法并没有修改实参的值，修改的只是形参自身的值。

2. 引用参数

在参数前加上 ref 修饰符声明的参数为引用参数。值类型参数传递的是实参值的副本，而引用类型参数向方法传递的是实参的地址，使实参的存储位置和形参的存储位置相同。因此，在方法中对形参进行的任何改变都会影响实参的值。引用参数，在定义形参时需要 ref 修饰符，调用方法时的实参也一定要使用 ref 修饰符。

例如，修改 ShowDouble 方法，代码如下。

```
void ShowDouble(ref int val)
{
    val *= 2;
    LblMsg.Text= LblMsg.Text + string.Format("val doubled = {0}", val)+"\n";
}
```

修改 BtnShow_Click 事件过程中的代码如下。

```
private void BtnShow _Click(object sender, EventArgs e)
{
    LblMsg.Text = "";
    int myNumber = 5;
    LblMsg.Text= LblMsg.Text+string.Format("myNumber = {0}", myNumber)+"\n";
    ShowDouble(ref myNumber);
```

```
        LblMsg.Text= LblMsg.Text+string.Format("myNumber = {0}", myNumber);
    }
```

运行程序，单击 Button 控件，标签上的文本如下所示。

```
myNumber = 5
val doubled = 10
myNumber = 10
```

该程序中，形参和实参前都添加了 ref 修饰符，使得形参和实参指向同一个内存地址，一旦改变形参的值，实参的值也会改变。

3．输出参数

使用 out 修饰符声明的参数被称为输出参数。输出参数与引用参数类似，在向方法传递参数时，将实参的地址传递给形参。引用参数传递中，实参向形参传递时，必须是已经赋值的变量；输出参数传递中，实参向形参传递时，实参可以是没有初始化的变量。引用参数和输出参数之间存在如下区别：

（1）引用类型的实参必须进行初始化之后才能调用，而输出参数不是必须的；

（2）方法体内可以不给引用类型的形参赋值，但是必须给输出参数赋值。

例如，在上例窗体类中定义方法 Method，代码如下。

```
void Method(ref int x, out int y)
{
    x = 44;
    y = 30;
}
```

在窗体的 Load 事件中添加如下代码。

```
private void Form1_Load(object sender, EventArgs e)
{
    int x = 10;
    int y;
    Method(ref x, out y);
    LblMsg.Text = "x 的值：" + x + ", y 的值：" + y;
}
```

运行程序，标签上的文本如下所示。

x 的值：44，y 的值：30

上述程序中，实参 x 为引用参数，必须为其赋初值才能调用，但在方法体内可以赋值也可以不赋值；实参 y 为输出参数，为其赋初值或不赋初值都可以调用，但在方法体中必须为其赋值。

总之，按值传递的参数仅仅将变量的值传递给方法，按引用传递的参数则使得被调用的方法对参数值所做的修改在调用者的变量中可见，而 out 关键字用来修饰仅仅从方法中返回值的参数。

4．数组参数

在实际应用中，参数的个数可能是不确定的，C#中的数组参数可以解决该类问题。把数组作为参数有两种形式：

（1）在形参数组前不添加 params 修饰符，此时对应的实参必须是一个数组名；

（2）在形参数组前添加 params 修饰符，此时对应的实参可以是一个数组名，也可以是数组元素值的列表。

使用时需注意以下几点。

（1）带有关键字 params 的数组型参数必须是方法的最后一个参数。

（2）在方法的声明中只允许一个 params 关键字。

（3）数组类型必须是一维数组。

例如，新建 Windows 应用程序，在 Form 上添加两个 Label 控件和 Button 控件，将 Label 控件的 Name 属性设置为 label1 和 label2，将 Button 控件的 Name 属性设置为 button1；在窗体类中分别使用带 params 修饰符和不带 params 修饰符定义的方法，求整数数组中的最大数。代码如下：

```csharp
int Max1(int[] numbers)
{
    int k = 0;   //最大数的索引
    for (int i = 0; i < numbers.Length; i++)
    {
        if (numbers[k]<numbers[i])
        {
            k = i;
        }
    }
    return numbers[k];
}
int Max2(params int[] numbers)
{
    int k = 0;   //最大数的索引
    for (int i = 0; i < numbers.Length; i++)
    {
        if (numbers[k] < numbers[i])
        {
            k = i;
        }
    }
    return numbers[k];
}
```

在设计状态下双击 button1 控件，在生成的 Click 事件方法中添加如下代码。

```csharp
private void button1_Click(object sender, EventArgs e)
{
    int[] a = new int[] { 20, 10, 15, 30, 22, 45, 23, 65 }; //定义并初始化一维数组
    label1.Text = "不使用 params 修饰符方法：" + Max1(a);
    label3.Text = "使用 params 修饰符方法：" + Max2(20, 10, 15, 30, 22, 45, 23, 65);
}
```

2.5.3 Main()函数

前面介绍了创建和使用函数时涉及的技术和方法，下面详细介绍一下 Main()函数。

Main()是 C#应用程序的入口点，执行这个函数就是执行应用程序。也就是说，在执行过程开始时，会执行 Main()函数，在 Main()函数执行完毕时，执行过程就结束了。

这个函数可以返回 void 或 int，有一个可选参数 string[] args。Main()函数可以使用如下 4 种版本：

```csharp
static void Main()
```

```
static void Main(string[] args)
static int Main()
static int Main(string[] args)
```

上面的第三、四个版本返回一个 int 值，它们可以用于表示应用程序如何终止，通常用作一种错误提示（但这不是强制的），一般情况下，返回 0 反映了"正常"的终止（即应用程序执行完毕，并安全地终止）。

Main()的可选参数 args 是从应用程序的外部接收信息的方法，这些信息在运行期间指定，其形式是命令行参数。

前面已经遇到了命令行参数，在命令行上执行应用程序时，通常可以直接指定信息，如在执行应用程序时加载一个文件。例如，考虑 Windows 中的记事本应用程序。在命令提示窗口中输入 notepad，或者在 Windows 的"开始"菜单中选择"运行"选项，再在打开的窗口中输入 notepad，就可以运行该应用程序。也可以输入 notepad "myfile.txt"，结果是 Notepad 在运行时将加载文件 myfile.txt，如果该文件不存在，notepad 也会创建该文件。这里 myfile.txt 是一个命令行参数。

在执行控制台应用程序时，指定的任何命令行参数都放在这个 args 数组中，接着可以根据需要在应用程序中使用这些参数。利用 args 参数，可以编写以类似方式工作的控制台应用程序。

2.6　程序的异常处理

在编写程序时不仅要关心程序的正常操作，也应该把握在系统环境中可能发生的各类不可预期的事件，如用户错误的输入、内存不够、磁盘出错、网络资源不可用、数据库无法使用等。C#中使用异常处理的方法来处理此类问题，它使应用程序可以解决出现的情况并继续运行；即使无法运行，异常处理也可以输出错误信息并平滑地终止程序的运行，这也体现了应用程序用户界面的友好性。

1．异常处理的概念

C#语言的异常处理使用 try、catch 和 finally 关键字来尝试可能未成功的某些操作、处理失败情况以及在事后清理资源。公共语言运行时（CLR）、.NET Framework、任何第三方库或应用程序代码都可能引发异常。很多情况下，异常可能不是由代码直接调用的方法引发，而是由调用堆栈中位置更靠下的另一个方法所引发。在这种情况下，CLR 将展开堆栈，查找是否有方法包含针对该特定异常类型的 catch 块，如果找到这样的方法，就会执行找到的第一个这样的 catch 块。如果在调用堆栈中的任何位置都没有找到适当的 catch 块，就会终止该进程，并向用户显示一条消息。异常具有以下特点。

（1）在应用程序遇到异常情况（如被零除或内存不足）时，就会产生异常，各种类型的异常最终都是由 System.Exception 类派生而来。

（2）在可能引发异常的语句周围使用 try 块。

（3）一旦 try 块中发生异常，控制流将跳转到第一个关联的异常处理程序。异常处理程序是在异常发生时执行的代码块，在 C#中，catch 关键字用于定义异常处理程序。

（4）如果给定异常没有异常处理程序，则程序将停止执行，并显示一条错误消息。

（5）程序可以使用 throw 关键字显式地引发异常。

（6）异常对象包含有关错误的详细信息，如调用堆栈的状态以及有关错误的文本说明。

（7）即使发生异常也会执行 finally 块中的代码，程序中可以使用 finally 块释放资源。

2．try-catch-finally 语句

如果应用程序要处理在执行应用程序代码块期间发生的异常，则代码必须放置在 try 语句中

（称为 try 代码块）。在 catch 语句中处理由 try 代码块引发的异常的应用程序代码，称为 catch 块。零个或多个 catch 块与一个 try 块相关联，每个 catch 块均包含一个确定该块处理的异常类型的类型筛选器。包含代码的 finally 块，无论 try 块中是否引发异常都会运行。一个 try 块需要带有一个或多个关联的 catch 块或一个 finally 块，或两者都有。其基本结构如下。

```
try
{
    //try 块，可能产生异常的语句
}
catch (SomeSpecificException ex)
{
    //catch 块，异常处理程序
}
finally
{
    //finally 块，无论 try 块中是否引发异常，都会被执行的代码
}
```

当程序运行到 try 子句时，执行 try 块中的正常操作代码；如果执行到某一条语句时发生错误，程序将不执行 try 块中剩下的语句，转而执行 catch 子句，捕获异常，并在 catch 块中处理异常情况；异常处理结束后，如果存在 finally 块，程序就自然进入 finally 块并执行其中的代码。即使在 try 或 catch 块中存在 break、continue、goto 或 return 语句，finally 块中的代码总是执行。

如果在 catch 子句中带有参数，参数必须是从 System.Exception 派生的对象参数，作为整个 catch 块的一个局部异常变量，通过它可以在处理异常时获取异常的详细信息。catch 子句也可以不带任何参数，这样的 catch 子句称为一般 catch 子句，它捕获任何类型的异常。

try-catch-finally 语句可以包含多个 catch 子句。如果包含了多个 catch 子句，在产生异常时系统将按照这些 catch 子句的出现顺序逐个检查 catch 子句中的参数，以找到第一个匹配该异常类型的 catch 子句，该子句相应的 catch 块就是异常处理程序。假设一个 catch 子句中的异常类型为 A，在它之前的 catch 子句的异常类型为 B，如果 A 和 B 相同或者 A 是 B 的派生类，就会发生错误，无法通过编译，因为这样程序永远无法执行与 A 相对应的 catch 子句。类似地，一个 try-catch-finally 语句中只能有一个一般 catch 子句，而且一般 catch 子句必须在其他 catch 子句之后。

3．检查与配置异常类

在 C#.NET 中，所有的异常都派生于 System.Exception 类，此类是所有异常的基类，该类包含在公共语言运行库中。当发生错误时，系统或当前正在执行的应用程序通过引发包含关于该错误信息的异常来报告错误。异常发生后，将由该应用程序或默认异常处理程序进行处理。System.Exception 类包含很多属性，可以帮助标识异常的代码位置、类型、帮助文件和原因，主要有 StackTrace、InnerException、Message、HelpLink、HResult、Source、TargetSite 和 Data 说明如下。

（1）InnerException：获取导致当前异常的 Exception 实例。

（2）Data：获取一个提供用户定义的其他异常信息的键/值对的集合。

（3）Message：获取描述当前异常的消息。

（4）StackTrace：发生异常时调用堆栈的状态。StackTrace 属性包含可以用来确定代码中错误发生位置的堆栈跟踪，堆栈跟踪列出所有调用的方法和源文件中这些调用所在的行号。

C#.NET 中，异常类中有两个很重要的类，分别如下。

（1）System.SystemException：系统提供的各种异常类的基类，它不提供导致异常的信息，

大多数情况下不应抛出此类的实例。系统由 System.SystemException 派生了一组在应用程序运行时可以抛出的异常类。

（2）System.ApplicationException：如果程序需要提供自定义的异常而不使用系统提供的异常类，就必须从 ApplicationException 类中派生，通过它可以区分应用程序自己定义的异常和系统提供的异常。

此外，有一类异常 IOException 及其子类，它们定义在 System.IO 名字空间中，用于文件读/写时的异常处理。

C#.NET 还提供了一些通用异常类，常见的异常类及说明见表 2-10。

表 2-10 常见异常类及说明

类名	说明
SystemException	为 System 命令空间中的预定义异常定义基类
ArithmeticException	因算术运算、类型转换或转换操作中的错误而引发的异常
DivideByZeroException	试图用零除整数值或十进制数值时引发的异常
OverflowException	在选中的上下文中所进行的算术运算、类型转换或转换操作导致溢出时引发的异常
NotFiniteNumberException	当浮点值为正无穷大、负无穷大或非数字（NaN）时引发的异常
ArrayTypeMismatchException	当试图在数组中存储类型不正确的元素时引发的异常
ArgumentException	当向方法提供的参数之一无效时引发的异常
ArgumentNullException	当将空引用传递给不接收它作为有效参数的方法时引发的异常
ArgumentOutOfRangeException	当参数值超出调用的方法所定义的允许取值范围时引发的异常
FormatException	当参数格式不符合调用方法的参数规范时引发的异常
IndexOutOfRangeException	试图访问索引超出数组界限的数组元素时引发的异常。无此类不能被继承
NotSupportedException	当调用的方法不受支持，或试图读取、查找或写入不支持调用功能的流时引发的异常
NullReferenceException	尝试取消引用空对象引用时引发的异常
OutOfMemoryException	没有足够的内存继续执行程序时引发的异常
StackOverflowException	因包含的嵌套方法调用过多而导致执行堆栈溢出时引发的异常。此类不能被继承

IDE 提供了"异常"对话框，可以检查和编辑可用的异常，可以使用"调试"→"异常"菜单选项（或按下 Ctrl 键，然后依次按 D 和 E 键）打开该对话框，如图 2-38 所示。

此对话框中按照类别和 .NET 库名称空间列出异常。展开 Common Language Runtime Exceptions 选项，再展开 System 选项，就可以看到 System 名称空间中的异常。每个异常都可以使用右边的复选框来配置。例如，展开一个类别的异常的节点，并为该类别中的某些特定异常选择"引发"，这样调试器可以在发生异常时立即中断应用程序的执行，使您有机会在调用处理程序之前对异常进行调试；展开一个类别的异常的节点，并为该类别中的某些特定异常选择"用户未处理的"，这样可以让调试器在发生任何没有由用户代码中的处理程序进行处理的异常时中断。

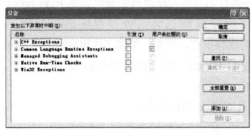

图 2-38 "异常"对话框

4．throw 语句

前面提到的异常，都是当遇到错误时，系统自己报错，通知运行环境异常的发生。但是在应用程序中，用户有时会需要主动地告诉运行环境什么时候发生异常，以及发生什么样的异常。C#语言中，使用 throw 语句主动抛出一个异常。格式如下。

throw [异常对象]

throw 语句说明如下。

（1）异常对象是 System.Exception 类或其子类的对象，可以用一个适当的字符串参数对异常的情况加以说明，该字符串的内容可以通过异常对象的 Message 属性进行访问。

（2）throw 语句显式抛出的异常不但能够让程序员更方便地控制何时抛出何种类型的异常，还可以让内部 catch 块重新向外部 try 块抛出异常，使得内部 catch 块中的正确执行不至于终止。

（3）无表达式的 throw 语句只能用在 catch 语句中。在此情况下，该语句会再次引发当前正由 catch 语句处理的异常。

【例 2-17】throw 语句使用举例。

```
class Program
{
    static void F()
    {
        try
        {
            G();
        }
        catch (Exception e)
        {
            Console.WriteLine("Exception in F: " + e.Message);
            e = new Exception("F");
            throw;
        }
    }

    static void G()
    {
        throw new Exception("G");
    }

    static void Main()
    {
        try
        {
            F();
        }
        catch (Exception e)
        {
            Console.WriteLine("Exception in Main: " + e.Message);
        }
    }
}
```

　　F 方法捕捉了一个异常，向控制台写了一些诊断信息，改变异常变量的内容。然后将该异常再次抛出，这个被再次抛出的异常与最初捕捉到的异常是同一个。因此，程序的输出结果如下。

```
Exception in F: G
Exception in Main: G
```

2.7　本章小结

　　本章学习了 C#.NET 语言编程基础知识，主要介绍了 C#.NET 编程语言的数据类型和变量、运算符、流程控制、函数及相关实例；阐述了 C#.NET 的运行模式及常见错误类型；涉及

C#.NET 的错误处理机制、常见错误以及一般错误处理方法；详细介绍了 Visual Studio .NET 调试工具及常用的调试方法。到此，对于应用程序中出现的大多数错误，我们应该会识别、理解并了解它们的处理方法和过程，使得应用程序更加完备。

 习题 2

1. 设计一个程序，在运行时若用鼠标单击窗体，在窗体上会逐渐变大地显示出"Visual Studio 欢迎您！希望您能爱上我！！！"

2. 编写一个程序，要求输入一个年份号，判断它是否为闰年。

3. 输入一个数字（1～7），用英文显示对应的星期一～星期日。

4. 用循环语句显示有如图 2-39 所示的有规律图形。

5. 用选择法随机产生 20 个 1～100 之间的随机整数，按从小到大排序。

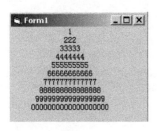

图 2-39

6. 猴子吃桃问题。猴子第一天摘下若干个桃子，当即吃了一半，还不过瘾，又多吃了一个，第二天早上又将剩下的桃子吃了一半，又多吃了一个，以后每天都吃了前一天的一半零一个，到第 10 天早上再想吃时，只剩下一个桃子。请计算猴子一共采了多少个桃子，并将计算结果打印在窗体上。

7. 编写程序建立一个长度为 50 的数组，并通过随机数函数，为每个数组元素赋一个 1～100 之间的整数，显示所有小于 60 的元素。

8. 编写程序计算 1+2！+3！+4！ +5！ … +20！

9. 从键盘输入字符串 s1 和 s2，编写程序将字符串 s1 中出现的 s2 子字符串删去。

10. 求一个 3×3 矩阵对角线元素之和。

11. 编写程序，由计算机产生中奖号码。某电视台举行有奖竞猜活动，规定每 5 万张回执为一个开奖组，共有 5 组，分别用 A～E 表示不同的组。将券表示为一个五位数，前面加组号。如 B10348 表示 B 组的奖券。规定每组设特等奖的个数由键盘输入。现要求用计算机随机产生中奖号，并按组分类打印。

☞**提示**：（1）该题目通过随机数产生中奖的五位数码，合并后成 1＋5 位的中奖号。

（2）为避免一组内产生相同的随机数，每产生一个，与存放在该组的中奖数组中的中奖号比较，不同的号才成为新的中奖号。

12. 设计一个程序，用户界面如图 2-40 所示。单击"宋体"按钮，窗体上显示"中文字体宋体"；单击："楷体"窗体上显示"中文字体楷体"；单击"仿宋"按钮，窗体上显示"中文字体仿宋"。

13. 假设有一段程序对字符串进行加密，加密后的字符串的第一个字符是原字符串的最后一个字符，其余的每个字符是对应的原字符串中的前一个字符的值加上 3。例如，welcome 末尾的字符为 e，welcom 依次加上 3 后成为 zhofrp，故加密后的结果为 ezhofrp。程序由用户任意输入一个字符串，加密后输出。

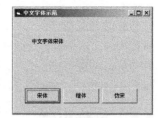

图 2-40

14. 编写四则运算计算器程序，要求能在程序中捕获到算术运算溢出引发的异常及浮点值为正无穷大、负无穷大或非数字时引发的错误。

第3章

面向对象程序设计初级篇

本章要点

◆ 窗体、标签、按钮及文本框简单控件对象
◆ 类的声明和对象的创建
◆ 类的方法
◆ 静态成员和静态类
◆ 类的继承和多态性
◆ 抽象类、密封类等特殊类
◆ 接口

3.1 窗体及简单控件对象

面向对象（Object Oriented Programming）技术是相对于传统的结构化程序设计而言，它是目前最流行的编程模式。在详细讨论 C#.NET 面向对象编程之前，我们先掌握窗体和一些 Windows 基本控件的使用。

窗体（Form）是用户进行人机对话的接口，是其他对象的载体，几乎所有的应用程序都是建立在窗体之上的。控件以图标形式放在"工具箱"中，每种控件都有与之对应的图标。在 C#.NET 中，窗体和控件是基于面向对象的方式设计和实现的，有自己的属性、方法和事件。 C#.NET 是事件驱动的编程机制，一般程序的设计过程都是通过设置控件的属性、调用控件的方法、对控件的事件进行响应而进行的。

3.1.1 窗体

图 3-1 是一个窗体的示意图。从图中可以看出，窗体由以下几部分组成。

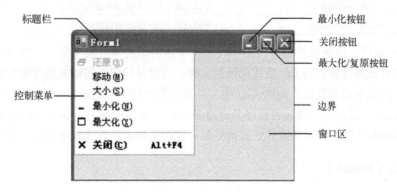

图 3-1　窗体的结构

- 标题栏：显示该窗体的标题，标题内容由窗体的 Text 属性决定。
- 控制菜单：提供最大、最小化窗体以及关闭窗体的方法。
- 边界：限定窗体的大小及位置，窗体可以有不同样式的边界。
- 窗口区：这是窗体的主要部分，应用程序的其他对象都被放在上面。

在 C#.NET 中，窗体就是控件，建立窗体后，设计窗体的第一步就是设置它的属性。窗体有许多属性可以影响窗体的外观和行为，熟悉这些窗体属性，最好的方法是实践。我们可以在"属性"窗口中更改窗体的一些属性，然后运行程序并观察修改的效果。下面我们简单介绍一下窗体中常用的一些属性。

（1）Name 属性：用来设置窗体的名称，在应用程序中可以通过该属性来引用窗体。

（2）Text 属性：用来返回或设置窗体的标题内容，它的值是一个字符串。通常标题的内容应能概括说明本窗体的内容或作用。

（3）WindowState 属性：返回或设置一个窗体窗口运行时的状态，其取值及含义见表 3-1。

表 3-1　窗体的 WindowState 属性的取值及含义

设　置　值	说　　明
Normal	窗体正常显示
Minimized	窗体以最小化形式显示
Maximized	窗体以最大化形式显示

（4）ControlBox/MaximizeBox/MinimizeBox 属性：Windows 操作系统以及各种应用软件的用户，都能熟练使用窗口的控制菜单来最大化、最小化或关闭窗体，以及移动、还原、调整窗口大小，所有这些功能操作起来都非常方便、直观。在 C#.NET 中，为窗体加上控制菜单的方法很简单，实际上这些控制菜单已经存在，用户只需设置相应的属性值来显示或隐藏它们，具体方法见表 3-2。

表 3-2　窗体中与控制菜单有关的属性及其用法

属性名称	说　　明
ControlBox	True：显示控制菜单。False：不显示控制菜单
MaximizeBox	True：显示最大化按钮。False：不显示最大化按钮
MinimizeBox	True：显示最小化按钮。False：不显示最小化按钮

（5）FormBorderStyle 属性：用来设置窗体的边框和标题栏的外观和行为，其取值及含义见表 3-3。

表 3-3　窗体的 FormBorderStyle 属性的取值及含义

设　置　值	说　　明
None	无边框，用户不能调整窗体的大小
FixedSingle	3D 边框，用户不能调整窗体的大小
Fixed3D	单线 3D 边框，用户不能调整窗体的大小
FixedDialog	对话框样式边框，用户不能调整窗体大小
Sizable	外观与 FixedSingle 相同，用户能够调整窗体大小
FixedToolWindow	单线边框，用户不能调整窗体的大小
SizableToolWindow	单线边框，用户能够调整窗体的大小

（6）Icon 属性：用来设置窗体的图标，这在窗体的系统菜单框中显示，以及当窗体最小化时显示。通常将该属性设置为.ico 格式的图标文件。在设计阶段，可以从属性窗口的属性列表中选择该属性，然后单击设置框右侧的 ... 按钮，从显示的"打开"对话框中选择一个图标文件。

（7）TopMost 属性：一些应用程序具有总是保持可见性的能力，甚至是在它们已经失去焦点的时候。TopMost 属性指示该窗体是否始终显示在此属性未设置为 true 的所有其他窗体之上。

3.1.2　标签（Label）

标签控件用于显示信息，通常为其他控件提供描述性文字。例如，在输入控件前使用标签控件，提示用户输入的内容。标签控件还可以显示系统运行的状态，程序可以实时地提供有用的信息，标签控件有助于提高软件的易用性。

在界面设计时，可以从工具箱拖动标签控件至窗体上，并将其放置在合适的位置（见图 3-2）。选中标签控件后，在属性窗口中，可以看到标签的设计时属性。可通过修改 Text 属性来改变标签显示的内容。也可以通过代码来完成对标签显示内容的修改，双击窗体的空白处，进入代码模式，系统会自动创建代码，在 Form1_Load 中添加如下所示语句。由于代码放在 Form1 窗体的 Load 事件方法中，当 Form1 窗体加载时，代码将被执行，标签控件将显示"欢迎!!!"。

图 3-2　工具箱选择标签控件

```csharp
private void Form1_Load(object sender, EventArgs e)
{
    label1.Text = "欢迎!!!!";
}
```

代码中 label1 是一个标签控件，同时也是一个具体的对象。在窗体上可以放置多个标签控件，并且可以通过修改每一个标签控件的 Text 属性，使其显示不同的内容。label1.Text 是面向对象程序中一种常见的访问方式，label1 是一个标签的名称，通过这个名称，可以获取或设置 Text 属性来获取或设置标签显示的内容。在属性框中还有很多其他属性，通过修改这些属性可以改变标签的呈现方式。

（1）AutoSize 属性：用来设置标签控件是否根据字号自动调整大小。取值为 True 时，控件将自动调整到刚好能容纳文本时的大小；为 False 时，控件的大小为设计时的大小。

（2）TextAlign 属性：用来确定标签中文本的位置。

（3）BorderStyle 属性：用来设置标签的边框样式，有三种选择：None 为无边框（默认），FixedSingle 为固定单边框，Fixed3D 为三维边框。

3.1.3　按钮

按钮控件在工具箱中的图标为 ab Button 。在 Windows 应用程序中，按钮控件是响应用户操作最常用的控件，我们通常用它来接收用户的操作信息，触发某些事件，处理一些事情。在程序设计中，命令按钮具有直观形象、操作方便、事件过程编程简单方便等特点。

如图 3-3 所示，在 Form1 窗体中添加按钮控件，然后双击按钮，进入按钮的 Click 事件方法。代码如下：

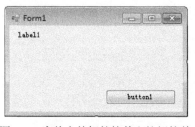

图 3-3　窗体上的标签控件和按钮控件

```csharp
private void button1_Click(object sender, EventArgs e)
{
    label1.Text = "单击了按钮";
}
```

当运行程序后，单击 button1 按钮，标签将显示"单击了按钮"。Click 事件是按钮的单击事件，当按钮被单击后将执行上面的代码。在 Click 事件方法中，修改了 label1 标签的 Text 属性，即标签显示的文本。

除此之外，按钮控件常用属性如下。

（1）FlatStyle 属性：用来设置当用户将鼠标移动到控件上并单击时该控件的外观，可以取 4 种值：Flat（按钮显示为平面），Popup（按钮以平面显示，直到鼠标指针移到该按钮为止，此时该按钮以三维效果显示），Standard（按钮以三维效果显示，默认），System（按钮的外观取决于用户的操作系统），如图 3-4 所示。

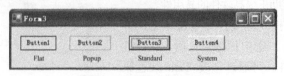 

（a）用 FlatStyle 属性设置按钮的外观　　　　　（b）含有图形和文本的按钮

图 3-4　Button 按钮的不同显示效果

（2）Image 属性：用来设置显示在按钮上的图形。

☞**注意**：当 FlatStyle 属性的值为 System 时，该属性无效。

图 3-4 中显示了含有图形和文本的按钮。

首先将图片添加到项目资源中，然后将资源赋予按钮控件的 Image 属性。在设计阶段，可以从属性窗口的属性列表中选择该属性，然后单击设置框右侧的 ⋯ 按钮，出现如图 3-5 所示的"选择资源"对话框，在其中可以选择已经添加的图像或者添加新的图像。

图 3-5　"选择资源"对话框

（3）ImageAlign 属性：用来设置将在控件上显示的图像的对齐方式。

（4）TextAlign 属性：用来设置将在控件上显示的文本的对齐方式。

3.1.4　文本框

文本框控件也是一种常用的控件，在工具箱中的图标为 ■ TextBox 。应用程序通过它接收用户输入的信息，同时也能呈现应用程序运行的结果。与标签控件相比，文本框控件可以接收用户输入的信息。用户可以输入任何字符，也可以限制只允许输入特定字符，如数字。文本框控件可以说是一个小型的文字编辑器，提供所有基本的文字处理功能，如文本的插入和选择，显示区放不下时文本的滚动，以及通过剪贴板与其他应用程序的文本交换。

文本框控件通过 Text 属性来获取或者设置文本框控件中的字符串内容。例如，修改按钮 Click 事件方法，当在 textbox1 文本框中输入"张三"，再单击 button1 按钮时，label1 标签将显示"你好张三"。

```
private void button1_Click(object sender, EventArgs e)
{
    label1.Text = "你好" + textBox1.Text;
}
```

1．文本框控件的常用属性

（1）MaxLength 属性：用来设置文本框控件中所能输入的最大字符数。当输入的字符数超过 MaxLength 设定的数值后，系统将不接收超出部分的字符，并发出嘟嘟声作为警报。该属性为 0 时，表示该文本框中所能输入的最大字符数不受限制。

（2）MultiLine 属性：用来设置文本框控件是否能以多行方式显示文本。该属性值为 True 时，允许多行显示；值为 False 时不允许多行显示，一旦文本超出文本框的宽度时，超出部分不显示。

（3）WordWrap 属性：用来指示多行文本框控件在输入的字符超过一行宽度时是否自动换

行。当文本框的 MultiLine 属性为 True，WordWrap 属性为 True 时，表示自动换到下一行的开始；值为 False 时，表示不自动换到下一行的开始。

（4）ReadOnly 属性：用来控制能否改变文本框控件中的文本。该属性值为 True 时为只读，为 False 时可读/写。

（5）ScrollBars 属性：指示对于多行文本框控件，将为此控件显示哪些滚动条。ScrollBars 属性生效的前提条件是 MultiLine 属性为 True。也就是说，当 MultiLine = True 时，ScrollBars 属性可设为 4 种情况：None（无滚动条），Horizontal（有水平滚动条），Vertical（有垂直滚动条），Both（有水平和垂直滚动条）。在 WordWrap 属性为 True 时，水平滚动条将不起作用。

（6）PasswordChar 属性：在某些情况下，需要文本框中不直接显示出输入的文本内容，例如密码输入时。PasswordChar 属性可将文本框显示的内容全部改为该属性所设置的值。例如，为该属性设置了字符"*"，那么无论用户输入什么，在文本框中都只用"*"号来显示，最终用户无法知道文本框中的确切内容，所以 PasswordChar 属性其实起到了隐藏口令的作用。

该属性不影响文本框的 Text 属性，虽然在文本框中显示的是 PasswordChar 属性所指定的密码符号，但 Text 属性仍能准确地返回用户在文本框中所输入的内容。如果将 PasswordChar 属性设置成长度为零的字符串（""），那么文本框将显示实际输入的文本。

（7）TextLength 属性：只读属性，用来获取控件中文本的长度。

（8）SelectionStart、SelectionLength 和 SelectionText 属性：SelectionStart 属性设置或返回文本框中选定文本的起始点（0 表示最左边），如果没有选中文本，则表示文本框中插入点所在的位置。SelectionLength 属性设置或返回文本框中选定的字符数。如果把 SelectionLength 属性设为大于 0 的值，那么在文本框中会选中并突出显示从当前插入点开始的 SelectionLength 个字符。SelectionText 属性用于设置或返回文本框中被选定的文本的内容。

2．文本框控件的常用方法

（1）AppendText 方法：向文本框的当前文本追加文本。

（2）Clear 方法：清除文本框控件所有文本。

（3）Focus 方法：把焦点移到文本框控件中。

（4）Copy 方法：将文本框中的当前选定文本复制到剪贴板上。

（5）Cut 方法：将文本框中的当前选定文本移动到剪贴板上。

（6）Paste 方法：用剪贴板上的内容替换文本框中的当前选定内容。

（7）Select 方法：用来在文本框中选择文本。

（8）SelectAll 方法：用来选定文本框中的所有文本。

（9）Undo 方法：撤销文本框中的上一个编辑操作。

3．文本框控件的常用事件

（1）Enter 事件：进入控件时触发 Enter 事件，通常可在 Enter 事件中初始化文本框。

（2）Leave 事件：在输入焦点离开控件时触发 Leave 事件，通常可用 Leave 事件检查文本框的内容。

例如：编写代码实现以下功能。若文本框（textBox1）获得焦点则背景变蓝，字体变白；若文本框（textBox1）失去焦点则背景变白，字体变黑。

```
private void textBox1_Enter(object sender, EventArgs e)
{
    textBox1.BackColor = Color.Blue;
    textBox1.ForeColor = Color.White;
}
private void textBox1_Leave(object sender, EventArgs e)
```

```
    {
        textBox1.BackColor = Color.White;
        textBox1.ForeColor = Color.Black;
    }
```

（3）TextChanged 事件：当用户在文本框中输入新内容或者在程序中将 Text 属性设置为新值时，触发 Text Changed 事件。对于该事件，用户每输入一个字符就引发一次。

（4）KeyPress/KeyDown/KeyUp 事件：当进行文本输入时，每一次键盘的输入，都会使文本框控件在接收键值的同时触发 KeyPress、KeyDown 或 KeyUp 事件，因此，通过这些事件来对某些特殊的键（例如回车键、Esc 键等）进行处理是非常有效的。

3.2 类和对象

类可以将属性、方法和事件组合在一起，从而创建新的自定义类型。如果类不是静态类，可以通过代码创建类的实例，类的实例称为对象。当对对象的引用都有效时，对象始终保存在内存中；当所有对对象的引用都无效时，CLR 将标记该对象供垃圾回收。如果类是静态类，在内存中只存在一个副本，代码只可以通过类自身而不是其实例来访问该类。

3.2.1 类的声明

要定义新类，首先要声明它，然后定义这个类的方法和属性等字段。在 C#中，类的声明使用 class 关键字声明，格式如下：

```
public class PokerCard          //扑克牌类
{
    //完成字段、属性、方法和事件
}
```

其中，class 关键字前是访问修饰符，用来控制类的可见性。在该例中，使用 public 关键字表示代码在任何地方都可以基于该类创建对象。类的名称在 class 关键字后面。大括号部分是类的主体，用于定义类的字段、属性、方法和事件。类具有的表示其数据和行为的成员主要如下。

（1）字段：类的成员变量，用来保存对象的数据。

（2）属性：是类中可以像字段一样访问的方法，可以为字段提供保护，避免字段在对象不知道的情况下被更改。

（3）方法：定义类可以执行的操作。可以接收提供输入数据的参数，可以通过参数返回输出数据，或不使用参数直接返回值。

（4）事件：是向其他对象提供有关事件发生通知的一种方式，它使用委托来定义和触发。

（5）构造函数：是在第一次创建对象时调用的方法，通常用于初始化对象的数据。

（6）析构函数：是当对象即将从内存中移除时由公共语言运行库执行引擎调用的方法，通常用来确保需要释放的所有资源都得到适当处理。

3.2.2 对象创建

类定义对象的类型，但不是对象本身；对象是基于类的具体实例。在 C#中，使用 new 关键字可以创建对象，代码如下：

```
PokerCard card1 = new PokerCard();
PokerCard card2 = new PokerCard();
```

card1 和 card2 是通过 PokerCard 类创建的两个对象的引用。类定义对象的类型，但它本身不是对象，对象是基于类的具体实体，也称为类的实例。通过使用 new 关键字创建对象后，返回的是对该对象的引用。上述语句创建了两个 PokerCard 对象实例，并将这两个实例的地址赋给了引用 card1 和 card2。

C#中，也可以在不创建对象的情况，声明一个指向类的引用，代码如下：

```
PokerCard card3;
```

这里，card3 是一个空引用 null。基于空引用的对象访问尝试都会失败，只有将一个有效的 PokerCard 对象的引用赋值给 card3 时，才可以完成对象访问。但是，可以在创建对象引用时将现有的对象赋值给它，代码如下。

```
PokerCard card4 = new PokerCard();
PokerCard card5 = card4;
```

上述代码创建了两个对象引用和一个对象，card4 和 card5 引用同一个对象，通过 card4 对对象的任何更改都会反映到 card5 所引用的对象中，因为它们本来就是引用的同一个对象。

3.2.3　类的数据成员

仅仅定义一个空的类，不能完成什么功能，需要通过添加成员来实现不同的功能。类的成员变量又称为字段，是直接在类中声明的变量。

如下代码创建了 PokerCard 类，包含两个字段：花色和大小。

```
public class PokerCard          //扑克牌类
{
    public string suit;         //花色
    public string rank;         //大小
}
```

suit 和 rank 是 PokerCard 类的两个字段，字段的声明与变量的声明类似都是类型加名称，字段类型前的 public 关键字表示该字段是个公共字段，可以在任何地方访问该字段。通过点访问符"."可以访问字段，例如：

```
PokerCard card = new PokerCard();
card.suit = "Heart";
string suit = card.suit;
```

C#语言和其他语言一样存在常量的概念。但是，常量并不能适用于所有的场合，有时需要一些这样的变量，它们的值在运行之前是未知的，但是一旦被赋值后其值就不会改变。C#为这种情况提供了一个关键字 readonly 定义只读字段，我们可以在初始化期间或者在构造函数中给只读字段赋值，之后这个变量的值就如同常量那样不能被修改。

3.2.4　可访问性

所有类和其成员都具有可访问性级别，用来控制类和其成员是否可以在不同的代码作用域中进行使用。通过指定访问修饰符来声明类和其成员的可访问性级别。表 3-4 总结了 C#中的访问修饰符。

表 3-4　C#中的访问修饰符

访问修饰符	说　　明
public	访问不受限制，同一程序集中的任何其他代码或引用该程序集的其他程序集都可以访问
private	同一类中的代码可以访问
protected	同一类或此类的派生类中的代码可以访问
internal	同一程序集中的任何代码都可以访问，但其他程序集中的代码不可以
protected internal	同一程序集中的任何代码，或此类的派生类中的代码可以访问

1．类的可访问性

类的访问修饰符只有 public 和 internal 两种。其中，用 public 修饰符声明的类可以被其他程序集中的代码访问；用 internal 修饰符声明的类只能被同一程序集中的代码访问。如果不指定访问修饰符，则默认为 internal。

2．类成员的可访问性

类成员的访问修饰符可以是五种访问修饰符中的任何一种。如果不指定访问修饰符，则默认为 private。

声明类型时，最重要的是查看该类型的可访问性是否必须至少与其所依赖的其他类型或成员具有同样的可访问性。例如，派生类的可访问性必须不大于基类；成员的可访问性至少是包含它的类。

3.2.5 属性

字段描述了类的数据，可以被直接获取和赋值，通常仅使用私有和受保护的字段。当这些数据的某些部分不允许外界访问，或允许外界只能读取不能修改时，仅仅使用字段来描述数据是不够的。为了增强类的安全性和灵活性，C#利用属性来读取、修改或计算字段的值。当需要向客户端代码公开数据时，可以通过属性间接地访问内部字段，这样可以有效过滤无效的输入值，提高数据的安全性和灵活性。

通常情况下，类的属性都是将一个类的私有字段变量通过封装变成公共属性，属性提供灵活的机制来读取、编写和计算某个私有字段的值。外部类可以像使用公共数据成员一样使用属性，从而提高程序的安全性及隐藏性。属性是类的封装性的体现。

属性通过"访问器"的特殊方法来访问数据，这些访问器指定它们的值被读取或写入时需要执行的语句。下面的代码定义公共属性 Suit 来访问私有字段 suit。

```
public class PokerCard              //扑克牌类 PokerCard
{
    //花色私有字段
    private string suit;
    //花色公共属性
    public string Suit
    {
        get
        {
            return suit;
        }
        set
        {
            suit = value;
        }
    }
}
```

代码中，suit 字段的可见性级别是私有的，只有类内部的代码才可以访问。外部代码要访问就必须使用提供的公共属性 Suit 来访问该字段，因此 Suit 属性的数据类型必须和 suit 字段的数据类型一致。Suit 属性由两个属性访问器方法构成，分别是 get 属性访问器和 set 属性访问器。如果不实现 set 属性访问器，该属性是一个只读属性。反之如果不实现 get 属性访问器，该属性是一个只写属性。

1．get 属性访问器

get 属性访问器用于返回字段值，或用于计算并返回字段值。其类似于一个无参数的、返回类型是属性类型的方法，get 访问器必须以 return 或 throw 语句终止。

上述代码中的 get 方法类似于 string get() {}，当客户端执行以下代码时调用 get 访问器。

```
PokerCard card=new PokerCard();
string mySuit = card.Suit;
```

2．set 属性访问器

set 属性访问器用来设置字段的值，类似于返回类型为 void 的方法。尽管表面上看 set 方法没有参数，实际上它内部有一个隐式的参数值 value，此参数的类型是属性的类型，用来保存外部程序希望赋值给私有字段的值。

上述代码中的 set 方法类似于 void set (string value) {}。当客户端执行以下代码时调用 set 访问器，value 在 set 属性访问器中是一个固定关键字，代表赋值表达式中赋值符号右端的值，此时的 value 值为 "Heart"。

```
PokerCard card=new PokerCard();
card.Suit = "Heart";
```

3．自定义属性访问器

由于属性访问器实际也是方法，因此可以自定义属性访问器方法。假设希望花色限制只允许指定字符串 "Diamond"、"Club"、"Heart" 和 "Spade"，如果不是这四个字符串可以抛出异常，可以通过如下代码定义 Suit 属性。

```
public string Suit            //花色公共属性
{
    set
    {
        if (value == "Diamond" ||
            value == "Club" ||
            value == "Heart" ||
            value == "Spade")
        {
            suit = value;
        }
        else
        {
            throw new ArgumentException("花色不正确！");
        }
    }
    get
    {
        return suit;
    }
}
```

限制属性的输入范围，还可以通过枚举来实现，代码如下：

```
public enum SuitType
{
    Diamond,      //方块
    Club,         //梅花
    Heart,        //红心
    Spade,        //黑桃
```

```
}
public class PokerCard
{
    //花色私有字段
    private SuitType suit;
    //花色公共属性
    public SuitType Suit
    {
        get
        {
            return suit;
        }
        set
        {
            suit = value;
        }
    }
}
```

4．自动实现属性

在 C# 3.0 和更高版本中，当属性的访问器中不需要其他逻辑时，自动实现的属性可使属性声明更加简洁。例如，通过下面的代码声明属性时，编译器将创建一个私有的匿名支持字段，该字段只能通过属性的 get 和 set 访问器进行访问。

```
public class PokerCard
{
    public SuitType Suit { get; set; }
}
```

这里 get 属性访问器和 set 属性访问器中并没有具体的代码，系统将创建一个私有的匿名字段。客户端代码可以在对象创建后设置或更改对象的属性，如果希望外部代码不能更改属性，但是内部代码可以更改属性时，可以将 set 访问器声明为 private，例如：

```
public class PokerCard
{
    public SuitType Suit { get; private set; }
}
```

3.2.6　对象的生命周期和构造函数

每个对象都有一个明确定义的生命周期，除了"正在使用"的正常状态之外，还有如下两个重要的阶段。

- 构造阶段：对象最初进行实例化的时期。这个初始化过程称为构造阶段，由构造函数完成。
- 析构阶段：在删除一个对象时，常常需要执行一些清理工作，例如释放内存，这由析构函数完成。

任何时候，只要创建对象，就会调用类的构造函数。类中可以有多个接收不同参数的构造函数。构造函数可以在初始化对象的过程中，完成一些额外的工作。例如，初始化对象存储的数据。构造函数就是用于初始化数据的函数。

所有的类至少包含一个构造函数。如果声明类的时候未声明构造函数，系统会创建一个默认的构造函数，该函数没有参数，与类同名，并使用默认值初始化对象字段。

例如，PokerCard 类的代码如下。

```
public enum SuitType        //花色枚举属性
{
    Diamond = 1,            //方块
    Club,                   //梅花
```

```
        Heart,                      //红心
        Spade,                      //黑桃
    }
public enum RankType        //牌大小枚举类型
    {
        Ace = 1,
        Deuce,
        Three,
        Four,
        Five,
        Six,
        Seven,
        Eight,
        Nine,
        Ten,
        Jack,
        Queen,
        King,
    }
class PokerCard
    {
        public SuitType Suit { get; set; }              //花色属性
        public RankType Rank { get; set; }          //大小属性
    }
```

PokerCard 类包含两个自动属性 Suit 和 Rank，分别表示一张扑克牌的花色和大小。当使用以下语句所示的 new 关键字实例化一个对象，并且不为 new 提供任何参数时，就会调用默认的构造函数。

```
PokerCard card = new PokerCard( );
```

默认构造函数将使用默认值来初始化对象字段。例如，int 类型初始化为 0。但是在 PokerCard 类中，由于花色和大小属性是枚举型，并设置了初值从 1 开始，而默认构造函数会将其设置为 0，通过这种方法创建的 PokerCard 对象的属性值不正确。所以这里创建的 card 对象必须用代码来设置花色和大小属性。

用户可以通过定义自己的构造函数来设置属性的初始值。构造函数在声明时可以声明可见性。声明为 public 后，外部代码就可以通过这个构造函数实例化 PokerCard 对象。构造函数不能指定返回类型，包括 void，构造函数名称必须与类名相同。如果有参数传递，可以定义一个参数列表。

下面的代码在 PokerCard 类中实现了一个自定义构造函数，得到一张随机的扑克牌对象。Random 是系统提供生成随机数的类，Next( )方法可以返回指定两个值之间的随机数，然后通过强制类型转换将随机生成的整数转化为花色枚举类型和大小枚举类型。

```
public PokerCard( )
    {
        Random rnd = new Random( );
        this.Suit = (SuitType)rnd.Next(1, 4);
        this.Rank = (RankType)rnd.Next(1, 13);
    }
```

在实现了 PokerCard 扑克类后，我们在 Form 上添加 Label 控件和 Button 控件，将 Label 控件的 Name 属性设置为 LblMsg，将 Button 控件的 Name 属性设置为 BtnShow。在设计状态下双击 BtnShow 控件，在生成的 Click 事件方法中添加如下代码。

```
private void BtnShow_Click(object sender, EventArgs e)
    {
        PokerCard card = new PokerCard( );
        LblMsg.Text = card.Suit + " " + card.Rank;
```

```
}
```

运行程序，每次单击 BtnShow 按钮时，在 LblMsg 标签上将显示一张随机的扑克的值。

构造函数除了使用无参数方式，也可以指定参数。下面的代码创建了包含两个参数的构造函数，分别来初始化扑克牌花色和大小属性的值。

```
public PokerCard(SuitType suit, RankType rank)
{
    this.Suit = suit;
    this.Rank = rank;
}
```

这样在实例化扑克牌对象时可以指定扑克牌的花色和的大小。例如，以下代码将创建一个黑桃 A 的扑克牌对象。

```
PokerCard card = new PokerCard(SuitType.Spade, RankType.Ace);
```

这两个构造函数可以在 PokerCard 类中共存，当代码实例化对象未指定参数时，将调用 public PokerCard( )构造函数，得到一个随机花色和大小的扑克牌对象；当指定参数时，将调用 public PokerCard(SuitType suit, RankType rank)构造函数，得到一个指定花色和大小的扑克牌对象。多个构造函数共存，由对象实例化时指定不同参数的方式来调用不同构造函数的方式，称为构造函数重载。

3.2.7 析构函数

1．C#垃圾回收简介

在 C++中，和创建构造函数相对应，程序员在一个对象离开它的生存期时，也往往需要定义一个析构函数来进行内存的回收和清理工作，析构函数在对象销毁时调用。

在 C#语言中，依然支持析构函数。然而和 C++相比，情况有了很大不同。在 C#语言中，我们在程序中创建的大多数对象不需要定义显式的析构函数，程序员也无法控制何时调用析构函数，对这些对象的回收工作由垃圾收集器在后台自动周期性地进行。垃圾回收器检查是否存在应用程序不再使用的对象，如果垃圾回收器认为某个对象可以被析构，则调用析构函数（如果有）回收用来存储该对象的内存，应用程序退出时也会调用析构函数。

.NET Framework 的垃圾收集器类提供了 GC.Collect 方法。通过调用这个方法，程序员可以强制垃圾收集器进行垃圾回收，但大多数情况应避免这样做，避免导致性能问题。

2．析构函数

尽管在 C#语言中，由.NET Framework 提供的垃圾收集器可以自动进行内存的回收工作，C#中依然提供了析构函数给程序员使用。当应用程序封装了非托管资源（如文件、网络连接、数据库连接）时，应当使用析构函数来释放这些资源。

析构函数与包含它的类同名，但在类名前面加了一个~符号。析构函数没有返回类型，不带参数，也没有访问修饰符。例如，我们可以用如下代码来声明一个析构函数。

```
~PokerCard()
{
    //完成对非托管资源的清除工作
}
```

在 C#中定义的析构函数，实际上在编译的过程中会自动被编译器隐含转化成重载 Finalize 方法，并在整个 Finalize 方法中调用基类的 Finalize 方法。

```
protected override void Finalize()
{
```

```
try
{
    //完成对非托管资源的清除工作
}
finally
{
    base.Finalize();
}
}
```

3.3　类的方法

　　类具有表示数据的成员字段和属性，也具有表示行为的成员方法。方法定义类可以执行的操作。方法可以接收提供输入数据的参数，并且可以通过参数返回输出数据。方法还可以不使用参数而直接返回值，或者不返回值。

3.3.1　方法的声明和调用

1．方法的声明

　　由于 C#是面向对象的语言，因此所有的代码必须位于类体内，在类的外部不能创建方法。在类中声明方法时，可以指定方法的访问级别、可选修饰符、返回值、名称和参数。方法参数括在括号中，并用逗号隔开。空括号表示方法不需要参数。

　　下面代码为 PokerCard 类添加 GetShowString 方法，用于获取表示扑克牌对象的花色和大小的字符串。

```
public string GetShowString( )
{
    return this.Suit + " " + this.Rank;
}
```

　　public 关键字是访问修饰符，用来表示方法的访问级别。

　　方法可以向调用方返回值。如果方法有返回值，那么方法可以使用 return 关键字来返回值，语句中 return 关键字的后面是与返回类型匹配的值。return 语句停止方法的执行并将值返回给调用方。如果方法不返回任何值，则返回类型为 void，方法中可使用没有值的 return 语句停止方法的执行。如果没有 return 关键字，方法执行到代码块末尾时即会停止。具有非 void 返回类型的方法才能使用 return 关键字返回值。以上方法的返回类型是 string，返回当前对象的花色和大小。

　　方法的形参是可选的，可以一个参数不带，也可以带多个参数，多个参数之间用逗号隔开。即使不带参数也要在方法名后加一对圆括号。区别方法和属性的方法就是看它们的后面是否带有圆括号。以上方法不带参数。

2．方法的调用

　　通过对象访问方法类似于访问属性，利用点访问符"."。在对象名称之后，依次是点、方法名和括号。调用代码在调用方法时，将参数在括号内列出，并用逗号隔开。例如，可以如下的方式调用 GetShowString 方法。

```
private void BtnShow_Click(object sender, EventArgs e)
{
    PokerCard card = new PokerCard( );
    LblMsg.Text = card.GetShowString( );
}
```

3.3.2 方法的重载

在程序设计过程中，有时方法完成的是相近的功能，但参数的个数、类型或顺序不同。此时由于有些程序不允许出现相同名称的方法，不得不重新命名方法，这样就大大降低了程序的可读性和效率。C#语言允许在类中创建同名的方法，但是这些方法需要有不同的参数列表，这称为方法的重载。在调用方法时，编译器会根据不同的方法签名调用相应的方法。

方法签名由方法名和参数列表（参数的个数、类型和顺序）构成，只要方法签名不同，就可以在一个类内定义具有相同名称的多个方法。C#类库中存在大量的重载方法，如 String 类的 Format 方法有 5 个重载的版本。方法重载可以提高程序的可读性和执行效率。

例如，在 PokerCard 类中添加第二个 GetShowString 方法，可以格式化显示的内容，代码如下：

```
public string GetShowString(string format)
{
    return string.Format(format, this.Suit, this.Rank);
}
```

这里，GetShowString 方法包含一个字符串参数，将使用 string 的 Format 方法格式化内容。当外部代码访问 PokerCard 对象的 GetShowString 方法时，可以有两种选择，一个是没有参数的，一个是有参数的。系统会根据是否指定参数来执行对应的方法。

假设执行以下代码，编译器将执行带有一个参数的 GetShowString 方法，在标签上显示类似内容：Suit is Club, Rank is Queen。如果在调用 GetShowString 方法时未指定参数，将调用没有参数的 GetShowString 方法。

```
LblMsg.Text = card.GetShowString("Suit is {0}, Rank is {1}");
```

方法的重载需要满足参数列表不同，不同可以是参数的类型不同和参数的个数不同，但仅仅是参数名称不同是不能实现重载的，因为在调用对象方法时并不指定形参名称。同样，仅仅是方法的返回类型不同也是不能实现重载的。对于重载方法，程序员应尽可能保证让它们执行相近的功能，否则就失去了重载的意义。

3.4 静态成员和静态类

字段、属性和方法等成员是对象实例所拥有的。一般来说，即使程序员已经完成了对一个类的成员变量和成员方法的定义，如果它还没有利用 new 关键字创建一个该类的实例，那么程序员并不能访问该类的成员变量和方法。当从一个类创建多个实例后，每个实例都将是一个独立的副本，每个对象的数据成员保存在独立的内存空间中，这样的成员称为实例成员。此外，还有一种成员对于一个类，只有一个副本，而无论一个类创建了多少个实例。这样的成员称为静态成员，也称为共享成员。

3.4.1 静态成员

使用 static 关键字可以定义成员为静态成员。静态成员属于类，不属于类的对象。静态数据成员和属性的特点是，不管创建了多少个类的实例，类中的一个静态数据成员和属性只占据一个存储空间，不同的实例将共享这一存储空间，即在一个实例中修改了静态数据成员和属性的值，其他实例引用时都将是改变后的值。

例如，以下代码为 PokerCard 类添加静态属性 SuitCount 和 RankCount。

```
public static int SuitCount
{
```

```
        get
        {
            return 4;
        }
}
public static int RankCount
{
        get
        {
            return 13;
        }
}
```

即使没有创建类的实例，也可以调用该类中的静态成员。始终通过类名而不是实例名称访问静态成员。无论对一个类创建多少个实例，它的静态成员都只有一个副本。例如：

```
int rankCount = PokerCard.RankCount;
int suitCount = PokerCard.SuitCount;
```

静态成员在第一次访问之前，调用静态构造函数进行初始化。静态方法和属性不能访问非静态字段，静态方法可以被重载，但是不可以被重写。C#.NET 不支持静态局部变量，即方法范围内声明的变量。

3.4.2　静态构造函数

静态构造函数用于初始化任何静态数据，或用于执行仅需一次的特定操作。在创建第一个实例或引用任何静态成员之前，将自动调用静态构造函数。例如：

```
class SimpleClass
{
    //Static variable that must be initialized at run time.
    static readonly long baseline;
    //Static constructor is called at most one time, before any
    //instance constructor is invoked or member is accessed.
    static SimpleClass()
    {
        baseline = DateTime.Now.Ticks;
    }
}
```

一个类只能有一个静态构造函数，该构造函数不能有访问修饰符（如 public、private 等），也不能带有任何参数，不能直接调用静态构造函数；在程序中，用户无法控制何时执行静态构造函数。系统在创建第一个实例或引用任何静态成员之前，将自动调用静态构造函数来初始化类。在这两种情况，首先会调用静态构造函数，然后才会调用非静态构造函数，无论创建了多少个实例，静态构造函数都只会调用一次。通常，也将非静态构造函数称为实例构造函数。

3.4.3　静态类

前面介绍的类都可以实例化成对象。在 C#中，还有一种类不可以实例化，不能使用 new 关键字创建实例。这种不能有实例的类称为静态类。静态类仅包含静态成员。因为没有实例变量，所以直接使用类名访问静态类的成员。

对于只对输入参数进行运算而不获取或设置任何内部实例字段的方法集，静态类可以方便地用作这些方法集的容器。例如，在.NET Framework 类库中，静态类 System.Math 包含的方法只执行数学运算，而无须存储或检索特定 Math 类实例特有的数据。程序中通过指定类名称和方法名称来应用类成员。在日常的开发中，经常将一些常用方法设置成静态方法，封装在静态类中。

3.5 类的继承和多态性

继承和多态是面向对象程序设计的两个必不可少的特性。继承表示基类和派生类具有相似性，派生类可以继承已有基类的行为和特征，也可以增加新行为和特征或者修改已有的行为和特征。多态性是指同一个属性或方法在基类和各个派生类中可以具有不同的含义。

3.5.1 继承

继承是面向对象程序设计中最重要的特性之一。一个类可以被另一个类继承，这个类就拥有它继承的类的所有成员。被继承的类被称为基类，也称为父类。继承基类的类被称为派生类，也称为子类。在 C#中一个派生类只能有一个基类。继承是可以传递的，如果 ClassA 派生出 ClassB，ClassB 派生出 ClassC，则 ClassC 会继承 ClassB 和 ClassA 中声明的成员。

派生类的声明通过在派生类名后面追加冒号和基类名称实现。在 C#中，所有类的基类是 System.Object。一个基类的所有受保护（protected）和公共（public）的成员，派生类都可以访问，而私有（private）成员无法访问。派生类将继承基类除了构造函数和析构函数以外的所有成员。因此派生类可以重用基类中的成员而无需重新实现，同时，可以在派生类中添加更多的成员，派生类以这种方式扩展基类的功能。

现实生活中，体现继承关系的例子很多。例如：形状就是一个基类，而圆就是形状的派生类。以下通过实现形状类和圆类的程序代码说明派生类如何继承基类。

（1）定义基类 Shape 类。Shape 类表示一个形状，包含属性 X 和 Y，Draw 方法输出一行字符串表示形状绘制的位置。代码如下：

```
class Shape         //定义形状类
{
    public int X { set; get; }
    public int Y { set; get; }
    public void Draw()
    {
        Console.WriteLine("在位置(" + X + ", " + Y + ")绘制了形状");
    }
}
```

（2）定义派生类 Circle 类，从 Shape 类中继承。":" 操作符的左边是派生类名，右边是基类。Circle 类继承了 Shape 类，Shape 类派生了 Circle 类。Circle 类中添加了一个 Radius 属性，由于 Circle 类继承了 Shape 类的成员，所以 Circle 类包含三个属性：X、Y 和 Radius。

```
class Circle : Shape
{
    public int Radius { set; get; }
}
```

（3）在 Main 方法中输入以下代码。

```
static void Main(string[] args)
{
    Shape shape = new Shape();
    shape.X = 100;
    shape.Y = 100;
    shape.Draw();
    Circle circle = new Circle();
    circle.X = 200;
    circle.Y = 200;
    circle.Draw();
    Console.ReadKey();
```

```
}
```

运行程序，在输出窗口中输出以下信息。

```
在位置(100, 100)绘制了形状
在位置(200, 200)绘制了形状
```

此例中，circle 对象虽然是从 Circle 类实例化而来的，但是 Circle 类继承了 Shape 类，所以通过 circle 对象也可以调用 Draw 成员方法。

派生类中可以定义与从基类继承来的成员同名的成员，这样派生类中的成员就覆盖了基类的成员。C#中可以使用 new 关键字来声明用于覆盖基类成员的成员，如果不使用 new 关键字，编译器将提示进行隐藏。

前面代码中的 Circle 类如果需要拥有自己的 Draw 成员方法，可以通过 new 关键字为 Circle 类添加 Draw 方法，代码如下。

```
public new void Draw()
{
    Console.WriteLine("在位置(" + X + "," + Y + ")绘制圆，半径为" + Radius);
}
```

在 Main 方法中输入以下代码。

```
static void Main(string[] args)
{
    Circle circle = new Circle();
    circle.X = 200;
    circle.Y = 200;
    circle.Radius = 10;
    circle.Draw();
    Console.ReadKey();
}
```

运行程序，将在输出窗口中输出以下信息：

```
在位置(200, 200)绘制圆，半径为 10
```

3.5.2　类的多态性

在面向对象程序设计中，多态性表现为派生类在继承基类后，其从基类继承而来的成员可以表示与基类相应成员不同的含义。除了 3.3.2 节中介绍的方法的重载之外，C#还可以通过关键字 virtual 在基类中定义虚方法，用 override 关键字在派生类重载虚方法实现多态。

方法的重载是指类中有两个以上同名的方法，方法的签名（参数的个数、类型和顺序）不同。而虚方法的重载要求在派生类中重载方法时，方法名、参数表中参数的个数、类型、顺序以及返回值类型都必须与基类中的虚方法一致。以下仍然通过 Shape 类和 Circle 类的代码来说明如何实现多态。

（1）将 Shape 类中的 Draw 方法，通过 virtual 关键字改为虚方法。

```
public virtual void Draw()
{
    Console.WriteLine("在位置(" + X + ", " + Y + ")绘制了形状");
}
```

（2）在 Circle 类中通过 override 关键字重写基类的虚方法 Draw。

```
public override void Draw()
{
    Console.WriteLine("在位置(" + X + "," + Y + ")绘制了圆，半径为" + Radius);
}
```

（3）在 Main 方法中输入以下代码。

```
static void Main(string[] args)
{
    Shape shape = new Shape();
    Circle circle = new Circle();
    circle.X = 200;
    circle.Y = 200;
    circle.Radius = 50;
    shape.Draw();
    shape = circle;
    shape.Draw();
    Console.ReadKey();
}
```

代码中分别创建了类 Shape 和 Circle 的实例 shape 和 circle，先调用类 Shape 的方法 Draw，然后把 shape 指向 circle（由于派生类对象可以赋值于基类对象，反之就不可以。因此当执行 shape = circle;代码时并不会产生错误），再调用 Draw 方法，此时实际上调用了类 Circle 被重载的方法 Draw。运行结果如下。

```
在位置（0，0）绘制了形状
在位置（200，200）绘制了圆，半径为 50
```

虚方法并不是不可以被调用。当运行时类型是基类类型时，仍然能调用基类中定义的虚方法。此例在执行过程中，shape 先后指向了不同类的实例，程序运行时根据 shape 指向的实例来决定执行的动作，体现了类的多态性。

如果程序中不使用 virtual 和 override 实现方法的多态性，采用 3.5.1 节中的代码，看其运行结果。

（1）Shape 类中的 Draw 方法，不是虚方法。

```
public void Draw()
{
    Console.WriteLine("在位置(" + X + "," + Y + ")绘制了形状");
}
```

（2）通过 new 关键字为 Circle 类添加 Draw 方法，此时不再是对基类同名方法的重载。

```
public new void Draw()
{
    Console.WriteLine("在位置(" + X + "," + Y + ")绘制圆，半径为" + Radius);
}
```

（3）在 Main 方法中输入以下代码。

```
static void Main(string[] args)
{
    Shape shape = new Shape();
    Circle circle = new Circle();
    circle.X = 200;
    circle.Y = 200;
    circle.Radius = 50;
    shape.Draw();
    shape = circle;
    shape.Draw();
    Console.ReadKey();
}
```

运行结果：

```
在位置（0，0）绘制了形状
在位置（200，200）绘制了形状
```

这段代码和前面代码不同在于：Shape 类和 Circle 类中的 Draw 方法没有用 virtual 和 override 加以声明。shape 为 Shape 类对象，circle 为 Circle 类对象，当执行 shape = circle; shape.Draw();代码后，虽然 circle 运行时是一个 Circle 对象，但是这里并不会因为 circle 是 Circle

对象而调用 Circle 类中的 Draw 成员方法。

【例 3-1】图 3-6 演示一个 WorkItem 类，该类表示某业务流程中的一个工作项。和所有类一样，该类派生自 System.Object 并继承其所有方法。WorkItem 类添加了自己的五个成员，其中包括一个构造函数，因为构造函数不能继承。ChangeRequest 类继承自 WorkItem，表示特定种类的工作项。ChangeRequest 类包含从 WorkItem 和 Object 继承的成员以及自己添加的两个成员，分别是自己的构造函数和属性 originalItemID。利用属性 originalItemID，可将 ChangeRequest 实例与更改请求将应用到的原始 WorkItem 相关联。

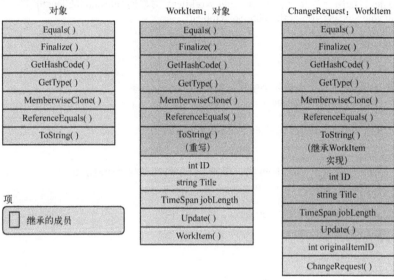

图 3-6　类的继承关系

下面的代码演示了如何以 C#表示图 3-6 所示的类关系。代码中还演示了 WorkItem 如何重写虚方法 Object.ToString，以及 ChangeRequest 类如何继承该方法的 WorkItem 实现。

```
//WorkItem 类派生于 Object 类.
public class WorkItem
{
    //静态字段 currentID 存放最近创建的 WorkItem 实例的 job ID
    private static int currentID;

    //类的属性
    protected int ID { get; set; }
    protected string Title { get; set; }
    protected string Description { get; set; }
    protected TimeSpan jobLength { get; set; }
    //默认的构造函数.
    public WorkItem()
    {
        ID = 0;
        Title = "Default title";
        Description = "Default description.";
        jobLength = new TimeSpan();
    }
    //带有三个参数的实例构造函数
    public WorkItem(string title, string desc, TimeSpan joblen)
    {
        this.ID = GetNextID();
        this.Title = title;
        this.Description = desc;
        this.jobLength = joblen;
    }
```

```
        //静态构造函数，用于初始化静态成员 currentID.
        static WorkItem()
        {
            currentID = 0;
        }
        protected int GetNextID()
        {
            //currentID 是一个静态字段。每创建一个 WorkItem 实例，其值加 1
            return ++currentID;
        }
        //Update 方法用于修改一个已经存在的 WorkItem 对象的 title and job length
        public void Update(string title, TimeSpan joblen)
        {
            this.Title = title;
            this.jobLength = joblen;
        }
        //通过 override 关键字在派生类中重写基类的 ToString 方法
        public override string ToString()
        {
            return String.Format("{0} - {1}", this.ID, this.Title);
        }
}
//ChangeRequest 类派生于 WorkItem 类，增加了一个属性和两个构造函数
public class ChangeRequest : WorkItem
{
        protected int originalItemID { get; set; }    //增加的属性

        //默认构造函数
        public ChangeRequest() { }

        //带有四个参数的实例构造函数
        public ChangeRequest(string title, string desc, TimeSpan jobLen,
                            int originalID)
        {
            //以下属性和 GetNexID 方法继承于 WorkItem 类
            this.ID = GetNextID();
            this.Title = title;
            this.Description = desc;
            this.jobLength = jobLen;
            //属性 originalItemId 是类 ChangeRequest 的数据成员，但不是 WorkItem 类的
            this.originalItemID = originalID;
        }
}
```

3.5.3 派生类的构造函数及 base 关键字

对象在创建时调用构造函数，派生类对象在创建时，将从最远的基类逐层开始调用构造函数，最后调用自身的构造函数。在析构对象时，先调用自身的析构函数，然后由近至远地调用基类的构造函数。

C#提供了 base 关键字用于在派生类中访问基类的成员，包括调用基类上已被其他方法重写的方法；指定创建派生类实例时应调用的基类构造函数。

例如，分别在 Shape 类和 Circle 类中添加构造函数，代码如下。

```
class Shape    //定义形状类
{
    public int X { set; get; }
    public int Y { set; get; }
    public Shape()
    {
```

```
            this.X = 0;
            this.Y = 0;
        }
        public Shape(int x, int y)
        {
            this.X=x;
            this.Y=y;
        }
    }
    class Circle : Shape
    {
        public int Radius { set; get; }
        public Circle(int x, int y, int r)
        {
            this.X = x;
            this.Y = y;
            this.Radius = r;
        }
    }
```

Shape 类有两个构造函数，一个没有参数，初始化 X 和 Y 属性为 0；一个包含两个参数，初始化 X 和 Y 两个属性。Circle 类构造函数包含三个参数，分别初始化 X、Y 和 Radius 三个属性。

在实现派生类构造函数时，可以使用基类的构造函数来初始化数据。例如，在以上代码中，可以将 Circle 类构造函数中的 x、y 参数传递给基类 Shape 类构造函数进行数据初始化，r 参数在派生类构造函数中完成数据初始化，修改后的代码如下。

```
    class Circle : Shape
    {
        public int Radius { set; get; }
        public Circle(int x, int y, int r)
                : base(x, y)
        {
            this.Radius = r;
        }
    }
```

派生类的构造函数如果没有指明使用基类的哪个构造函数时，将调用基类中的无参构造函数或默认构造函数。但是，如果基类中只有没有参数的构造函数，必须通过显示的方式明确派生类构造函数使用基类中的哪个构造函数。

3.5.4　抽象类和抽象成员

有时为了表述一种抽象的概念，我们需要定义一个和具体事物不相关的基类。为此，C#中引入了抽象类的概念。抽象类用 abstract 关键字进行声明。抽象类具有以下特点：

● 抽象类只能作为其派生类的一个基类，不能被实例化；
● 抽象类中可以包含抽象成员，但不是必需的；
● 从抽象类派生的非抽象类必须通过重载实现它所继承来的所有抽象成员。

例如，前面定义的 Shape 类，并不能表示哪一种具体的形状，就可以将其定义为抽象类。通过在类定义前使用 abstract 关键字，可以将类声明为抽象类。代码格式如下。

```
    abstract class Shape
    {
        //类成员
    }
```

抽象类不能被实例化，其用途是被其他类继承。在抽象类中，可以通过 abstract 关键字定义抽象方法。抽象方法实际上就是虚方法，不提供方法的具体实现，只给出方法原型，因此在抽象方法定义后面直接加分号结束。

以下代码将 Shape 类中的 Draw 方法定义为虚方法。

```
abstract class Shape
{
    public int X { set; get; }
    public int Y { set; get; }
    public Shape()
    {
        this.X = 0;
        this.Y = 0;
    }
    public Shape(int x, int y)
    {
        this.X=x;
        this.Y=y;
    }
    public abstract void Draw();
}
```

抽象类的派生类必须实现抽象类中所有的抽象方法后才可以被实例化，否则派生类也只能定义为抽象类。包含了抽象方法的类必须被声明为抽象类。派生类可以通过重写的方式实现基类中的抽象方法，例如：

```
class Circle : Shape
{
    public int Radius { set; get; }
    public Circle(int x, int y, int r)
    {
        this.X = x;
        this.Y = y;
        this.Radius = r;
    }
    public override void Draw()
    {
        Console.WriteLine("在位置(" + X + "," + Y + ")绘制了圆，半径为" + Radius);
    }
}
```

抽象属性声明不提供属性访问器的实现，它只声明该类支持属性，而将访问器实现留给派生类。例如，以下代码为 Shape 类添加抽象属性 Area，获取形状的面积；Shape 类的派生类 Circle 实现了这个抽象属性。

```
abstract class Shape
{
    ......
    public abstract double Area
    {
        get;
    }
}
```

在 Circle 类中实现 Area 属性。

```
class Circle : Shape
{
    ......
    public override double Area
    {
        get { return Math.PI * Radius * Radius; }
    }
}
```

3.5.5　密封类、密封成员

通过在类定义前放置关键字 sealed，可以将类声明为密封类。密封类是不能被继承的类，因此密封类不能作为基类，也不能是抽象类。由于密封类不用作基类，所以在运行时优化可以略微提高密封成员的调用速度。

在对基类的虚成员进行重写的派生类上，可以将方法、属性等成员声明为密封成员。使用密封成员的目的是使成员所在类的派生类无法重载该成员。方法是在类成员声明中将 sealed 关键字置于 override 关键字的前面。例如：

```
class Circle : Shape
{
    ……
    public sealed override void Draw()
    {
        ……
    }
}
```

3.5.6　接口

接口是对一组可以实现的功能的定义，它就像一个模板，在其中定义了对象必须实现的成员，通过其实现类来实现。接口不能直接实例化，不能包含成员的任何代码，只定义成员本身。接口成员的具体代码由实现接口的类提供。通过 interface 关键字定义接口。

下面定义一个 Drawable 接口，包含一个 Draw 成员方法。Draw 方法没有实现，只定义形式。

```
interface Drawable
{
    void Draw();
}
```

然后在 Circle 类实现 Drawable 接口，即实现接口中声明的所有方法。

```
class Circle : Drawable
{
    public void Draw()
    {
        ……
    }
}
```

接口和抽象类在很多方面类似，接口和抽象类都可以包含需要实现的成员，两者都不能直接实例化，但是其实现类可以被实例化，并可以赋值给接口和抽象类的类型定义的变量，访问其成员。

两种的区别是：派生类只能继承一个基类，即只能直接继承一个抽象类，但是类可以实现多个接口。抽象类可以拥有抽象成员，也可以拥有非抽象成员；但是接口的成员没有代码实现，接口成员必须通过其实现类来实现。抽象类的成员可以是私有的、受保护的、内部的和公共的，接口类的成员是公共的。

接口不能包含常数、字段、运算符、实例构造函数、析构函数或类型。接口成员自动是公共的，因此，它们不会包含任何访问修饰符，成员也不能是静态的。若要实现接口的成员，实现的接口的成员也必须是公共的，非静态的，并且名称和构成必须和接口成员相同。

3.6　本章小结

本章描述了面向对象技术。首先介绍了窗体及 Windows 程序设计中一些简单控件对象；然后介绍了面向对象的基础知识，例如术语"对象"的含义，对象如何成为类的实例；接着讨论对象的各种成员，如字段、属性和方法，这些成员的可访问性都有一定的限制；然后解释了公共和私有成员、静态和实例成员的区别，说明使用静态类的原因；接下来简要介绍了对象的生命周期，包括如何使用构造函数创建对象，如何使用析构函数删除对象；最后论述了继承和多态性，讨论了如何在C#中定义类和接口。

 习题 3

1. 面向对象编程与面向过程编程的区别有哪些？

2. 简述类与对象的关系及创建方法，构造函数和析构函数的特点。

3. 简述面向对象的三个重要特点。

4. 创建一个类，使其具有 public、private 和 protected 的成员变量和成员方法。创建该类的一个对象，看看当试图存取所有的类成员时会得到什么编译信息。

5. 设计一个有多个构造函数的类，并利用每个构造函数分别实例化一个该类的对象。

6. 什么是类的继承和多态？请设计一个程序实现类的继承与多态，要求实现两种不同的方法重载。

7. 创建一个 Student 学生类，包含学号、姓名、性别和成绩 4 个属性，一个输出学生信息的方法。在 Windows 应用程序的窗体中，实例化一个学生对象，调用 Student 类的方法，在窗体的 Label 标签中显示学生信息。

8. 创建一个学生基本类，再分别构造小学生、中学生和大学生等派生类，要求具有不同的特征和行为，能通过静态成员自动记录不同学生的人数。

9. 声明 IShape 形状接口，具有一个 CalArea 方法定义。创建三个具体的形状类：矩形类 Rectangle、圆形类 Circle、三角形类 Triangle。在 Windows 应用程序的窗体中，通过给定参数分别计算矩形的面积、圆的面积和三角形的面积，并显示在标签中。

10.（1）创建一个公共基类 Person，包含公有属性 Name（姓名）和 Sex（性别），带参数 name 和 sex 的构造函数，公共虚方法 Answer（返回人的姓名和性别信息）。

（2）创建派生类 Student，扩展了公共数据成员 School（学校）和 Score（成绩），定义构造函数并自动调用基类构造函数，通过 override 修饰符重写基类的 Answer 方法（返回学生的姓名、性别、学校和成绩信息）。

（3）创建派生类 Worker，扩展了公共数据成员 Department（部门）和 Salary（工资），定义构造函数并自动调用基类构造函数，通过 override 修饰符重写基类的 Answer 方法（返回工人的姓名、性别、部门和工资信息）。

（4）在 Windows 应用程序的窗体中，分别创建学生和工人对象，并将相关信息在窗体的标签中显示。

11.（1）定义抽象基类 Person，包含两个公共字段 Name 和 Sex，一个公共构造函数和一个抽象方法 ShowInfo。

（2）定义派生类 Student，重写构造函数，增加学校和成绩字段，并实现抽象方法 ShowInfo，返回学生相关信息。

（3）定义派生类 Worker，重写构造函数，增加部门和工资字段，并实现抽象方法 ShowInfo，返回工人相关信息。

（4）在 Windows 应用程序的窗体中，分别创建学生和工人对象，并将相关信息在窗体的标签中显示。

第4章

面向对象高级编程

本章要点

- ◆ 命名空间的作用以及如何定义和引入命名空间
- ◆ 委托定义的作用和定义过程
- ◆ 事件原理、定义和使用过程
- ◆ 泛型的作用以及泛型类和泛型方法等
- ◆ 常用集合的使用

4.1 命名空间

4.1.1 .NET Framework 的常用命名空间

在 C#编程中将使用大量的类，其中包括.NET Framework 自身使用的类、用户自定义的类和第三方定义的类。开发者不能避免自己创建的类存在同名，也不能避免和系统以及其他开发者创建的类存在同名。C#引入了命名空间的概念。一组类可以属于一个命名空间，同时一个命名空间可以嵌套在另一个命名空间中，从而形成一个富有层次的结构。这与目录和文件的组织方式类似。通过声明自己的命名空间，可以使定义的类更有层次、更清晰，同时方便类的组织和管理。目录类似于命名空间，文件类似于命名空间中定义的类和接口等。

.NET Framework 使用命名空间来组织它的类，例如：

```
System.Console.WriteLine("Hello World!");
```

其中，System 是一个命名空间，Console 是位于 System 命名空间中的一个类，WriteLine 是 Console 类的一个静态方法。

通过将类放到命名空间中，可以把相关的类组织起来，并避免命名冲突。.NET Framework 中的命名空间最顶层一般是 System，其下命名空间以逻辑划分为多个子命名空间，见表 4-1。

表 4-1   .NET Framework 常用命名空间

访问修饰符	说　　明
System	包含基本类和基类。这些类定义常用的值和引用数据类型、事件和事件处理程序、接口、属性和异常处理
System.Collections	包含接口和类。这些接口和类定义各种对象（如列表、队列、哈希表和字典等）的集合
System.IO	包含允许读/写文件和数据流的类型以及提供基本文件和目录支持的类型
System.Text	包含用于字符编码和字符串操作的类型
System.Threading	提供启用多线程的类和接口
System.Data	包含 ADO.NET 中的类，用于数据库访问和操作

访问修饰符	说　明
System.Web	提供 Web 应用程序的组件、B/S 通信的类和接口
System.Windows	提供丰富的 Windows 应用程序和图形的组件
System.Drawing	提供对 GDI+基本图形功能的访问
System.NET	提供适用于多种网络协议的简单编程接口
System.Timers	提供基于服务器的计时器组件

4.1.2　自定义命名空间

C#代码默认包含在全局的命名空间中，类似于处在文件系统的根目录下。可以使用 namespace 关键字定义命名空间，包含在命名空间中的代码可以访问该命名空间中的元素，比如类。如果在该命名空间的外部使用命名空间中的元素，必须写出命名空间的完整名称。如果有层次，使用"."运算符进行逐层访问。下面代码定义了 WindowsFormsApplication1 命名空间。

```
namespace WindowsFormsApplication1
{
    class PokerCard
    {
        …
    }
}
```

其中，WindowsFormsApplication1 是定义的命名空间的名称，PokerCard 类是定义在该命名空间中的类。Visual Studio 在新建工程时默认将代码定义在与工程名同名的命名空间中。默认命名空间可以在工程属性的应用程序选项中修改。

4.1.3　引用命名空间中的类

如果代码使用的类、接口、类型等不在代码当前的命名空间中，需要通过完整的命名空间访问，或者可以使用 using 关键字引入命名空间，类似于在当前命名空间与引入的命名空间之间建立了一个通道。这样在使用引入的命名空间中的类时，不再需要给出完整的命名空间名称，可以直接通过类名进行访问。例如，当引入了 System 命名空间后，就可以直接使用 Console 类，其代码如下：

```
using System;
…
Console.WriteLine("Hello World!");
```

4.2　委托

4.2.1　委托概述

委托类型是一种特殊的引用类型，可以将静态方法或实例方法实例化为委托对象。委托对象使得方法可以当作一个对象进行调用，或作为方法的参数或返回值来进行传递。委托和 C 语言中的函数指针类似，但不同的是，它是面向对象的和类型安全的。委托类型从.NET Framework 的 Delegate 类派生。委托类型是密闭的，不能派生自定义类。委托只能通过特定的方式进行声明和实例化。

4.2.2　委托的声明、实例化与使用

1.　委托的声明

委托是一种引用类型，使用 delegate 关键字进行声明。委托它的声明类似于函数，但是没有

函数体。声明时使用一组特定的参数列表和返回类型来封装方法，它可以封装任何与之匹配（这里的匹配是指方法的参数和返回类型与委托声明的参数和返回类型一致）的方法。委托和 C/C++ 语言的函数指针类似，但是使用委托比函数指针更安全可靠。委托的声明格式如下：

```
[attributes] [modifiers] delegate result-type name( [parameters]);
```

attributes 为附加的属性信息；modifiers 为修饰符，可使用的修饰符有 new 和访问修饰符 public、protected、internal 以及 private；result-type 为返回结果类型，与该委托所封装的方法的返回类型匹配；name 为委托名称；parameters 为参数类型。

下面定义一个委托类型 CompareCard，比较扑克牌的大小。当 card1 大于 card2 时返回 1，当 card1 小于 card2 时返回 -1，当 card1 和 card2 同样大时返回 0。

```
//声明 CompareCard 为委托，它匹配任何以两个 PokerCard 类型变量为参数且返回类型为 int 的函数
public delegate int CompareCard(PokerCard card1, PokerCard card2);
```

委托类型声明后不可以直接使用，还需要定义一个与委托类型匹配的方法。该方法可以是静态方法也可以是实例方法。这里定义 CompareByRank 方法，比较扑克牌大小时只比较 Rank 属性，而不考虑 Suit 属性。

```
public int CompareByRank(PokerCard card1, PokerCard card2)
{
    if (card1.Rank > card2.Rank)
        return 1;
    else if (card1.Rank < card2.Rank)
        return -1;
    else
        return 0;
}
```

还可以定义 CompareBySuit 方法，在比较扑克牌大小时只比较 Suit 属性，而不考虑 Rank 属性。

```
public int CompareBySuit(PokerCard card1, PokerCard card2)
{
    if (card1.Suit > card2.Suit)
        return 1;
    else if (card1.Suit < card2.Suit)
        return -1;
    else
        return 0;
}
```

2. 委托的实例化与使用

有了委托类型和方法，就可以创建委托对象。委托对象是方法的引用，通过委托对象可以调用关联的方法，例如：

```
private void button1_Click(object sender, EventArgs e)
{
    PokerCard card1 = new PokerCard(SuitType. Diamond, RankType.Ten);
    PokerCard card2 = new PokerCard(SuitType.Spade, RankType.Eight);
    //创建委托对象 compare，封装 CompareByRank 方法
    CompareCard compare = new CompareCard(CompareByRank);
    //调用委托封装的方法
    lblMessgae.Text = compare(card1, card2).ToString( );
}
```

上面代码首先使用 new 关键字创建了 CompareCard 委托类型的委托对象 compare，创建时

将方法名 CompareByRank 作为参数进行传递。接着创建两个 PokerCard 类型对象；最后使用委托对象 compare 执行比较大小方法。

☞**注意**：CompareByRank 后面没有 "( )"，因为这里不是对方法的调用。

从例子可以看到，委托的使用过程如下。

（1）委托类型的声明，明确参数列表和返回值。

（2）委托对象的创建，创建时需要预先定义被委托的方法。

（3）委托的使用，通过委托对象来调用被委托的方法。

为了方便，C#允许将方法名直接赋值给一个委托对象，而不必写出完整的实例化代码，例如：

```
CompareCard compare = CompareByRank;
```

3．合并委托

前面介绍的委托一次只调用了一个方法，有时我们希望能够通过委托调用多个方法，这可以通过组合委托来实现。组合委托通过 "+" 运算符来实现委托的组合，"-" 运算符可以从组合委托中移除其中构成组合的委托；也可以使用 "+=" 和 "-=" 运算符来实现组合委托的增加和移除。组合委托只能组合相同类型的委托。

下面的代码将 CompareByRank 方法和 CompareBySuit 方法合并到 compare 委托对象，这里没有使用 new 关键字创建 CompareCard 实例对象，而直接使用了方法名。

```
private void button1_Click(object sender, EventArgs e)
{
    PokerCard card1 = new PokerCard(SuitType.Diamond, RankType.Ten);
    PokerCard card2 = new PokerCard(SuitType.Spade, RankType.Eight);
    //创建委托对象 compare，封装 CompareByRank 方法
    CompareCard compare = CompareByRank;
    //向委托对象 compare 的方法列表中添加额外的方法
    compare += CompareBySuit;
    lblMessgae.Text = compare(card1, card2).ToString();
}
```

代码 compare(card1, card2) 执行后，将按顺序依次调用 CompareByRank 方法和 CompareBySuit 方法，其返回值为最后调用的方法的返回值。执行合并或删除操作的委托对象必须都属于同一个委托类型。删除操作将从已经合并的委托对象中删除。如果包含的委托对象都被删除后，最后将得到一个空的委托对象 null，使用空的委托对象将产生异常。

委托对象允许将其作为其他方法的参数和返回值进行传递。下面的代码将委托对象作为返回值返回，调用代码可以使用此委托对象。

```
private CompareCard GetCompareFunction(int type)
{
    if (type == 1)
        return CompareByRank;
    else if (type == 2)
        return CompareBySuit;
    else
        return null;
}
private void button1_Click(object sender, EventArgs e)
{
    PokerCard card1 = new PokerCard(SuitType.Diamond, RankType.Ten);
    PokerCard card2 = new PokerCard(SuitType.Spade, RankType.Eight);
```

```
        CompareCard compare = GetCompareFunction(1);
        if (compare != null)
        {
            lblMessgae.Text = compare(card1, card2).ToString();
        }
    }
```

委托类型都是 Delegate 的派生类，但是 Delegate 是一个抽象类，并且编译器不允许显示定义 Delegate 的派生类，只能通过 delegate 关键字来创建委托类型。Delegate 类中有两个静态方法，即 Combine 方法和 Remove 方法，这两个方法等效于委托的"+"运算符和"-"运算符。

4.3 事件驱动程序设计

Windows 应用程序使用事件驱动的编程机制，通过事件处理响应用户的请求。通常界面中的一些控件类定义了一些事件，当用户对控件进行某些操作时会触发这些事件，例如鼠标按下、鼠标释放、键盘键按下等。程序中将单击按钮时希望被执行的代码放到按钮控件的 Click 事件方法中，当程序运行后，用户单击按钮，就会执行 Click 事件方法中的代码。

4.3.1 声明、订阅和触发事件

事件是对象发送的消息，以通知操作的发生。操作可能是由用户交互（例如鼠标单击）引起的，也可能是由其他程序逻辑触发的。C#中，允许一个对象将发生的事件或修改通知其他对象，引发和发送事件的对象称为发布者，接收和处理事件的对象称为订阅者。

委托是事件的基础，事件是通过委托来实现的。定义事件时，发布者首先定义委托，然后根据委托定义事件；在订阅者类中定义响应事件的方法，该方法和事件通过委托进行关联，具体步骤如下。

（1）在发布者类中定义与事件关联的委托类型；

（2）在发布者类中定义委托对象成员；

（3）在订阅者中定义匹配委托类型的方法；

（4）在订阅者中将匹配委托类型的方法合并到发布者的委托对象成员上；

（5）发布者通过委托对象成员触发事件

【例 4-1】为前面定义的 PokerCard 类创建花色改变事件，当 PokerCard 对象的 Suit 属性变化时触发该事件。具体步骤如下。

① 在发布者类 PokerCard 中定义与事件关联的委托类型，代码如下：

```
public delegate void SuitChangedDel(SuitType oldSuit, SuitType newSuit);
```

② 在发布者类 PokerCard 中定义委托对象成员：在 PokerCard 类中，声明 SuitChanged 成员字段，并且在 Suit 属性的 set 访问器中通过 SuitChanged 委托对象调用方法，代码如下：

```
class PokerCard
{
    ...
    public SuitChangedDel SuitChanged = null;        //定义委托对象成员
    private SuitType suit;
    public SuitType Suit
    {
        get
        {
            return suit;
        }
```

```
            set
            {
                if (suit != value)
                {
                    SuitType oldSuit = suit;
                    suit = value;
                    if (this. SuitChanged!= null) this. SuitChanged (oldSuit, suit);
                }
            }
        }
    }
```

③ 在订阅者类中定义与委托类型匹配的方法，并将此方法合并到发布者类 PokerCard 对象的 SuitChanged 成员上。代码如下：

```
//定义与委托类型匹配的方法
private void card_SuitChanged(SuitType oldSuit, SuitType newSuit)
{
    lblMessgae.Text = "old suit = " + oldSuit + ", new suit = " + newSuit;
}
private void button1_Click(object sender, EventArgs e)
{
    PokerCard card1 = new PokerCard(SuitType.Diamond, RankType.Ten);
    //将 card_SuitChanged 方法合并到 card1 的 suitChanged 委托对象成员上
    card1.SuitChanged += card_SuitChanged;
    card1.Suit = SuitType.Heart;
}
```

在程序运行后当用户单击 button1 按钮时，将执行按钮 Click 事件方法，首先创建 PokerCard 对象；然后通过 card_SuitChanged 方法创建委托实例，并合并到 card1 的 SuitChanged 成员上，完成事件的订阅；最后当改变 card1 的 Suit 属性后，将通过 card1 中的 Suit 属性的 set 属性访问器回调 card_SuitChanged 方法。

通过 "+=" 运算符可以将 card_SuitChanged 方法订阅到 SuitChanged 事件上，利用委托对象的合并特性，这样做并不会影响到订阅该事件上的其他方法。当然也可以通过赋值运算符进行操作，这样就会将订阅该事件上的其他方法忽略，所以不推荐这种做法。通过 "−=" 运算符可以取消订阅事件。

4.3.2 EventHandler 和 EventArgs

C#中为事件定义了委托类型原型 EventHandler，在更多的场合使用 EventHandler 来发布和订阅事件。

例如，在界面设计状态时，双击按钮控件后系统会创建 Click 事件处理代码，同时系统也创建了 Click 事件的订阅代码，这个可以在窗体的 Designer.cs 中找到。

```
this.button1.Click += new System.EventHandler(this.button1_Click);
```

EventHandler 在系统中定义为

```
public delegate void EventHandler(object sender, EventArgs e);
```

EventHandler 带有两个参数。object 类型的参数 sender 表示引发事件的对象，也就是事件的发布者。一般事件都是由对象本身触发的，所以通常传递给 sender 参数的是 this 对象。EventArgs 类型的 e 参数是事件发生时现场参数。例如，在 SuitChanged 事件中可以将修改前后的 Suit 属性通过 e 参数进行传递。

利用 EventHandler 来实现事件，由于系统定义了委托类型的原型，就不需要再次声明。具体步骤如下。

（1）在发布者类中，定义 EventHandler 对象成员；

（2）在订阅者类中，定义匹配 EventHandler 的方法；

（3）在订阅者类中，将匹配 EventHandler 的方法合并到发布者类中定义的 EventHandler 成员上；

（4）发布者通过 EventHandler 对象成员触发事件。

【例 4-2】下面演示了 SuitChange 事件如何通过 EventHandler 实现。

① 定义 SuitChangeEventArgs 类，SuitChangeEventArgs 类继承于 EventArgs。自定义 EventArgs 的子类在事件编程中不是必须的，很多地方直接使用 EventArgs。这里自定义 EventArgs 的子类可以进行属性的扩充，得到更多的事件现场数据，如添加 OldSuit 属性和 newSuit 属性用于传递花色变化前后的值。

```
//花色改变事件参数
public class SuitChangeEventArgs : EventArgs
{
    //构造函数
    public SuitChangeEventArgs(SuitType oldValue, SuitType newValue)
    {
        this.OldSuit = oldValue;
        this.NewSuit = newValue;
    }
    //改变前的花色
    public SuitType OldSuit { set; get; }
    //改变后的花色
    public SuitType NewSuit { set; get; }
}
```

② 定义 PokerCard 类中 SuitChange 事件。event 关键字将 SuitChanged 明确为事件，如果是可视化的控件类，添加 event 关键字可以使得事件在设计状态的属性窗口中可见。利用泛型声明 EventHandler<SuitChangeEventArgs>，将 SuitChange 的第二个参数类型确定为 SuitChangeEventArgs。有关泛型的定义将在后续章节中介绍。

//在发布者类中，定义 EventHandler 对象成员

```
public event EventHandler<SuitChangeEventArgs> SuitChanged = null;
```

在设置花色属性的 set 访问器中，创建 SuitChangeEventArgs 实例对象 args，并利用构造函数初始化更新前后的花色的值。当 SuitChanged 不为空时触发事件，并将 this 传递给第一个参数，表示事件的发送者；args 对象传递给第二个参数，表示事件发生的现场数据。

```
private SuitType suit;
public SuitType Suit
{
    get
    {
        return suit;
    }
    set
    {
        if (suit != value)
        {
            SuitChangeEventArgs args = new SuitChangeEventArgs(suit, value);
            suit = value;
            //发布者通过 EventHandler 对象成员触发事件
```

```
                if (this.SuitChanged != null) this.SuitChanged(this, args);
            }
        }
    }
```

③ 在订阅者类中定义与 SuitChange 匹配的方法，并合并到 PokerCard 对象的 SuitChanged 事件上。

```
//在订阅者类中，定义匹配 EventHandler 的方法
private void card_SuitChanged(object sender, SuitChangeEventArgs e)
{
    lblMessgae.Text = "old suit = " + e.OldSuit + ", new suit = " + e.NewSuit;
}
private void button1_Click(object sender, EventArgs e)
{
    PokerCard card1 = new PokerCard(Suit.Diamond, Rank.Ten);
    // 在订阅者类中，将匹配 EventHandler 的方法合并到发布者类中定义的
    // EventHandler 成员上
    card1.SuitChanged += card_SuitChanged;
    card1.Suit = SuitType.Heart;
}
```

4.4 泛型

4.4.1 泛型概述

泛型（generic）是指将类型参数化以达到代码复用，提高软件开发者工作效率的一种数据类型。

C#是一种强类型的程序设计语言，不管是使用对象还是定义对象，首先需要考虑数据类型，只有数据类型相同时，操作才能成功。有时代码的功能完全相同，只是数据类型不同，但由于 C#语言的"强类型"局限性，必须重复书写代码以完成操作。为此，C#提供了一种更加抽象的数据类型——泛型，以克服类型的局限性，从而无须针对诸如浮点数、整数、字符、字符串等数据重复编写几乎完全相同的代码。

泛型是通过将类型作为参数来实现在同一代码中操作多种数据类型的。泛型编程是一种编程范式，它利用"参数化类型"来将类型抽象化，从而实现更为灵活的复用。使用泛型类型可以最大限度地重用代码、保护类型的安全性以提高性能。

泛型最常见的用途是创建集合类，也可以创建自己的泛型接口、泛型类、泛型方法、泛型结构、泛型事件和泛型委托。

4.4.2 泛型类

在定义类时，如果在类中使用的某个类型或者某些类型可能有多个选择可能性时，可以将类型定义为泛型，这些类被称为泛型类。泛型类常用于集合，因为不管是什么类型，添加、删除和移动元素的操作是一致的，与集合中元素的类型无关。具体的元素的类型可以由外部程序决定，而定义时使用类型形参表示。在使用时具体指定标识符的类型，并可以约束集合中的元素的类型。

例如，List<T>是存放对象的集合类型，它是一个泛型类，声明和实例化时需要指定 T 的具体类型。当指定 T 为 string 时，代码如下：

```
List<string> names = new List<string>();
```

这里，names 为一个存放 string 对象的集合，只有字符串可以存放到该集合中。

1．泛型的定义

泛型的定义非常简单，无论是定义泛型接口、泛型类、泛型方法还是其他泛型类型，只需要在定义非泛型类型的后面，使用一对尖括号（< >）和泛型占位符即可。例如，定义泛型类 MyClass，代码如下：

```
public class MyGenericClass <T>
{
    //类的主体代码
}
```

其中，T 可以是任何标识符，只要符合 C#标识符规范就可以。由于泛型概念最早称为模板（Template），所以大家习惯使用 T。泛型类也可以定义多个类型形参，例如：

```
public class MyGenericClass<T1, T2, T3>
{
    //类的主体代码
}
```

2．泛型的使用

定义这些类型后，就可以使用这些类型来定义字段、属性、方法的返回值和参数。使用泛型时，一定要为类型参数指定类型，并且一对尖括号不能省略。

例如，实例化泛型类 MyClass，代码如下：

```
MyGenericClass <string> myClassObj = new MyGenericClass <string>();
```

【例 4-3】下面代码定义一个泛型类 LinkedNode，表示链表的节点、节点的数据的类型可以由用户指定。

```
class LinkedNode<T>
{
    private T data;
    private LinkedNode<T> next;

    public T Data
    {
        get { return data; }
        set { data = value; }
    }

    public LinkedNode<T> Next
    {
        get { return next; }
        set { next = value; }
    }

    public LinkedNode(T data)
    {
        this.data = data;
    }
}
```

LinkedNode 类表示列表的节点，包含设置自身数据的 Data 属性，以及指向下一个节点引用的 Next 属性。在定义 LinkedNode 类时，没有指定其数据的具体类型，而使用了类型形参 T 来定义类型，用户在使用时指定数据的具体类型。下面代码创建包含 10 个随机整数的链表。

```
Random rnd = new Random();
LinkedNode<int> root = null;
LinkedNode<int> last = null;
for (int i = 0; i < 10; i++)
{
    LinkedNode<int> node = new LinkedNode<int>(rnd.Next(100));
    if (root == null) root = node;
    if (last != null) last.Next = node;
    last = node;
}
```

如果为 LinkedNode 类添加一个无参构造函数，当使用无参构造函数时，系统新建一个数据项对象。但是下面的代码并不会编译通过。

```
public LinkedNode()
{
    this.Data = new T();
}
```

因为编译器并不能确定 T 的类型，T 有可能是值类型，也可能是引用类型。如果是值类型就没有构造函数，就不能使用 new 关键字实例化。如果将无参构造函数修改如下，编译也不会通过，因为如果 T 是值类型，是不可以用 null 赋值的。

```
public LinkedNode()
{
    this.Data = null;
}
```

使用 default 关键字可以很好解决这个问题。如果 T 是引用类型将得到 null；如果 T 是值类型将得到值类型的默认值；当 T 指定为 int 时，默认值就为 0。

```
public LinkedNode()
{
    this.Data = default(T);
}
```

默认情况下，泛型类的类型是没有限制的，称为无绑定类型。可以使用 where 关键字对泛型类的类型加以限制，如果客户端代码尝试使用某个约束所不允许的类型来实例化类，则会产生编译错误。例如，以下代码将类型限制为 Shape。

```
class LinkedNode<T> where T : Shape
{
    //类的主体
}
```

此时如果将 string 传递给 T，编译将不通过。

```
LinkedNode<string> node = new LinkedNode<string>();
```

也可以同时使用多个约束，每个约束的类型通过逗号隔开，还可以使用多个 where 语句。常见的类型参数约束及说明见表 4-2。使用 struct 关键字，类型形参 T 只能被指定为值类型；使用 class 关键字，T 只能指定为引用类型；使用 new()，在泛型类中可以使用无参数构造函数。

表 4-2 约束类型

约　　束	定　　义	说　　明
struct	值类型	类型参数必须为值类型，T 类型的变量不可赋值为 null
class	引用类型	类型参数必须为引用类型，T 类型的变量可赋值为 null

约　束	定　义	说　明
base-class	基类型或继承基类	类型参数必须是指定的基类或派生自指定的基类
interface	接口或者实现了接口	类型参数必须是指定的接口或实现指定的接口
new()	包含无参数构造函数	类型参数必须具有无参数的公共构造函数，需要实例化 T 类型的变量

4.4.3　其他泛型

1．泛型接口

C#语言允许自定义泛型接口，格式如下：

```
[访问修饰符] interface 接口名<类型参数列表>
{
    //接口成员
}
```

其中，访问修饰符可以省略，"类型参数列表"表示尚未确定的数据类型，类似于方法中的形参列表，当具有多个类型参数时，使用逗号分隔。例如，以下代码定义了泛型接口 IBaseInterface，包含一个类型参数 T。

```
interface IBaseInterface<T> {}
```

在定义接口实现类时，可以继续使用类型形参 T，在使用该类时再指定 T 的类型；也可以直接为 T 指定类型，这样使用该类时无须再指定类型。下面两种定义方式都是正确的。

```
class Sample1Class1<T> : IBaseInterface<T> { }
```

或

```
class Sample1Class2 : IBaseInterface<string> { }
```

2．泛型方法

当一个方法具有自己的类型参数列表时，称其为泛型方法。一般情况下，泛型方法包括两个参数列表，一个泛型类型参数列表和一个形参列表。类型参数可以作为返回类型或形参的类型出现。例如，以下代码声明泛型方法 Swap，返回类型 void，类型参数列表 T。

```
public void Swap<T>(ref T v1, ref T v2)
{
    T temp;
    temp = v1;
    v1 = v2;
    v2 = temp;
}
```

Swap 方法实现两个变量的交换，但是没有指定变量的类型，调用时可以指定其类型。例如，以下代码实现两个整数的交换。

```
int a = 1;
int b = 2;
Swap<int>(ref a, ref b);
```

3．泛型委托

EventHandler 有两个版本：一个不使用泛型，另一个使用泛型委托。泛型委托定义如下：

```
public delegate void EventHandler<T>(object sender, T e) where T : EventArgs;
```

使用委托 EventHandler 时，可以指定 T 的类型，但是 T 必须是 EventArgs 或其派生类。

4.5 集合

集合与数组类似可以管理对象组，但是数组的使用有一定的限制，如数组的长度是固定的，添加和删除项时比较复杂。集合提供了一种更灵活的方法，管理的对象组可以动态地增长和收缩。有些集合还可以使用关键字进行快速检索。

4.5.1 常见集合类

.NET Framework 提供了常见的集合类。在 System.Collections 命名空间中包含集合类，见表 4-3。System.Collections 命名空间下的集合不会将元素存储为指定类型的对象，而是存储为 object 对象。

在 System.Collections.Generic 命名空间中定义了泛型集合类，见表 4-4。当集合中的元素具有相同类型或相同的基类类型、接口类型时，泛型集合会很有用处。

表 4-3 System.Collections 中的集合类

访问修饰符	说　　明
ArrayList	根据大小动态增长的对象集合
Hashtable	根据键的哈希进行组织的键/对象集合
Queue	先进先出（FIFO）的集合
Stack	先进后出（FILO）的集合

表 4-4 System.Collections.Generic 中的集合类

访问修饰符	说　　明
List<TKey, TValue>	通过索引访问的集合
Dictionary<T>	根据键和值映射的集合
SortedList<TKey, TValue>	按键进行排序的键和值的集合
Queue<T>	先进先出（FIFO）的集合
Stack<T>	先进后出（FILO）的集合

4.5.2 使用集合来管理对象

集合在管理对象时比数组更加灵活。数组大小固定，不能增加和删除元素。例如，下面代码创建一个存放扑克牌的集合。

```
List<PokerCard> cards = new List<PokerCard>();
for (int i = 0; i < 10; i++)
{
    cards.Add(new PokerCard());
}
```

这里将 cards 定义为存放 PokerCard 对象的集合对象。由于集合也是类，因此通过 new 关键字新建集合对象。选择的集合类是泛型集合类 List<T>，在新建集合对象时将泛型的类型形参 T 设置为 PokerCard，表示创建的集合对象用于存放 PokerCar 对象。然后通过循环，使用 Add 成员方法向集合中添加了 10 个 PokerCard 对象。

除了可以使用 Add 方法添加元素，还可以使用 Insert 方法将元素插入到指定索引，使用 Remove 方法删除元素。List 泛型集合的常见方法见表 4-5。

表 4-5 List 泛型集合的常见方法

方 法 名 称	说　　明
Add	将单个元素添加到集合末尾
AddRange	将集合中的元素添加到集合末尾
Clear	清空集合中的元素
Contians	判断集合中是否包含指定元素

续表

方 法 名 称	说　　明
IndexOf	返回指定元素在集合中的第一个位置的索引
LastIndexOf	返回指定元素在集合中的最后一个位置的索引
Insert	将元素插入到集合中的指定位置
InsertRange	将集合中的元素插入到集合中的指定位置
Remove	删除集合中第一个匹配指定元素的项
RemoveAt	删除指定位置的项
Sort	对集合中的元素进行排序

生成集合后经常需要执行的操作是从集合中获取元素或者遍历集合。List<T>集合类可以通过从 0 开始的索引来访问集合中的元素。下面的代码将显示集合中包含的 PokerCard 对象的花色和大小。

```
lblMessgae.Text = "";
for (int i = 0; i < 10; i++)
{
    lblMessgae.Text += string.Format("({0}:{1})", cards[i].Suit, cards[i].Rank);
}
```

还可以使用 foreach 循环来遍历集合。使用 foreach 方式不需要再通过索引访问，因为遍历时直接得到了集合中的元素。

```
lblMessgae.Text = "";
foreach (PokerCard card in cards)
{
    lblMessgae.Text += string.Format("({0}:{1})", card.Suit, card.Rank);
}
```

4.5.3　索引器

索引器允许对象能够像数组一样进行索引，索引器类似于属性，但与属性不同的是索引器的访问器使用参数，索引器可以通过自定义的方式来组织索引。

【例 4-4】　下面定义 Deck 类，表示一副 52 张扑克牌，包括 4 个花色，每个花色 13 张牌。

```
class Deck
{
    List<PokerCard> pokerCards = null;

    public Deck()
    {
        pokerCards = new List<PokerCard>();
        //创建一副扑克牌
        for (int suit = 1; suit <= 4; suit++)
        {
            for (int rank = 1; rank <= 13; rank++)
            {
                pokerCards.Add(new PokerCard((SuitType)suit, (RankType) rank));
            }
        }
    }
}
```

Deck 类中包含一个类型为 List<PokerCard>的集合 pokerCards，用于存放扑克牌；在构造函数中完成了一副扑克牌的初始化。为其添加索引器后，就可以通过数组下标的方式访问集合中的元素。代码如下：

```
public PokerCard this[int index]

{
    get
    {
        return pokerCards[index];
    }
    private set
    {
        pokerCards[index] = value;
    }
}
```

代码中使用 this 关键字加 "[ ]" 定义索引器，"[ ]" 内指定索引的形参，返回类型指定为需要索引的对象。定义索引器后，外部代码可以通过下面的方式来遍历扑克牌。

```
Deck deck = new Deck();
for (int i = 0; i < 52; i++)
{
    PokerCard card = deck[i];
    lblMessgae.Text = string.Format("({0}:{1})", card.Suit, card.Rank);
}
```

还可以使用索引器将集合类进行封装，完成一些特殊的功能。例如，为 Deck 类添加 Shuffle 方法完成洗牌功能，代码如下：

```
public void Shuffle()
{
    Random rnd = new Random();
    for (int i = 0; i < 52; i++)
    {
        int rndIndex = rnd.Next(52);
        PokerCard card = pokerCards[rndIndex];
        pokerCards[rndIndex] = pokerCards[i];
        pokerCards[i] = card;
    }
}
```

Shuffle 方法将每个扑克牌和一张随机的扑克牌进行交换来实现洗牌，洗牌以后的扑克牌是一副随机次序的扑克牌。再次遍历 Deck 对象时将得到随机次序的扑克牌。

```
Deck deck = new Deck();
deck.Shuffle();
for (int i = 0; i < 52; i++)
{
    PokerCard card = deck[i];
    lblMessgae.Text += string.Format("({0}:{1})", card.Suit, card.Rank);
}
```

索引器支持重载，可以设置索引器形参不同的个数和类型重载索引器。索引器和属性类似，它们的主要差别见表 4-6。

表 4-6 索引器和属性的差别

索 引 器	属 性
使用数组的表示法来访问对象内的数据	使用类似成员方法访问对象内数据
使用索引器进行访问	使用名称进行访问

续表

索 引 器	属 性
必须为实例成员	可以是实例成员或静态成员
get 访问器包含索引器相同的形参表	get 访问器没有参数
set 访问器保护隐含参数 value 和索引器相同的形参表	set 访问器保护隐含参数 value
不支持短语法	支持自动属性

4.6 本章小结

泛型是 C#中一项功能极其强大的新技术，使用它们创建的类可以同时达到多种目的，并可以在许多不同的情况下使用。即使没有必要创建自己的泛型类型，也可以使用泛型集合类。

本章学习了如何在 C#中使用泛型类型；如何创建自己的泛型类型，包括类、接口、方法和委托；讨论了如果要处理类型相同的一组对象，创建类型安全的集合可以使任务更容易完成；同时通过添加索引符和迭代器，访问集合中的对象的方法。

 **习题 4**

1. 什么是委托？委托有哪些特点？编写一个程序说明委托的使用。

2. 什么是事件？如何定义、订阅和引发事件？

3. 简述泛型接口的特点及定义，泛型类的特点及定义，泛型方法的特点及定义。

4. 设计一个类，要求用事件实现每 10 秒报告机器的当前时间。

5. （1）创建一个集合类 People，它是下述 Person 类的集合，该集合中的项可以通过一个字符串索引符来访问，该字符串索引符是人名，与 Person.Name 属性相同。

```
public class Person
{
    private string name;
    private int age;
    public string Name
    {
        get
        {
            return name;
        }
        set
        {
            name = value;
        }
    }
    public int Age
    {
        get
        {
            return age;
        }
        set
        {
            age = value;
        }
```

```
        }
    }
```

（2）扩展（1）中的 Person 类，重载>、<、>=、<=运算符，比较 Person 实例的 Age 属性。

（3）给 Person 类添加 GetOldest()方法，使用（2）中定义的重载运算符，返回其 Age 属性值为最大的 Person 对象数组（一个或多个对象，因为对于这个属性而言，多个项可以有相同的值）。

（4）在 Person 类上实现 ICloneable 接口，提供深度复制功能。

（5）给 Person 类添加一个迭代器，在下面的 foreach 循环中获取所有成员的年龄。

```
foreach (int age in Mypeople.Ages)
{
    //Display ages;
}
```

6．定义学生类 Student，包含学号、姓名、性别和成绩属性，使用泛型类 List<T>存储多个学生信息，对泛型集合进行增加、删除、访问和遍历操作。

7．修改第 6 题，使用泛型集合 Dictionary<K,V>存储多个学生信息，对泛型集合进行增加、删除、访问和遍历操作。

第 5 章

设计用户界面

5.1 Windows 应用程序界面设计概述

优秀程序员的一个目标是创建易于使用的程序。用户界面应该清晰并保持一致的风格。有一种说法是，如果用户在使用程序时出了错，那么应该是程序员的责任，而不是用户的责任。

5.1.1 图形用户界面概述

图形用户界面或图形用户接口（Graphical User Interface，GUI）是指采用图形方式显示的计算机操作环境用户接口。与早期计算机使用的命令行界面相比，图形界面对于用户来说更为简便易用。GUI 的广泛应用是当今计算机发展的重大成就之一，它极大地方便了非专业用户的使用。人们从此不再需要死记硬背大量的命令，取而代之的是可以通过窗口、菜单、按键等方式来方便地进行操作。

1. 图形用户界面的构件

当今世界的计算机基本上都使用三个主要的 GUI 操作系统：Windows、Mac OS 和 Linux。无论何种操作系统的图形用户界面总有相同的标准部分，这些部分通常被称为界面构件（widget），用户通过这些构件与计算机进行交互从而完成特定的任务。

（1）窗口：通常是指屏幕上的一块矩形区域，窗口中可以用于显示各类输出信息，也可以允许用户输入信息。典型的窗口通常会包含一个边框，窗口可以被最小化、最大化，在屏幕内移动或被关闭。

常见的窗口可以分为两大类：即单文档界面（SDI）和多文档界面（MDI）。对于单文档界面而言，用户可以通过运行相同的应用程序打开多个窗口；对于多文档界面来说，一个父窗口中可以包含多个子窗口。

（2）按钮：常用来触发某个命令。一般而言，按钮通常是矩形的，而且当用户按下或松开按钮时，系统会采用类似真实世界中按钮按下和弹起的效果来表现这两种状态。

（3）菜单：通常表现为一系列命令的列表，用户可以通过选择菜单项向应用程序发出特定的指令，常见的菜单有下拉式菜单和弹出式菜单。

（4）工具条：是一种可以包含按钮和其他各类界面构件的用户界面。工具条一般紧贴于窗口菜单栏下，或者作为一个单独的浮动窗口出现。

（5）滚动条：使用滚动条可以方便地在当前窗口中查看超出该窗口面积的连续文本或图像。用户拖动滚动块时，当前窗口内显示的内容也会做相应的移动。

（6）任务栏：用来打开和监控应用程序运行的界面构件，默认情况下位于窗口的底部。

2．图形用户界面的设计准则

并不是只有艺术家才能设计出好的界面，为了设计和实现既符合一般标准又具有特色的界面，必须遵守一定的设计原则。这些设计原则实际上都是最具有一般性的原则，其中最为重要的如下。

- 减少用户的认知负担；
- 保持界面的一致性；
- 满足不同目标用户的创意需求；
- 用户界面友好性；
- 图标识别平衡性；
- 图标功能的一致性；
- 建立界面与用户的互动交流。

5.1.2 控件概述

Windows 应用程序的界面是由窗体和控件组成的。窗体是个容器，用于容纳控件，控件用来获取用户的输入信息和显示输出信息。System.Windows.Forms 命名空间包含用于创建基于Windows 的应用程序的类，提供了丰富的用户界面功能。

1．控件的属性

控件都具有许多属性，由于.NET 中大多数控件都派生于 System.Windows.Forms.Control类，所以它们都具有一些 Control 类最常见的属性，见表 5-1。

表 5-1　Control 类的常见属性

属 性 名 称	说　　　明
Name	获取或设置控件的名称
Anchor	设置控件的哪些边缘锚定到其容器边缘
Dock	设置控件停靠到父容器的哪一个边缘
BackColor	获取或设置控件的背景色
Cursor	获取或设置当鼠标指针位于控件上时显示的光标
Enabled	设置控件是否可以对用户交互做出响应
Font	获取或设置控件显示的文字的字体
ForeColor	获取或设置控件的前景色
Height	获取或设置控件的高度
Width	获取或设置控件的宽度
Left	获取或设置控件的左边界到其容器左边界的距离

续表

属 性 名 称	说　　明
Top	获取或设置控件的顶端到其容器顶部的距离
Right	获取或设置控件的右边界到其容器左边界的距离
Parent	获取或设置控件的父容器
TabIndex	获取或设置控件容器上控件的 Tab 键顺序
TabStop	设置用户能否使用 Tab 键将焦点放到该控件上
Text	获取或设置与此控件关联的文本
Tag	获取或设置包含有关控件的数据的对象
Visible	设置是否在运行时显示该控件

2. 控件的事件

每一个控件都会对用户或应用程序的某些行为做出相应的响应，Control 类定义了许多比较常见的事件，见表 5-2。

表 5-2　Control 类的常见事件

属 性 名 称	说　　明
Click	单击控件时发生
DoubleClick	双击控件时发生
KeyDown	在控件有焦点的情况下按下任一键时发生，在 KeyPress 事件前发生
KeyPress	在控件有焦点的情况下按下任一键时发生，在 KeyUp 事件前发生
KeyUp	在控件有焦点的情况下释放键时发生
GetFocus	在控件接收焦点时发生
LostFocus	在控件失去焦点时发生
MouseDown	当鼠标指针位于控件上并按下鼠标键时发生
MouseMove	当鼠标指针移到控件上时发生
MouseUp	当鼠标指针位于控件上并释放鼠标键时发生
Paint	在重绘控件时发生
Validated	在控件完成验证时发生
Validating	在控件正在验证时发生
Resize	在调整控件大小时发生
DragDrop	当一个对象被拖到控件上，然后用户释放鼠标按钮后发生
DragEnter	在被拖动的对象进入控件的边界时发生
DragLeave	在被拖动的对象离开控件的范围时发生
DragOver	在被拖动的对象在控件的范围时发生
Enter	进入控件时发生
Leave	在输入焦点离开控件时发生
TextChanged	在 Text 属性值更改时发生

5.1.3　按照用户习惯创建应用程序

因为大多数用户都熟悉 Windows 操作系统的操作，因此应该努力使程序的外观和其他 Windows 程序一样，运行起来也和其他 Windows 程序相似。要实现这个目标，需要一系列的工作。例如，使控件按照标准方式操作，定义键盘快捷键，设置窗体默认按钮，以及使 Tab 键序正常工作。

1．焦点的概念

焦点决定了控件是否具有接收用户鼠标或键盘输入的能力。假设在一个窗体中有几个文本框控件，那么在程序运行时只有具有焦点的文本框控件才能接收用户由键盘输入的文本。在.NET 中，并非所有的控件都具有获得焦点的能力，如 Label、GroupBox 等控件在程序运行过程中均不能获得焦点。使用以下方法可使控件获得焦点。

- 在运行时，单击该控件；
- 在运行时，按下键盘上的 Tab 键使之获得焦点；
- 在代码中使用 Focus 方法。

大多数控件在得到或失去焦点时，控件的外观是不同的，如命令按钮得到焦点后周围会出现一个虚线框，文本框获得焦点后会出现闪烁的光标。

当控件得到或失去焦点时，会分别触发 Enter 和 Leave 事件。在程序中通常可以用 Enter 事件初始化控件，用 Leave 事件对更新进行确认和有效性检查。

2．Tab 键序

上面我们提到，在程序运行过程中可以用 Tab 键将输入焦点从一个控件转移到另一个控件。如果在一个窗体中有多个控件，TabStop 属性和 TabIndex 属性决定了焦点是否停在控件上以及焦点移动的顺序。

TabStop 属性决定控件能否接收焦点，可以设置其属性为 True 或 False。

TabIndex 属性决定了当 Tab 键被按下时焦点移动的顺序。当程序开始运行时，焦点停在具有最低 TabIndex 值（通常为 0）的控件上面。由于我们通常希望光标出现在窗体第一个控件上，所以该控件的 TabIndex 属性值应该被设置为 0，下一个控件的 TabIndex 属性值应该设置为 1，再下一个为 2，依此类推。

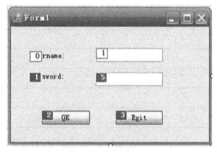

图 5-1　按照顺序单击每一个控件以
自动设置控件的 TabIndex 属性

要设置控件的 Tab 键序，可以在属性窗口中为每一个控件设置 TabIndex 属性，或者利用 Visual Studio 提供的工具自动设置 TabIndex 属性。方法如下：确保设计窗口处于激活状态；在"视图"菜单中选择"Tab 键顺序"菜单项，此时在控件的左上角显示当前的 TabIndex 值，如图 5-1 所示；首先单击希望 TabIndex 属性值为 0 的控件，然后单击希望 TabIndex 属性值为 1 的控件……；当设置了所有控件的 TabIndex 属性值之后，控件左上角的白色方框变成蓝色，再次在"视图"菜单中选择"Tab 键顺序"菜单项或者按下 Esc 键以隐藏数值顺序。

3．定义键盘快捷键

Windows 中大多数操作既可以通过键盘又可以通过鼠标完成，通过定义键盘快捷键（俗称为热键）使程序具备响应键盘的能力。例如，在图 5-1 中，可以使用 Alt+O 键选择 OK 按钮，Alt+X 键选择 Exit 按钮。

可以在定义按钮、单选按钮和复选框的 Text 属性时为它们设置键盘快捷键，方法是在希望设置为快捷键的字母前面加上一个连字符（&），.NET 为该字母添加下画线。例如，图 5-1 中 OK 按钮的 Text 属性为"&OK"，Exit 按钮的 Text 属性为"E&xit"。定义键盘快捷键，必须注意以下问题。首先，尽可能使用 Windows 的标准快捷键，例如用 X 代表 Exit，S 代表 Save；第二，确定没有为两个控件分配相同的快捷键。

标签不能接收焦点，但标签的 TabIndex 属性能按照 Tab 键顺序排列，利用这个特性可以为文本框创建键盘快捷键。按图 5-2 所示，为标签设置键盘快捷键，为窗体设置 Tab 键顺序。这样，当用户按下标签中的一个键盘快捷键时，例如 Alt+N 键，焦点将跳到标签后 TabIndex 值为 1 的控件（文本框）上。

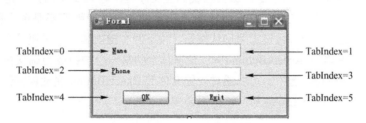

图 5-2　利用标签为文本框定义快捷键

4．设置屏幕上窗体的位置

当程序运行时，窗体出现的默认位置在屏幕的左上角。可以通过设置窗体的 StartPosition 属性来确定窗体在屏幕上的位置，其取值及含义见表 5-3。

表 5-3　窗体的 StartPosition 属性的取值及含义

设 置 值	说 　明
CenterParent	在其父窗体中居中显示
CenterScreen	窗体在当前显示窗口中居中，其尺寸在窗体大小中指定
Manual	按照窗体的 Location 属性定义的位置来显示，其尺寸在窗体大小中指定
WindowsDefaultBounds	窗体定位在 Windows 默认位置，其尺寸由 Windows 默认决定
WindowsDefaultLocation	窗体定位在 Windows 默认位置，其尺寸在窗体大小中指定

5．创建 ToolTips

在 Windows 操作系统中，当将鼠标指针停在工具栏按钮或者控件上时，会弹出一个小标签，这就是 ToolTips。在.NET 中，通过在窗体上添加 ToolTip 组件，可以简单地将 ToolTip 添加到自己的项目中，方法如下。

（1）选择工具箱中的 ToolTip 组件，并单击窗体上的任意位置，新的控件出现在窗体设计器的底部，如图 5-3 所示。该面板称为组件面板，专门用于维护和管理那些在运行时不需要显示的控件。

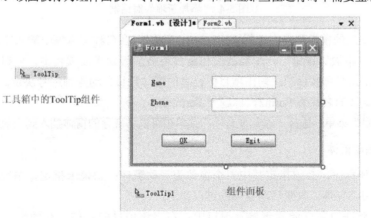

图 5-3　利用 ToolTip 组件创建 ToolTips

（2）添加 ToolTip 组件后，每一个窗体控件都具有了一个新的属性：ToolTip1 上的 ToolTip。我们可以在这个属性上为控件设置提示文本。

6．设置确定和取消按钮

我们经常使用键盘吗？如果是，那么当我们在文本框中输入文本后，一定不希望再使用鼠标来单击按钮。一旦手指落在键盘上，大多数人就都愿意敲回车键而不是单击鼠标了。在.NET中，如果将窗体上的某一个按钮设置为确认按钮，按下回车键就和单击按钮具有相同的效果。

可以通过设置窗体的 AcceptButton 属性使窗体上的某一个按钮成为确认按钮。当用户按下回车键后，该按钮会被自动选中。可以通过设置窗体的 CancelButton 属性使窗体上的某一个按钮成为取消按钮。当用户按下 Esc 键后，该按钮会被自动选中。

5.1.4 多重窗体的管理

在我们所接触的程序中，由一个窗体组成的应用程序是很少的，通常都是由两个甚至更多的窗体组成的。

1．添加窗体

在.NET 中创建新窗体的步骤如下。

（1）打开"项目"菜单，选择"添加 Windows 窗体"菜单项，屏幕上出现如图 5-4 所示的"添加新项"对话框。

图 5-4 "添加新项"对话框

（2）在已安装的模板列表中选择"Windows 窗体"，在名称文本框中输入窗体的名称。

（3）单击"添加"按钮，一个新的空白窗体将被加入到当前项目中，同时显示在屏幕上。这个新窗体的默认名称和标题，均由项目中已有的窗体数目自动排列序号决定。例如，第二个生成的窗体，其默认的名称为 Form2，标题为 Form2。

打开"项目"菜单，选择"添加现有项"菜单项可以将现存的窗体插入到当前项目中。

2．设置启动窗体

对于多窗体程序，必须指定其中一个窗体为启动窗体；如果未指定，系统默认将第一个建立的窗体作为启动窗体。改变启动窗体的过程如下：

（1）在"解决方案资源管理器"窗口中，右击该项目的名称，在弹出的快捷菜单中选择"属性"命令，屏幕上出现如图 5-5 所示的"Project Designer"对话框，选择"应用程序"项，单击"启动对象"下拉列表框箭头，选择"WindowsFormsApplication1.Program"。

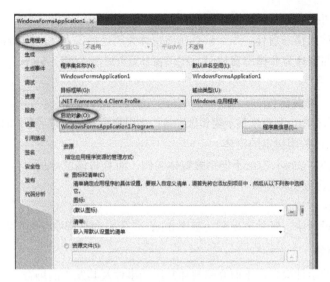

图 5-5　"Project Designer" 对话框

（2）在"解决方案资源管理器"窗口中，双击 Program.cs 打开代码窗口，如图 5-6 所示。在其 Main 函数中，将 Application.Run(new Form1())中的 Form1 改成你想先启动的窗体名称。

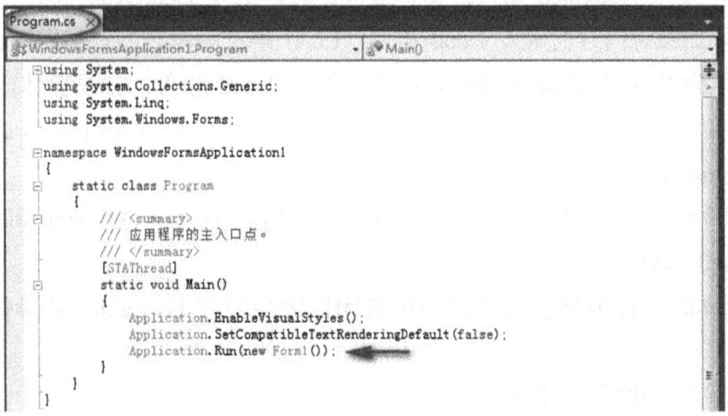

```
using System;
using System.Collections.Generic;
using System.Linq;
using System.Windows.Forms;

namespace WindowsFormsApplication1
{
    static class Program
    {
        /// <summary>
        /// 应用程序的主入口点。
        /// </summary>
        [STAThread]
        static void Main()
        {
            Application.EnableVisualStyles();
            Application.SetCompatibleTextRenderingDefault(false);
            Application.Run(new Form1());
        }
    }
}
```

图 5-6　Program.cs 文件代码

3．与多重窗体程序设计有关的方法

在单窗体程序设计中，所有的操作都在一个窗体中完成，不需要在多个窗体之间切换。而在多窗体程序中，需要打开、关闭、隐藏或显示指定的窗体，这些需要通过相应的方法来实现。下面对这些方法作简单的介绍。

（1）Show 方法：显示非模态窗体

Show 方法与下面（2）ShowDialog 方法一起讲解。

（2）ShowDialog 方法：显示模态窗体

显示新窗体可以使用 Show 方法或 ShowDialog 方法。使用时，必须先声明并实例化新窗体对象，如下所示：

```
Form2 aNewForm = new Form2();
aNewForm.ShowDialog();
```

如果打开的是模态窗体，用户无法与应用程序的其他部分交互，即程序执行到 ShowDialog 方法时便挂起，直到用户关闭了这个窗体，才能进行交互。如果打开的是非模态窗体，用户可以在任意窗体间进行切换，而不用对窗体做出响应。

如果显示的窗体为模态窗体，那么只有在该窗体关闭之后，在 ShowDialog 方法后的代码才能执行。而当显示的窗体为非模态窗体时，在该窗体显示出来以后，Show 方法后面的代码紧接着就会执行。

（3）Hide 方法：隐藏窗体

将窗体保存在内存中，为再次显示窗体做准备。当用户需要再次显示窗体时，Hide 方法较好。

（4）Close 方法：关闭指定的窗体

对于非模态窗体，Close 方法不但销毁窗体实例，而且将该窗体从内存中移除；对于模态窗体，Close 方法只是将该窗体隐藏。

（5）关键字 this

在多窗体程序设计中，经常要用到关键字 this，它代表的是程序代码所在的窗体。

4．窗体常用事件

窗体能够响应的事件很多，下面介绍窗体常用的事件及其发生的场合。

（1）Load 事件

用户加载窗体时发生 Load 事件。该事件只发生一次，除非窗体被关闭，而不是被隐藏。

（2）Activated/Deactivate 事件

窗体被激活时，发生 Activated 事件；窗体被停用时，触发 Deactivate 事件。窗体首次在应用程序中显示时，当窗体加载进内存时触发 Load 事件，Load 事件触发之后再触发 Activated 事件；以后每次显示窗体，都只会触发 Activated 事件，而不会触发 Load 事件。如果窗体需要多次显示，最好的方法是将窗体的初始化代码写入到 Activated 事件过程中，而不是写入到 Load 事件过程中。

（3）FormClosing 事件

当用户关闭窗体时，在窗体已关闭并指定关闭原因前发生 FormClosing 事件。

（4）FormClosed 事件

当用户关闭窗体时，在窗体已关闭并指定关闭原因后发生 FormClosed 事件。

（5）Paint 事件

在控件需要重新绘制时发生 Paint 事件。

5.2 更多文本类控件

文本类控件用来显示或设置文本信息。.NET 中主要的文本控件除了第 3 章介绍的 Label、TextBox 以外，还有 NumericUpDown、RichTextBox 和 MaskedTextBox 等。

5.2.1 NumericUpDown 控件

NumericUpDown 控件在工具箱中的图标为 `NumericUpDown`，在窗体上看起来像是一个文本框与一对箭头的组合。用户可以通过单击向上和向下箭头来增加和减少数字，用户也可以在文本框中直接输入数字。

1．NumericUpDown 控件的常用属性

（1）Maximum 属性：获取或设置控件的最大值。

（2）Minimum 属性：获取或设置控件的最小值。

（3）Increment 属性：设置每次单击按钮时递增或递减的数值。

（4）Value 属性：获取或设置控件的当前值。

（5）DecimalPlaces 属性：获取或设置控件中显示的小数位数。

2．NumericUpDown 控件的常用事件

NumericUpDown 控件与 TextBox 控件响应的事件类似，主要有 ValueChanged、Enter、Leave 等。

5.2.2　RichTextBox 控件

RichTextBox 控件在工具箱中的图标为 ![RichTextBox]，主要用于显示和输入格式化的文本，其不仅可以设定文字的颜色、字体，还具有字符串检索功能。另外，RichTextBox 控件还可以打开、编辑和存储.rtf 格式文件、ASCII 文本格式文件以及 Unicode 编码格式的文件。

1．RichTextBox 控件的常用属性

除前面介绍的 TextBox 控件的属性，RichTextBox 控件还具有以下常用属性。
（1）SelectionColor 属性：获取或设置当前选定文本或插入点处文本的颜色。
（2）SelectionFont 属性：获取或设置当前选定文本或插入点处文本的字体。

2．RichTextBox 控件的常用方法

除前面介绍的 TextBox 控件所具有的方法，RichTextBox 控件还具有以下常用方法。
（1）Find 方法：用来从 RichTextBox 控件中查找指定的字符串，并返回搜索文本的第一个字符在控件中的位置；如果没有找到指定的字符串，则返回值为-1。
（2）LoadFile 方法：用来将文本文件、rtf 文件装入 RichTextBox 控件。
（3）SaveFile 方法：用来将 RichTextBox 控件中的信息保存到指定的文件中。

5.2.3　MaskedTextBox 控件

格式文本框（MaskedTextBox）是文本框控件的一种特殊形式，其在工具箱中的图标为 ![MaskedTextBox]。通过该控件的 Mask 属性，可以指定用户需要的数据格式，例如，邮政编码、日期、电话号码或者身份证号码等。

设计阶段，从属性窗口中选择 Mask 属性，单击设置框右侧的 ... 按钮，出现如图 5-7 所示的"输入掩码"对话框，在该对话框中可以选择格式或者进行验证操作。运行时，用户不能输入不符合格式的字符。例如，电话号码和身份证号码格式不允许输入数字以外的任何其他字符。

图 5-7　MaskedTextbox 控件的"输入掩码"对话框

5.3 更多按钮类控件

5.3.1 GroupBox 控件

GroupBox（分组框）控件是一种容器控件，在工具箱中的图标为  。GroupBox 控件通常用来对其他控件进行分组，以便于用户识别。这样做不仅可以使控件在功能上分工更加明确，同时也使界面更加美观。其典型的用法之一就是给 RadioButton 控件分组，如图 5-8 所示。

图 5-8   GroupBox 控件示例

使用分组框对其他控件进行分组，必须先在窗体中绘制 GroupBox 控件，然后再绘制它内部的其他控件。这样，当分组框移动时，控件也相应移动；分组框隐藏时，控件也一起隐藏。如果在 GroupBox 外部绘制了一个控件并把它移到 GroupBox 内部，那么控件将显示在 GroupBox 的上部，但它其实并未约束在 GroupBox 控件内。此时若移动一下 GroupBox 控件，就能发现那些并未约束在 GroupBox 控件内的控件是不会随 GroupBox 控件一起移动的。

大多数情况下，GroupBox 控件的用法是比较"消极"的，我们用它对控件进行分组，而不必响应它的事件，虽然它也支持许多事件。下面介绍 GroupBox 控件的常用属性。

（1）Text 属性：设置 GroupBox 控件的标题，给出分组的提示。

（2）Enabled 属性：设置 GroupBox 控件是否可用。若 Enabled 属性被设置为 False，那么 GroupBox 控件的标题将灰色显示，且 GroupBox 控件中的其他控件同时被禁用。

（3）Visible 属性：设置 GroupBox 控件是否可见，True 为可见，False 为不可见。

5.3.2 CheckBox 控件

CheckBox 控件又称为复选框，是一种选择类控件，其在工具箱中的图标为 ☑ CheckBox 。 CheckBox 控件主要用来显示选定标记，以确定用户是否选中了某一个项目。当选定 CheckBox 控件时，该控件左边的小方框内将出现"√"。复选框的功能是独立的，在同一窗体上如果有好几个复选框，用户可根据需要选取一个或多个。CheckBox 控件的常用属性和事件如下。

（1）Text 属性：用来设置复选框控件的标题内容。

（2）TextAlign 属性：用来设置复选框控件中文字的对齐方式。

（3）ThreeState 属性：用来表示复选框控件是否能表示三种状态。值为 True，复选框可以表示三种状态——选中、未选中和中间状态；值为 False，复选框只能表示两种状态——选中和未选中。

（4）CheckState 属性：用来表示复选框的复选状态，可以是 Unchecked（未选中状态）、 Checked（选中状态）和 Indeterminate（不确定状态，此时复选框显示为浅灰色，表示复选框的当前值是无效的或者无法确定）3 个值。

（5）Checked 属性：用来表示复选框的当前状态。当复选框被选中时，该属性值为 True，在复选框中有一个"√"；如果未被选中，则该属性为 False，复选框是空的。

（6）Appearance 属性：用来设置复选框的外观，有 Normal（常规外观）和 Button（按钮式外观）两个值。

（7）CheckedChanged 事件：当复选框的 Checked 属性发生改变时触发该事件。用户可以在此事件过程中，根据复选框的状态执行某些操作。

下面这个事件过程将根据复选框的状态来改变其标题内容。

```
private void checkBox1_CheckedChanged(object sender, EventArgs e)
```

```
{
    if (checkBox1.Checked==true)
    {
        checkBox1.Text = "选中";
    }
    else
    {
        checkBox1.Text = "未选中";
    }
}
```

5.3.3　RadioButton 控件

RadioButton 控件又称为单选按钮控件，其在工具箱中的图标为  。RadioButton 控件和 CheckBox 控件的不同之处是：CheckBox 控件可以同时选择多个选项中的一个或多个，即各选项间是不互斥的；而 RadioButton 控件只能从多个选项中选择一个，即各选项间的关系是互斥的。

RadioButton 控件在使用时通常由两个以上的单选按钮组成一个选项按钮组，这组单选按钮在同一时刻只能选中一个。运行时，当用户单击其中任一个单选按钮时，其左边的白色圆圈中就会出现一个黑点，而另一个单选按钮上的黑点消失，这表示已经选择了有黑点的选项。在程序设计时通常采用 GroupBox 控件对单选按钮进行分组。RadioButton 控件与 CheckBox 控件类似，具有 Text、TextAlign、Checked、Appearance 属性以及 CheckedChanged 事件。

【例 5-1】我们以一个"文本控制"实例，来学习复选框控件、单选框控件和分组框控件的使用方法。我们将通过不同的选择来改变文本框内文本的表现方式。其程序设计过程如下：

① 新建项目，添加窗体 Form1，在此窗体中添加如图 5-9 所示的控件。

② 按照表 5-4 所示更改控件的属性。

图 5-9　程序设计界面

表 5-4　相关控件属性设置

控 件 名 称	控 件 属 性	设 置 值
Form1（窗体）	Text	文本控制
groupBox1	Text	请选择字体：
groupBox2	Text	请选择颜色：
textBox1	Text	CheckBox 和 RadioButton 控件演示
checkBox1	Text	选择字体
checkBox2	Text	选择颜色
radioButton1	Text	宋体
radioButton2	Text	黑体
radioButton3	Text	红色
radioButton4	Text	黄色
checkBox1	CheckState	Checked
checkBox2	CheckState	Checked

③ 为 checkBox1 控件的 CheckedChanged 事件添加如下代码，以控制分组框控件 groupBox1 是否显示。

```
private void checkBox1_CheckedChanged(object sender, EventArgs e)
{
    //单击此复选框，控制 groupBox1 是否显示
    if (checkBox1.Checked==true)
    {
        groupBox1.Visible = true;     //checkBox1 被选中，显示 groupBox1
    }
    else
    {
        groupBox1.Visible = false;    //checkBox1 未被选中，不显示 groupBox1
    }
}
```

④ 为 checkBox2 控件的 CheckedChanged 事件添加如下代码，以控制分组框控件 groupBox2 是否显示。

```
private void checkBox2_CheckedChanged(object sender, EventArgs e)
{
    //单击此复选框，控制 groupBox2 是否显示
    groupBox2.Visible = checkBox2.Checked;
}
```

⑤ 为 radioButton1、radioButton2 控件的 CheckedChanged 事件添加如下代码，以改变文本框中所显示文本的字体。

```
private void radioButton1_CheckedChanged(object sender, EventArgs e)
{
    //设置字体为宋体
    textBox1.Font = new Font("宋体", textBox1.Font.Size);
}
private void radioButton2_CheckedChanged(object sender, EventArgs e)
{
    //设置字体为黑体
    textBox1.Font = new Font("黑体", textBox1.Font.Size);
}
```

⑥ 为 radioButton3、radioButton4 控件的 CheckedChanged 事件添加如下代码，以改变文本框中所显示文本的颜色。

```
private void radioButton3_CheckedChanged(object sender, EventArgs e)
{
    textBox1.ForeColor = Color.Red;        //设置显示文本的颜色为红色
}
private void radioButton4_CheckedChanged(object sender, EventArgs e)
{
    textBox1.ForeColor = Color.Yellow;   //设置显示文本的颜色为黄色
}
```

⑦ 运行调试程序，验证选项按钮控件和复选框控件的使用方法。其运行界面略。

5.4 列表类控件

列表类控件通常用于从一组给定的选项中选择一个或多个选项，包括 ListBox 控件、CdmboBox 控件和 CheckedListBox 控件。

5.4.1　ListBox 控件

ListBox 控件又称列表框控件，它在工具箱中的图标为 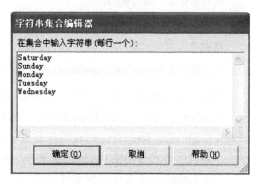 。其提供一个项目列表，用户可以从中选择一个或多个项目。当列表中的项目超过了列表框可显示的数目时，.NET 会自动给列表框加上滚动条，供用户上下滚动以便选择，它是规范输入的好工具。

1．ListBox 控件的常用属性

（1）Sorted 属性：用来指定列表框中的项目是否按字母表顺序排序。当 Sorted 属性为 True，向已排序的 ListBox 控件中添加的新项会移动到排序列表中适当的位置。

（2）Text 属性：只读属性，用于获取用户在列表框中所选项目的值。

（3）Items 属性：集合属性，通过设置列表框控件的 Items 属性可在设计时向列表框添加选项。方法如下：在属性窗口中选定 Items 属性并单击 **…** 按钮，在出现的字符串集合编辑器中依次输入列表项目，如图 5-10 所示。

在程序运行时可用 Items 属性访问列表框中的全部项目。此属性是一个字符串数组，数组中的每一项都对应一个列表项目。引用列表项目时应使用如下语法。

图 5-10　用 Items 属性添加列表项目

```
列表框名称.Items[Index]
```

其中，Index 是列表项在列表框中的索引，索引值从 0 开始。例如：下列代码在文本框（textBox1）中显示列表框（listBox1）中的第四个项目。

```
textBox1.Text = (string)listBox1.Items[3];
```

（4）SelectionMode 属性：用来指示列表框是单选、多选或不可选择。可以设置成 None（不允许选择任何选项）、One（一次只能选择一个选项）、MultiSimple（简单多项选择，用户可通过鼠标单击或按空格键在列表框中选中或取消选中项目，但一次只能增减一个项目）和 MultiExtended（扩展多项选择，用户可利用 Ctrl 键或 Shift 键的配合进行多项选择）4 种。

（5）MultiColumn 属性：用来设置列表框是否支持多列显示。其值为 False 时（默认），列表框中的项目以单列方式显示；为 True 时，列表框中的项目以多列方式显示。

（6）Items.Count 属性：是只读属性，用来返回列表框中所有项目的总数。例如，下列语句在文本框（textBox1）中显示列表框（listBox1）中可选择的项目数。

```
textBox1.Text = "您共有" + listBox1.Items.Count.ToString() + "个项目可供选择";
```

（7）SelectedIndex 属性：程序运行时用于设置或返回列表框中当前选定项目的索引。索引值从 0 开始，如果未选定任何项目，返回值为-1。

对于列表框控件来说，SelectedIndex 属性可以与 Items 属性结合起来使用，共同确定列表框中选定项目的文本，方法如下：

```
textBox1.Text = (string)listBox1.Items[listBox1.SelectedIndex];
```

文本框（textBox1）中的值即为列表框（listBoxl）中当前选定项目的文本。

（8）GetSelected 属性：实际上是一个数组，各个元素的值为 True 或 False，每个元素与列表框中的一项相对应。当一个元素的值为 True 时，表明选择了该项；如果为 False 则表明未选择。

（9）SelectedItem 属性：获取或设置 ListBox 控件中当前选定的项。

（10）SelectedItems 属性：获取 ListBox 控件中当前选定项的集合，通常在 ListBox 控件的 SelectionMode 属性值设置为允许多项选择时使用。

2．ListBox 控件的常用方法

（1）FindString 方法：用来查找列表框中以指定字符串开始的第一个列表项。如果找到选项，则返回该项从 0 开始的索引；如果找不到匹配项，则返回-1。其调用格式有以下两种。

格式 1：

> 列表框对象.FindString(s)

说明：在列表框对象中查找以字符串 s 开始的第一项。

格式 2

> 列表框对象.FindString(s,startIndex)

说明：在列表框对象中查找字符串 s，查找的起始项为 startIndex +1。

FindString 方法只是词语部分匹配，即要查的字符串在列表项的开头，便认为是匹配的。如果要精确匹配，即只有在列表项与查找字符串完全一致时才认为匹配，可使用 FindStringExact 方法，其调用格式与功能 FindString 基本一致。

（2）SetSelected 方法：用来选中某一项或取消对某一项的选择。其调用格式如下：

> 列表框对象.SetSelected (index, value)

说明：index 参数指的是要选择或取消选择的项从零开始的索引；value 如果为 True 表示要选择指定的项，否则为 False。

（3）Items.Add 方法：向列表框的尾部添加项目。如果 Sorted 属性为 False，那么新增的列表项将加入到列表框的尾部。其调用格式如下：

> 列表框对象.Items.Add (item)

说明：参数 item 表示要添加到列表框中的项目。

（4）Items.Insert 方法：向列表项的指定位置添加项目。

（5）Items.Remove 方法

在程序运行时，Items.Remove 方法从列表框中删除项目。其调用格式如下：

> 列表框对象.Items.Remove (value)

说明：参数 value 表示要从列表框中移除的项。

（6）Items.RemoveAt 方法：在程序运行时，Items.RemoveAt 方法从列表框中删除指定的项目。其调用格式如下：

> 列表框对象.Items.RemoveAt (index)

说明：参数 index 表示要从列表框中删除的列表项的索引。

（7）Items.Clear 方法：删除列表框控件中的所有项目，经常在重新填充列表框项目前使用。

（8）Items.IndexOf 方法：返回指定的项在列表框中的索引。

（9）Items.Contains 方法：确定指定的项是否在列表框中。

5.4.2　ComboBox 控件

ComboBox 控件又称组合框控件，它在工具箱中的图标为 ⊞ ComboBox 。组合框控件将文本框和列表框的功能结合在一起，用户可以通过在组合框中输入文本来选定项目，也可以直接从列表框中选定项目。组合框控件占用的空间相对也较少。一般情况下，组合框适用于建议性的选项列表，而当希望将输入限制在列表之内时，则应使用列表框。

组合框控件的属性和方法与列表框很相似，但与列表框相比，组合框不能多选，无 SelectionMode、MultiColumn、GetSelected、SelectedItems 属性。可通过 DropDownStyle 属性设置或获取组合框的样式，其取值和含义见表 5-5。

表 5-5 DropDownStyle 属性取值及其含义

设 置 值	说 明
DropDown	标准下拉样式，包括一个文本框和一个可以折叠的下拉式列表框，用户可以在文本框中输入内容
DropDownList	下拉列表样式，顶部无文本框，用户只能通过下拉列表框选择
Simple	简单样式，包括一个文本框和一个不能折叠的列表框，用户可以在文本框中输入内容

列表框和组合框控件常用事件有 SelectedIndexChanged、Enter、Leave 和 TextChanged 等。

（1）SelectedIndexChanged 事件：在选中选项的索引发生改变时触发 SelectedIndexChanged 事件。

（2）TextChanged 事件：当用户在组合框中文本框的位置输入文本，就触发 TextChanged 事件。每一次击键过程都会产生 TextChanged 事件。

（3）Enter 事件：当控件被选中时，触发 Enter 事件。用户用 Tab 键选择控件时，每个选中的控件都触发 Enter 事件。

（4）Leave 事件：当用户用 Tab 键从一个控件切换到另一个控件时，Leave 事件被触发，而且是发生在下一个控件的 Enter 事件之前。

5.4.3 CheckedListBox 控件

CheckedListBox 又称复选列表框，其在工具箱中的图标为 CheckedListBox 。它扩展了 ListBox 控件，几乎能够完成 ListBox 控件可以完成的所有任务，并且还可以在列表项旁边显示复选标记。除具有列表框的全部属性外，它还具有以下属性。

（1）CheckOnClick 属性：获取或设置一个值，该值指示当某项被选定时是否应该切换左侧的复选框。当该属性为 True 时，立即切换选中的标记。

（2）CheckedItems 属性：返回 CheckedListBox 控件中选中项的集合。

【例 5-2】以一个简单的实例来说明列表框控件的使用方法。在该实例中共有四个按钮，分别作为增加项目（button1）、删除项目（button2）、清除项目（button3）和退出程序（button4）的按键；一个文本框（textBox1）作为新增项目名称输入框；一个列表框（listBox1）用于显示项目列表；一个标签（label2）用于显示列表框中显示的项目总数；还有一个标签（label1）用于显示标题。程序设计过程如下：

① 新建项目，添加窗体 Form1，在此窗体中添加如图 5-11 所示的控件并调整它们的大小和位置。

② 按照表 5-6 所示更改控件的属性。

③ 为 Form1 的 Load 事件添加如下代码，以使窗体在加载时将文本框和列表框清空。

```
private void Form1_Load(object sender, EventArgs e)
{
    textBox1.Text = "";                  //将文本框清空
    listBox1.Items.Clear();              //将列表框清空
    label2.Text = "列表框项目总数为：" + listBox1.Items.Count.ToString();
}
```

图 5-11　程序设计界面

表 5-6　【例 5-2】相关控件属性设置

控件名称	控件属性	设置值
Form1（窗体）	Text	列表框实例
button1	Text	增加(&A)
button 2	Text	删除(&D)
button 3	Text	清除(&C)
button 4	Text	退出(&X)
text1	Text	（空）
listBox1	Name	ListBox1
label1	Text	新增项目名称：
label2	Text	列表项目总数为：

④ 为 button1 的 Click 事件添加如下代码。这样当在文本框中输入项目名称，单击"确定"按钮后，即可把新项目添加到列表框 listBox1 中，同时在标签（label2）中显示列表框中的列表项目总数。

```
private void button1_Click(object sender, EventArgs e)
{
    listBox1.Items.Add(textBox1.Text);
    textBox1.Text = "";
    label2.Text = "列表框项目总数为：" + listBox1.Items.Count.ToString();
    textBox1.Focus();
}
```

⑤ 为命令按钮 button2 的 Click 事件添加如下代码。这样，当在列表框中选定某一项目，然后单击"删除"按钮时将它从列表框中删除。

```
private void button2_Click(object sender, EventArgs e)
{
    int intSelected;
    intSelected = listBox1.SelectedIndex;
    if (intSelected>=0)
    {   //选中了某一列表项
        listBox1.Items.RemoveAt(intSelected);
        label2.Text = "列表框项目总数为：" + listBox1.Items.Count.ToString();
    }
    else
    {   //没有选中任何列表项
        MessageBox.Show("请先在列表框中选择要删除的项目！","列表框实例");
    }
}
```

⑥ 为命令按钮 button3 的 Click 事件过程添加如下代码。这样，当单击"清除"按钮时，将把列表框中的项目全部删除。

```
private void button3_Click(object sender, EventArgs e)
{
    listBox1.Items.Clear();
    label2.Text = "列表框项目总数为：" + listBox1.Items.Count.ToString();
}
```

⑦ 为命令按钮 button4 的 Click 事件过程添加如下代码。这样，当单击"退出"按钮时结束整个程序的运行。

```
private void button4_Click(object sender, EventArgs e)
```

```
    {
        this.Close();
    }
```

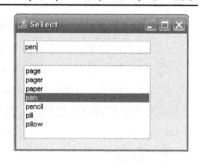

图 5-12 在列表框中选择输入的条目

【**例 5-3**】在实际项目中，当列表框的条目非常多时，可以根据用户输入到文本框的文本查找到对应的条目。在图 5-12 中，当输入 p 时，快速搜索并显示以 p 字母开头的项。然后接着输入 e，快速搜索并马上显示 pe 字母开头的项并且第一个项被选中。继续输入 n，则第一个以 pen 开头的项被选中。

☞**注意**：设计时将列表框控件的 Sorted 属性设置为 True；这些代码在文本框的 TextChanged 事件过程中编写，用户每一次击键输入时都会触发这个事件。

```
private void textBox1_TextChanged(object sender, EventArgs e)
{
    int intIndex=0;
    Boolean isFounded = false;
    string lstCompareString, txtCompareString;
    while (!isFounded && (intIndex<listBox1.Items.Count))
    {
        lstCompareString = (string)listBox1.Items[intIndex];
        txtCompareString = textBox1.Text;
        if (lstCompareString.StartsWith(txtCompareString,true,new System.Globalization.CultureInfo("en-US")))
        {
            listBox1.SelectedIndex = intIndex;
            isFounded = true;
        }
        intIndex++;
    }
}
```

5.5 HScrollBar 控件和 VScrollBar 控件

通常情况下，当项目列表很长或者信息量很大时，可以使用滚动条来提供简单的定位，这样用户就可以在较小的区域中浏览到所有的信息或者列表项目等。另外滚动条还可以作为输入设备，进行数值输入。滚动条包括水平滚动条和垂直滚动条。水平滚动条在工具箱中的图标为 <|> HScrollBar ，用来帮助用户左右滚动窗口内容；垂直滚动条在工具箱中的图标为 ^∨ VScrollBar ，用来帮助用户上下滚动窗口内容。

1. 常用属性

（1）Maximum/Minimum 属性：这两个属性用来定义滚动条控件的 Value 属性可能出现的最大值和最小值。对于水平滚动条来说，最左边为 Minimum，最右边为 Maximum；对于垂直滚动条来说，最上面为 Minimum，最下面为 Maximum。

（2）Value 属性：对应于滚动框在滚动条中的位置，其值应在用户所设定的最大值和最小值之间，默认值为 0。对于水平滚动条，当滚动框处于最左边时，Value 取最小值；对于垂直滚动条，当滚动框处于最顶端时，Value 取最小值；反之，则 Value 取最大值。改变滚动条控件 Value 属性的方法共有四种：

① 设计时在属性窗口中设定 Value 值，或在程序运行过程中用代码设置 Value 属性值；

② 运行时用鼠标单击滚动条两端的箭头；

③ 运行时将滚动框沿滚动条拖动到任意位置；

④ 运行时用鼠标单击滚动框和滚动箭头之间的区域。

（3）LargeChange/SmallChange 属性：在改变 Value 属性的四种方法中，方法②的移动量比较小，方法④的移动量比较大。为了指定滚动条控件 Value 属性每次增减的数值，对于方法④可用 LargeChange 属性设置，对于方法②可用 SmallChange 属性设置。

2. 常用事件

经常使用的滚动条控件的事件是 ValueChanged，该事件在 HSrollBar 控件和 VSrollBar 控件的 Value 属性值改变时发生。

【例 5-4】 以一个"调色板"实例，学习滚动条控件的使用方法。在此实例中，是通过滚动条来调整颜色的。程序设计过程如下。

① 新建项目，添加窗体 Form1，在此窗体中添加如图 5-13 所示的控件并调整它们的大小和位置。

② 按照表 5-7 所示更改控件的属性。

表 5-7 【例 5-4】相关控件属性设置

图 5-13　程序设计界面图

控 件 名 称	控 件 属 性	设 置 值
Form1（窗体）	Text	调色板
groupBox1	Text	颜色区
textBox1	Text	" "
textBox1	MultiLine	True
label1/label2/label3	AutoSize	True
hScrollBar1/hScrollBar2/hScrollBar3	Minimum	0
hScrollBar1/hScrollBar2/hScrollBar3	Maximum	255
hScrollBar1/hScrollBar2/hScrollBar3	SmallChange	8
hScrollBar1/hScrollBar2/hScrollBar3	LargeChange	32

③ 在代码窗口中编写如下程序代码。

```
//根据三个滚动条的 Value 属性值修改文本框的背景色
//RGB 函数用三原色原理来设置颜色，用法为：RGB（红，绿，蓝）
private void ChangeColor()
{
    textBox1.BackColor = Color.FromArgb(hScrollBar1.Value, hScrollBar2.Value,
                                        hScrollBar3.Value);
}
private void hScrollBar1_ValueChanged(object sender, EventArgs e)
{
    //滚动条调整红色的数值
    label1.Text = "红色值：" + hScrollBar1.Value.ToString();
    ChangeColor();
}
private void hScrollBar2_Scroll(object sender, ScrollEventArgs e)
{
    //滚动条调整绿色的数值
    label2.Text = "绿色值：" + hScrollBar2.Value.ToString();
    ChangeColor();
}
```

```
private void hScrollBar3_Scroll(object sender, ScrollEventArgs e)
{
    //滚动条调整蓝色的数值
    label3.Text = "蓝色值：" + hScrollBar3.Value.ToString();
    ChangeColor();
}
private void Form1_Load(object sender, EventArgs e)
{
    //在 Label1、Label2、Label3 三个标签中分别显示红、绿、蓝三原色的值
    label1.Text = "红色值：" + hScrollBar1.Value.ToString();
    label2.Text = "绿色值：" + hScrollBar2.Value.ToString();
    label3.Text = "蓝色值：" + hScrollBar3.Value.ToString();
    ChangeColor();
}
```

④ 运行程序，当用户单击 3 个滚动条两端的箭头、直接拖动滚动条上的滚动框或用鼠标单击滚动框和滚动箭头之间的区域时，可以调整在 Color.FromArgb 方法中所使用的三原色的数值，从而使"颜色区"中显示不同的颜色。其运行界面略。

5.6　ProgressBar 控件和 TrackBar 控件

5.6.1　ProgressBar 控件

ProgressBar 控件又称为进度条控件，其在工具箱中的图标为 ▦ ProgressBar 。该控件在水平栏中显示适当长度的矩形条来指示进程的进度。当执行进程时，进度条用系统突出显示颜色在水平栏中从左到右进行填充。进度完成时，进度栏被填满。当某进程运行时间较长时，如果没有视觉提示，用户可能会认为应用程序不响应，通过在应用程序中使用进度条，就可以告诉用户应用程序正在执行冗长的任务且应用程序仍在响应。

1. ProgressBar 控件的常用属性

ProgressBar 控件的属性与滚动条控件的属性很相似，也具有 Maximum/Minimum、Value 属性，没有 LargeChange/SmallChange 属性，但具有 Step 属性。

Step 属性用来决定每次调用 PerformStep 方法时，Value 属性增加的幅度。在进程执行过程中，可以调用 PerformStep 方法按 Step 属性的值增加进度条。

2. ProgressBar 控件的常用方法

（1）Increment 方法：用来按指定的数量增加进度条控件的 Value 值，其调用格式如下：

ProgressBar 对象.Increment (n)

说明：参数 n 为整数，其功能是把 ProgressBar 对象的 Value 属性值增加 n。

（2）PerformStep 方法：按 Step 属性值来增加进度条的 Value 值。

ProgressBar 控件也能够响应很多事件，但一般很少使用。

5.6.2　TrackBar 控件

TrackBar 控件又称滑块控件，它在工具箱中的图标是 ▭ TrackBar ，主要用于以可视形式调整数字设置。TrackBar 控件有两部分：滑块和刻度线。滑块是可以调整的部分，其位置与 Value 属性相对应；刻度线是按规则间隔分隔的可视化指示符。TrackBar 控件可以按指定的增量移动，并且可以水平或垂直排列。

TrackBar 控件的属性与滚动条控件的属性很相似，也具有 Maximum/Minimum、Value、

LargeChange/SmallChange 属性。除此之外 TrackBar 控件还具有以下特殊属性：

（1）Orientation 属性：用来指示 TrackBar 控件是在水平方向还是垂直方向排列。

（2）TickFrequency 属性：用来指示 TrackBar 控件上绘制的刻度之间的增量。

（3）TickStye 属性：用来指示如何显示 TrackBar 控件上的刻度线，可以有 None（不显示刻度线）、TopLeft（刻度线位于水平控件的顶部或垂直控件的左侧），BottomRight（刻度线位于水平控件的底部或垂直控件的右侧）和 Both（刻度线位于控件的两边）4 个取值。

TrackBar 控件经常使用的事件是 ValueChanged，该事件在 TrackBar 控件的 Value 属性值改变时发生。

5.7 Timer 控件

Timer 控件又称为计时器控件，它在工具箱中的图标为 ![Timer图标] Timer ，是一种按指定的时间间隔触发 Tick 事件的控件。计时器控件一般用来检查系统时间、判断是否该执行某项任务或用于后台处理。计时器控件是一种非用户界面控件。在设计阶段，它不出现在窗体上，而是位于窗体下面专用的面板中。当 Enabled 属性设置为 True 且 Interval 属性大于 0 时，将引发 Tick 事件，引发的时间间隔基于 Interval 属性设置。

（1）Enabled 属性：用来控制计时器的工作，值为 True 计时器开始工作，值为 False 停止操作。

（2）Interval 属性：用来设定引发 Tick 事件过程的间隔时间，单位是毫秒。例如，将 Interval 的值设定为 1000，那么计时器控件就每隔 1 秒引发一次 Tick 事件过程。

（3）Start 方法：用来启动计时器控件。调用此方法与将 Enabled 属性设置为 True 的作用相同。

（4）Stop 方法：用来停止计时器控件。调用此方法与将 Enabled 属性设置为 False 的作用相同。

（5）Tick 事件：是 Timer 控件在间隔了 Interval 属性设定的时间后所触发的事件。通过引发 Tick 事件，Timer 控件可以有规律地每隔一段时间执行一次代码。

【例 5-5】计时器控件的使用方法。程序设计过程如下。

① 新建项目，添加窗体 Form1，在此窗体中添加如图 5-14 所示的控件并调整它们的大小和位置。

② 按照表 5-8 所示更改控件的属性。

表 5-8 【例 5-5】相关控件属性设置

控件名称	控件属性	设 置 值
Form1（窗体）	Text	计时器实例
label1	Text	系统当前时间：
label1	Font	设置为宋体，字体的大小为三号
label2	Text	label2
label2	Font	设置为宋体，字体的大小为三号
timer1	Interval	1000
timer1	Enabled	False

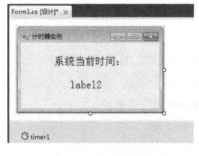

图 5-14 程序设计界面

③ 为窗体 Form1 的 Load 事件、计时器控件 timer1 的 Tick 事件输入以下代码。

```
private void Form1_Load(object sender, EventArgs e)
{
    label2.Text = DateTime.Now.ToLongTimeString();
    timer1.Enabled = true;
}
```

```
private void timer1_Tick(object sender, EventArgs e)
{
    label2.Text = DateTime.Now.ToLongTimeString();
}
```

④ 运行程序，窗体上显示系统当前的时间。

5.8　其他常用控件

5.8.1　DateTimePicker 控件

DateTimePicker 控件用来让用户设置日期和时间，其在工具箱中的图标为 ▦ DateTimePicker 。
DateTimePicker 控制常用的属性和事件如下。

（1）Format 属性：用来设置控件上显示的日期和时间格式。其取值及含义：Long 指定控件以操作系统设置的长日期格式显示日期值；Short 指定控件以操作系统设置的短日期格式显示日期值；Time 指定控件以操作系统设置的时间格式显示时间；Custom 允许控件以自定义格式显示日期/时间值。

（2）CustomFormat 属性：用于设置控件显示日期/时间时所使用的格式。例如，若要将日期和时间显示为 01/15/2013 12:00 PM，应将此属性设置为 MM'/'dd'/'yyyy hh':'mm tt。

（3）Value 属性：用于返回该控件的当前日期/时间。再利用其 Year、Month、Day、Hour、Minute、Second 等属性可获得该控件中的年、月、日、时、分、秒等信息。

（4）MaxDate 属性：获取或设置可在控件中选择的最大日期和时间。

（5）MinDate 属性：获取或设置可在控件中选择的最小日期和时间。

（6）ShowUpDown 属性：指示是否为修改控件值显示数字显示框，而不是下拉日历。

（7）ValueChanged 事件：当 Value 属性发生改变时触发该事件。

5.8.2　TabControl 控件

TabControl 控件又称为选项卡控件，一个选项卡控件中可以添加多个选项卡，选项卡中可包含其他控件。TabControl 控件可以把窗体设计成多页，使窗体的功能划分为多个部分。如果一个窗体的内容较多且有分类需求，就可以使用选项卡控件。TabControl 控件在工具箱中的图标为 ▢ TabControl 。在窗体上选择该控件时，在控件的右上角就会出现一个带三角形的小按钮。单击这个按钮打开 Actions 窗口，可以方便地在设计期间添加或删除 TabPages。

TabControl 控件常用属性和事件如下。

（1）Appearance 属性：指示选项卡是绘制成按钮还是绘制成常规选项卡。值为 Normal 表示该选项卡具有标准外观；为 Buttons 表示该选项卡具有三维按钮的外观；为 FlatButtons 表示该选项卡具有平面按钮的外观。

（2）SelectedIndex 属性：获取或设置当前选定的选项卡页的索引。

（3）SelectedTab 属性：获取或设置当前选定的选项卡页。

（4）TabCount 属性：获取选项卡控件中选项卡的数目。

（5）TabPages 属性：集合属性，获取该选项卡控件中选项卡页的集合。设计阶段，在属性窗口选中该属性，单击 … 按钮，在出现的 TabPage 集合编辑器中为 TabControl 控件添加选项卡。每个单独的选项卡是一个 TabPage 对象，用户可以在每个单独的选项卡上添加控件。要改变卡片标签，只需设置 TabPage 的 Text 属性。

（6）MultiLine 属性：指示是否允许多行选项卡。

（7）ImageList 属性：设置此选项卡将从中获取图像的 ImageList 控件。ImageList 控件提供了一个集合，可以用于存储在窗体的其他控件中使用的图像。

（8）SelectedIndexChanged 事件：当 SelectedIndex 属性更改时触发，即选择了另一个 TabPage。

5.8.3 TreeView 控件

TreeView 控件可按树形结构显示分层数据，例如目录或文件目录，其在工具箱中的图标为 TreeView 。将 TreeView 控件从工具箱拖放到窗体上，右键单击 TreeView 控件，选择"编辑节点"，在出现的 TreeNode 编辑器窗口中可以建立根节点、增加或删除节点，或对节点进行修改。图 5-15 为一个 TreeView 控件的例子。TreeNode 类表示 TreeView 控件中显示的节点，TreeNodeCollection 类表示 TreeNode 对象的集合。TreeNode 对象的 Parent 属性返回对父节点的引用，如果该节点是根节点，则返回 Nothing。

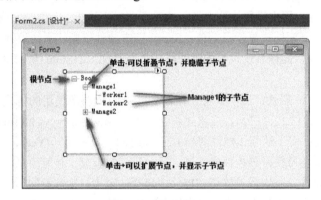

图 5-15 TreeView 树示例

1. TreeView 控件的属性和事件

（1）CheckedBoxes 属性：指示是否在节点旁显示复选框。

（2）ImageList 属性：指定含有节点图标的 ImageList 控件，它是图形对象的集合。

（3）Nodes 属性：获取分配给 TreeView 控件的树节点集合，包括方法 Add（增加 TreeNode 对象）、Clear（删除所有树节点）、Remove（移除指定的树节点）和 RemoveAt（在指定索引处删除树节点）。

（4）SelectedNode 属性：获取或设置 TreeView 控件中当前选定的树节点。

（5）BeginUpdate 方法：禁用任何树视图重绘。

（6）EndUpdate 方法：启用树视图的重绘。

（7）ExpandAll 方法：展开所有树节点。

（8）AfterSelect 事件：在选定树节点后发生的事件。

（9）AfterCollapse 事件：在折叠树节点后发生的事件。

（10）AfterExpand 事件：在展开树节点后发生的事件。

（11）BeforeSelect 事件：在选定树节点前发生的事件。

（12）BeforeCollapse 事件：在折叠树节点前发生的事件。

（13）BeforeExpand 事件：在展开树节点前发生的事件。

（14）AfterLabelEdit 事件：在编辑树节点标签文本后发生的事件。

2. 节点类 TreeNode 属性和方法

（1）Checked 属性：获取或设置一个值，用以指示树节点是否处于选中状态。

（2）FirstNode 属性：获取树节点集合中的第一个子树节点。

（3）LastNode 属性：获取树节点集合中的最后一个子树节点。

（4）NextNode 属性：获取下一个同级树节点。

（5）PreNode 属性：获取上一个同级树节点。

（6）FullPath 属性：设置从根树节点到当前树节点的路径。

（7）ImageIndex 属性：当树节点处于未选定状态时所显示图像的图像列表索引值。

（8）SelectedImageIndex 属性：当树节点处于选定状态时所显示图像的图像列表索引值。

（9）IsSelected 属性：获取一个值，用以指示树节点是否处于选定状态。

（10）Text 属性：获取或设置在树节点标签中显示的文本。

（11）Nodes 集合：获取分配给当前树节点的 TreeNode 对象的集合。

（12）Collapse 方法：折叠树节点。

（13）Expand 方法：对于非根节点且有下级子节点，可通过此方法展开该节点。

（14）GetNodeCount：返回子树节点的数目。

3．用编程方式增加节点

用编程方式增加节点，首先要建立根节点。创建新的 TreeNode 对象，并传递要显示的文本。然后，调用方法 Add 把新的 TreeNode 对象增加到 TreeView 的 Nodes 集合中。图 5-15 所示的 TreeView 树示例可通过以下代码实现。

```
private void Form1_Load(object sender, EventArgs e)
{
    treeView1.BeginUpdate();
    TreeNode root = new TreeNode();
    root.Text = "Boot";
    treeView1.Nodes.Add(root);
    TreeNode child1 = new TreeNode("Manage1");
    root.Nodes.Add(child1);
    TreeNode grandChild1 = new TreeNode("Worker1");
    TreeNode grandChild2 = new TreeNode("Worker2");
    child1.Nodes.Add(grandChild1);
    child1.Nodes.Add(grandChild2);
    TreeNode child2 = new TreeNode("Manage2");
    root.Nodes.Add(child2);
    TreeNode grandChild3 = new TreeNode("Worker3");
    TreeNode grandChild4 = new TreeNode("Worker4");
    child2.Nodes.Add(grandChild3);
    child2.Nodes.Add(grandChild4);
    treeView1.EndUpdate();
}
```

或

```
private void Form1_Load(object sender, EventArgs e)
{
    treeView1.BeginUpdate();
    treeView1.Nodes.Add("Boot");
    treeView1.Nodes[0].Nodes.Add("Manage1");
    treeView1.Nodes[0].Nodes.Add("Manage2");
    treeView1.Nodes[0].Nodes[0].Nodes.Add("Worker1");
    treeView1.Nodes[0].Nodes[0].Nodes.Add("Worker2");
    treeView1.Nodes[0].Nodes[1].Nodes.Add("Worker3");
    treeView1.Nodes[0].Nodes[1].Nodes.Add("Worker4");
```

```
        treeView1.EndUpdate();
}
```

5.8.4 ListView 控件

ListView 控件被称为列表视图，显示了带图标的项的列表，可用其创建类似于 Windows 资源管理器的文件列表。ListView 控件在工具箱中的图标为 ⠿ ⠿ ListView，其常用属性和事件如下。

（1）View 属性：获取或设置项在控件中的显示方式。属性值有 LargeIcon（显示大图标，条目可以出现在多个列中）、SmallIcon（显示小图标）、List（显示小图标，条目出现于一个列中）和 Details（类似于 List，但是每个条目可以显示多个信息列）。

（2）CheckBoxes 属性：获取或设置一个值，指示控件中各项的旁边是否显示复选框。

（3）MultiSelect 属性：获取或设置一个值，指示是否可以选择多个项。

（4）LargeImageList 属性：获取或设置当项以大图标在控件中显示时使用的 ImageList。

（5）SmallImageList 属性：获取或设置当项以小图标在控件中显示时使用的 ImageList。

（6）Activation 属性：获取或设置用户激活某一项必须要执行操作的类型。选项有 OneClick（单击激活该项）、TwoClick（双击激活该项，一次单击可以更改该项的文本颜色）和 Standard（双击激活某项，但是该项的外观不会发生更改）。

（7）Columns 属性：获取控件中显示的所有列标题（ColumnHeader）的集合。ColumnHeader 常用的属性有 Text（列标题中显示的文本）、TextAlign（列标题中所显示文本的水平对齐方式）、ImageList（设置列标题的关联图像列表）和 ImageIndex（设置显示在列标题中的图像的索引）。

（8）Groups 属性：获取分配给控件的 ListViewGroup 对象的集合。ListView 控件的分组功能可以将其包含的所有项进行逻辑分组，每个组均由下面带有一条横线的文本标题和分配给该组的项组成。ListViewGroup 常用的属性有 Header（组的标题文本）、HeaderAlighment（组标题文本的对齐方式）、Name（组的名称）和 Items（与此组相关联的所有项的集合）。

（9）ShowGroups：获取或设置一个值，指示是否以分组方式显示项。

（10）Items 属性：获取包含控件中所有项（ListViewItem）的集合，通过 Items 属性，可以在 ListView 中添加和移除项。ListViewItem 常用的属性有 Text（该项的文本）、SubItems（该项所有子项的集合）、ImageList（设置该项的关联图像列表）ImageIndex（设置该项显示图像的索引）和 Group（该项所分配到的组）。

（11）LabelEdit 属性：获取或设置一个值，指示用户是否可以编辑控件中项的标签。

（12）AllowColumnReorder 属性：获取或设置一个值，指示用户是否可拖动列标题来改变列表视图中列的顺序。

（13）FullRowSelect 属性：获取或设置一个值，指示单击某项是否选择其所有子项。

（14）GridLines 属性：设置为 True，列表视图会在行和列之间绘制网格线。

（15）Sorting 属性：获取或设置控件中项的排序顺序。

（16）ItemActivate 事件：ListView 中条目被激活时产生的事件。

Items、Groups 和 Columns 三个集合对象都具有 Add（增加项）、Clear（移除所有项）、Remove（移除指定项）、RemoveAt（移除指定索引处的项）和 Contains（指定项是否位于集合内）等方法。

【例 5-6】说明 ListView 控件的使用方法。实例中首先在窗体加载时对 ListView 控件进行初始化（增加列和初始的两行数据），然后单击"增加数据"按钮在 ListView 控件中增加新数据，新数据的内容在下面的四个文本框中输入；单击"显示"按钮将当前被选中项的信息显示在下面四个文本框中。程序执行结果如图 5-16 所示。

其设计过程如下。

① 新建项目，添加窗体 Form1，在此窗体中添加如图 5-16 所示的控件：1 个 ListView 控件、1 个 ImageList 控件、3 个 Button 控件、4 个 Label 控件、4 个 TextBox 控件，调整它们的大小和位置。

② 为 ImageList 控件添加需要在 ListView 中使用的图片，并将 ListView 控件的 ImageList 属性设置为该 ImageList 控件。

③ 为窗体 Form1 的 Load 事件过程添加如

图 5-16　程序运行结果

下代码，使得窗体加载显示后，在 ListView 控件中有如图 5-16 所示的初始数据。

```
private void Form1_Load(object sender, EventArgs e)
{
    listView1.View = View.Details;              //设置 ListView 的视图方式为详细列表
    listView1.AllowColumnReorder = true;        //允许拖动列标题来重新排序
    listView1.FullRowSelect = true;             //单击某项时选择其所有子项
    listView1.GridLines = true;                 //项和子项的行和列之间显示网格线
    //添加列
    listView1.Columns.Add("姓名", 120, HorizontalAlignment.Left);
    listView1.Columns.Add("性别", 80, HorizontalAlignment.Left);
    listView1.Columns.Add("年龄", 80, HorizontalAlignment.Left);
    listView1.Columns.Add("民族", 80, HorizontalAlignment.Left);
    //生成 ListView 的第一个项（即第一行）
    ListViewItem item1 = new ListViewItem("张三", 0);
    item1.SubItems.Add("男");
    item1.SubItems.Add("22");
    item1.SubItems.Add("汉");
    //生成 ListView 的第二个项（即第二行）
    ListViewItem item2 = new ListViewItem("李四", 0);
    item2.SubItems.Add("女");
    item2.SubItems.Add("21");
    item2.SubItems.Add("汉");
    //向 ListView 控件中加入新项 item1 和 item2
    listView1.Items.AddRange(new ListViewItem[] { item1, item2 });
}
```

④ 为按钮 button1 的 Click 事件过程添加如下代码，将用户在 textBox1～textBox4 文本框中输入的新项添加到 ListView 控件的最后。

```
private void button1_Click(object sender, EventArgs e)
{
    //生成 ListView 的一个项（即一行）
    ListViewItem item = new ListViewItem(textBox1.Text, 0);
    item.SubItems.Add(textBox2.Text);
    item.SubItems.Add(textBox3.Text);
    item.SubItems.Add(textBox4.Text);
    //Insert 方法向现有 ListView 指定索引处插入一个新项，这里是在最后插入新项
    listView1.Items.Insert(listView1.Items.Count, item);
}
```

⑤ 为按钮 button2 的 Click 事件过程添加如下代码，将用户在 ListView 控件中选择项的内容在文本框 textBox1～textBox4 中显示，如果用户在单击此按钮前未在 LIstView 控件中选择项，系统将提示信息。

```
private void button2_Click(object sender, EventArgs e)
{
    if (listView1.SelectedItems.Count != 0)
    {
        ListViewItem item = listView1.SelectedItems[0];
        textBox1.Text = item.Text;
        textBox2.Text = item.SubItems[1].Text;
        textBox3.Text = item.SubItems[2].Text;
        textBox4.Text = item.SubItems[3].Text;
    }
    else
    {
        MessageBox.Show("没有选中的项", "提示信息", MessageBoxButtons.OK, MessageBoxIcon.Information);
    }
}
```

⑥ 为按钮 button3 的 Click 事件过程添加如下代码，将用户在 ListView 控件中选择的项删除，如果用户在单击此按钮前未在 LIstView 控件中选择项，系统将提示信息。

```
private void button3_Click(object sender, EventArgs e)
{
    if (listView1.SelectedItems.Count != 0)
    {
        listView1.Items.Remove(listView1.SelectedItems[0]);
    }
    else
    {
        MessageBox.Show("没有选中的项", "提示信息", MessageBoxButtons.OK, MessageBoxIcon.Information);
    }
}
```

5.9 Windows 高级程序设计

5.9.1 菜单、工具栏和状态栏

用户界面设计是程序设计中非常重要的部分，好的应用程序界面既要能给用户更大的工作空间，又要能反映更多当前任务的相关信息，同时还不能干扰用户的正常操作。在 Windows 操作系统编写的应用程序中，菜单、工具栏和状态栏可能是不可或缺的重要部分，如图 5-17 所示。本节我们将重点介绍在.NET 中如何实现菜单、工具栏及状态栏。

1．菜单的基本概念

所谓菜单，就是可供选择的命令项目列表，它位于菜单栏上，通过它用户可以很容易地访问不同类型的命令。图 5-18 中就提供了"文件"、"编辑"、"格式"、"查看"、"帮助"等多个菜单供用户选择。

（1）菜单的组成

① 菜单栏：位于窗体标题栏下面，由一个或多个菜单标题组成。

② 菜单标题：位于菜单栏上，当用单击菜单标题时，它所包含的菜单项列表就会下拉显

示，因此也把这种菜单称为下拉式菜单。

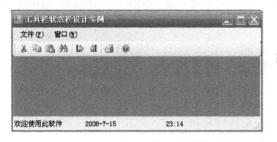 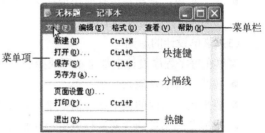

图 5-17 工具栏和状态栏在 Windows 应用程序中的应用   图 5-18 菜单结构一

③ 菜单项：单击菜单标题时下拉显示的一组列表就是菜单项。单击菜单项表示选择该项，若选择的是一般的命令，则马上执行，如图 5-18 中的"退出"命令；若选择的是一个带省略号"…"的命令，则打开一个对话框，在此对话框中输入执行命令所需的信息并单击"确定"按钮即可执行该菜单命令，如图 5-18 中的"页面设置…"命令。

④ 分隔线：分隔线是一类特殊的菜单项，它的作用是将菜单项分组，如图 5-18 所示，所有有关文件打开的菜单项（"新建"、"打开"、"保存"、"另存为"）由分隔线分为一组，所有有关打印的菜单项（"页面设置"、"打印"）也由分隔线分为一组。用户在自己设计菜单时，最好也遵守这个规则，将相近的菜单项分为一组，并用分隔线分开，这样在使用应用程序时会感到非常方便。

⑤ 子菜单项：在菜单项中，某些菜单项具有向右的箭头，这是带有子菜单项的标志。当选取这样的菜单项时，即打开下一级层叠菜单，用户可以从层叠菜单中选择要执行的命令。图 5-19（a）所示菜单中的"格式"→"对齐"菜单就是一个子菜单项例子。虽然在.NET 中最多可以设计 6级子菜单，但这种菜单对使用者来说太复杂了，并不提倡这么做。通常在程序设计中，如果菜单栏的空间足够，还是应该尽量少使用多级子菜单。大多数应用程序都只使用一级子菜单，当要再创建下一级菜单时，可用对话框来代替。

⑥ 还有一些菜单并不执行命令，而是代表一种状态，如图 5-19（b）所示的"格式"菜单中，菜单项"自动换行"前面有一个"√"号，称为选中标记，表示该菜单项代表的功能目前正在起作用。

 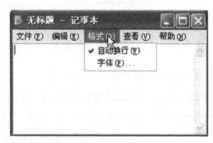

（a）子菜单项示例   （b）代表选中状态的菜单项

图 5-19 菜单结构二

（2）菜单的状态

对于任何一个菜单项来说，都有隐藏、无效和正常三种状态。

● 隐藏菜单：如果在设计菜单时将其 Visible 属性设为 False，则建立的菜单是隐藏的，不出现在菜单栏上。

● 无效菜单：是指菜单中暗淡显示的命令，它表示当前菜单项不能执行，可以通过将菜单项的 Enabled 属性设为 False 来使菜单无效。

- 正常菜单：是指在运行时出现在菜单栏中可直接对其进行操作的菜单，此时其 Visible 和 Enabled 属性都应为 True。

（3）菜单设计的原则

菜单在每个程序设计中都是不可缺少的一部分，设计菜单时应遵守以下原则：

- 按照系统的功能来组织菜单。
- 要采用广而浅的菜单树，而不是窄而深的菜单树。
- 根据菜单选项的含义进行分组，并且按一定的规则排序。
- 菜单选项的标题要力求简短、含义明确，并且最好以关键词开始。

2．定义菜单

在.NET 中使用 MenuStrip 组件可以很方便地实现 Windows 菜单，MenuStrip 组件在工具箱中的图标为 ![MenuStrip] MenuStrip 。MenuStrip 组件是一种非用户界面控件。在设计阶段，它不出现在窗体上，而是位于窗体下面的组件面板中。

（1）MenuStrip 选项集合

当使用菜单设计器设计菜单时，每个菜单都被添加到属于 MenuStrip 的选项集合中。使用项集合编辑器（见图 5-21），可以设置菜单项的其他属性，方便地重新排列菜单的顺序以及添加和删除菜单项。显示项集合编辑器窗口，首先选中 MenuStrip（确保选中的是整个 MenuStrip 控件，而不是其中某一个菜单项），然后选择以下三种方法中的一种：① 在属性窗口的 Items 属性中，单击 **...** 按钮；② 右键单击菜单设计器 MenuStrip 控件，在弹出菜单中选择"编辑项"；③ 如图 5-20 所示单击菜单栏最右侧的智能标记箭头，显示智能标记，选择"编辑项"。

图 5-20　MenuStrip 的智能标记　　　　　　图 5-21　MenuStrip 的项集合编辑器

（2）菜单的 DropDownItems 集合

图 5-21 所示的 MenuStrip 项集合编辑器管理顶层菜单项，每一个菜单项也可以通过本身的 DropDownItems 集合来管理其下一级菜单。图 5-21 显示的是选中"文件 FToolStripMenuItem"菜单项的情形，在属性窗口中找到属性 DropDownItems，单击其右侧的 **...** 按钮，出现如图 5-22 所示对话框，显示了"文件 FToolStripMenuItem"下包含的 DropDownItems 集合。从中可以看出"文件（F）"菜单包含五个菜单项：新建、打开、保存、分隔栏和退出，对应的 DropDownItems 集合包含四个 ToolStripMenuItem 和一个 ToolStripSeparator。

（3）菜单项的常用属性

① Text 属性：指定显示在菜单上的标题文字。注意：在标题框中输入菜单标题时可以建立热键，具体方法是在要作为热键字符的前面键入一个"&"字符，那么在菜单中该字符将自动加上一条下画线。

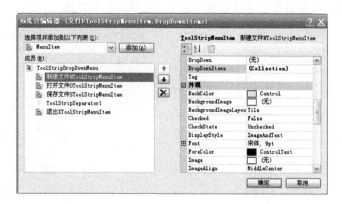

图 5-22　显示 DropDownItems 集合项集合编辑器

② Checked 属性：设置为 True，可以把复选标志（√）放置在菜单项的左边，复选标志可用来表示一个对象的打开/关闭状态，还可以指定几个模式中哪一个在起作用。

③ ShortcutKeys 属性：设置与菜单项关联的快捷键，其出现在菜单中相应菜单项的右边。

④ ShowShortcutKeys 属性：指示与菜单项关联的快捷键是否在菜单项标题的旁边显示。该属性值为 True 时显示快捷键；为 False 时不显示快捷键。

3．上下文菜单的设计

上下文菜单是独立于菜单栏而显示在窗体上任何一个地方的浮动菜单，其菜单选项取决于按下鼠标右键时指针所处的位置。用上下文菜单能提供一种访问上下文命令的高效方法。

上下文菜单通过控件 ContextMenuStrip 来建立，其在工具箱中的图标为 ContextMenuStrip。和 MenuStrip 控件一样，ContextMenuStrip 也是一个非用户界面控件，在设计阶段，它不出现在窗体上，而是位于窗体下面的组件面板中。上下文菜单中没有顶层菜单，只有菜单选项。

应用程序可以拥有一个以上的上下文菜单。通过设置 ContextMenuStrip 属性来指定窗体或者控件的上下文菜单，可以对窗体和每个控件指定相同的 ContextMenuStrip 属性，也可以使每一个控件的上下文菜单不同。如果只设置了一个属于窗体的上下文菜单，那么当用户右键单击窗体上的任意位置（包括窗体中的控件）时，都会弹出这个上下文菜单。有一些控件具有"自动"的上下文菜单，例如文本框就具有"自动"的上下文菜单，允许用户剪切、复制、粘贴文本。如果将文本框的 ContextMenuStrip 属性设置为自定义的上下文菜单，这时出现的就是自定义菜单而不是原先系统的"自动"上下文菜单。

以下过程为窗体上的文本框建立一个弹出式菜单。

① 新建项目，添加窗体 Form1，在此窗体中添加上下文菜单控件 ContextMenuStrip1，如图 5-23（a）所示设计上下文菜单。

② 在窗体上添加文本框控件 TextBox1 控件，将其 ContextMenuStrip 属性设置为 ContextMenuStrip1，如图 5-23（b）所示。

Windows Forms 为应用程序中添加这两种菜单提供了 MainMenu 和 ContextMeu 类，这两个类都包含一组 MenuItem 对象，MenuItem 对象代表一个单独的菜单项。

4．状态栏

要实现状态栏，需要使用 StatusStrip 组件，其在工具箱中的图标为 StatusStrip。StatusStrip 组件提供的窗口通常位于窗口下方的水平区域，用于显示程序的运行状态及其他信息。下面通过图 5-17 中状态栏的实现过程来说明设计状态栏的方法。

 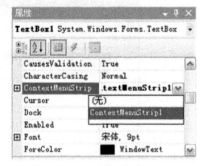

（a）上下文菜单设计　　　　　　　（b）使上下文菜单与 TextBox1 控件相关联

图 5-23　为文本框 TextBox1 建立弹出式菜单

① 为窗体添加一个状态栏控件 statusStrip1。

② 选中该控件，在"属性对话框"中选中"Items"属性，单击其后的 <kbd>…</kbd> 按钮，打开"项集合编辑器"，在该编辑器中通过单击"添加"按钮为 StatusStrip1 控件添加三个 StatusLabel，并在该窗口的右边设置每个 StatusLabel 的属性，如图 5-24 所示。

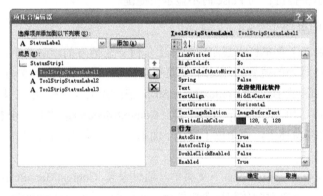

图 5-24　添加了三个 StatusLabel 后的"项集合编辑器"

③ 单击"项集合编辑器"中的"确定"按钮返回程序设计界面，选中 statusStrip1 控件，将它的 RightToLeft 属性设置为 Yes 或 No，这样就可以控制 StatusLabel 是显示在状态栏的右端还是左端。

④ 为了使状态栏中能够显示当前日期和时间，在窗体上添加一个 Timer 控件，设置该控件的 Interval 属性为 1000，Enabled 属性为 True。

⑤ 编写事件过程代码如下。

```
private void Form1_Load(object sender, EventArgs e)
{
    //显示当前日期
    this.toolStripStatusLabel2.Text = DateTime.Now.ToLongDateString();
    //显示当前时间
    this.toolStripStatusLabel3.Text = DateTime.Now.ToLongTimeString();
}
private void timer1_Tick(object sender, EventArgs e)
{
    this.toolStripStatusLabel2.Text = DateTime.Now.ToLongDateString();
    this.toolStripStatusLabel3.Text = DateTime.Now.ToLongTimeString();
}
```

5．工具栏

通过菜单可以访问应用程序中的大多数功能，把一些菜单项放在工具栏中和放在菜单中有相同的作用。工具栏提供了单击访问程序中常用功能的方式。要实现工具栏，需要使用 ToolStrip 组件，其在工具箱中的图标是 ToolStrip。为了在设计时向 ToolStrip 控件加入按钮，需要使用 ToolStrip 控件的"项集合编辑器"，其操作步骤如下。

① 为窗体添加一个工具栏控件 toolStrip1。

② 选中该控件，在"属性对话框"中选中"Items"属性，单击其后的 ··· 按钮，打开"项集合编辑器"，在项编辑器的下拉列表框中可以下拉出可用对象类型的列表，如 Button（按钮）、Label（标签）、SplitButton（右端带有下拉按钮的按钮，单击该下拉按钮，就会在它的下面显示一个菜单）、Separator（分隔符）、DropDownButton（与 SplitButton 类似）、ComboBox（组合框）、Textbox（文本框）和 ProgressBar（进度条）。选择需要的对象类型，单击"添加"按钮为 ToolStrip1 控件添加新项，如图 5-25 所示，并在该窗口的右边设置每个按钮的属性。每个按钮常见的属性有 Text（设置显示在按钮上的文字）、ToolTipText（设置当光标停留时，在按钮附近出现的提示文本）、DisplayStyle（设置按钮上显示的是图像还是文本）、Visible（设定该按钮是否可见）、Enabled（设定该按钮是否有效）和 Image（设置按钮上显示的图像）。

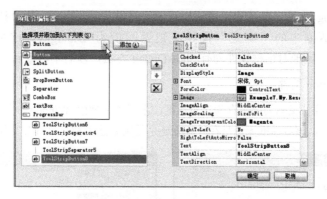

图 5-25　添加了按钮后的项集合编辑器

5.9.2　通用对话框控件

我们可以在项目中使用一套预先定义好的标准对话框来完成一些任务，例如指定颜色和字体、打印、打开和保存文档等。在工具箱的对话框选项卡中使用通用对话框组件来显示对话框。Visual Studio 提供的通用对话框组件包括颜色对话框（ColorDialog）、文件夹浏览对话框（FolderBrowserDialog）、字体对话框（FontDialog）、打开文件对话框（OpenFileDialog）和保存文件对话框（SaveFileDialog），如图 5-26 所示。要使用通用对话框组件，可以在工具箱中选择这些组件，然后添加到窗体中；也可以在程序代码中通过创建通用对话框类的对象来实现，创建通用对话框对象所需的类的名称与通用对话框控件的名称相同。

图 5-26　工具箱中对话框选项卡
中的通用对话框组件

1．OpenFileDialog 控件

OpenFileDialog 控件创建的"打开文件"对话框和 Windows 中标准的"打开文件"对话框是完全一样的，如图 5-27 所示。"打开文件"对话框中最重要的属性是 FileName 和 Filter，它们是程序中使用代码与对话框进行沟通的重要角色。

（1）FileName 属性：运行时，用户在"打开文件"对话框的"文件名"输入框中输入或选定的文件名会保存在 FileName 属性中。利用 FileName 属性可得到关于此文件的完整的路径数据（文件所在的驱动器、文件夹、文件名和文件扩展名）。如果未选定文件，该属性将返回空字符串。

（2）Filter 属性：用来设置在"打开"文件对话框的"文件类型"列表框中显示的文件过滤器列表，利用分隔号（｜），一次可以设定多种文件过滤类型。"|"前的字符串用来指定在列表框中显示的字符串；"|"后的字符串是实际的文件过滤器。

例如：假设想要限定的文件类型为（*.TXT），则在属性页 Filter 属性栏中可以输入

文本文件(*.TXT)|*.TXT

例如：假设想要限定打开的文件类型为*.BAT 及*.EXE，则在 Filter 属性栏中应输入

OpenFileDialog1.Filter = "BAT(*.BAT)|*.BAT|EXE(*.EXE)|*.EXE";

（3）InitialDirectory 属性：用来获取或设置"打开文件"对话框显示的初始目录。

（4）Title 属性：用来获取或设置对话框标题，系统默认标题是"打开"。

（5）FilterIndex 属性：用来获取或设置"打开文件"对话框中当前选定筛选器的索引，第一个为 1。

（6）ShowDialog 方法：显示通用对话框。调用此方法后，将会出现"打开"文件对话框，如果用户单击对话框中的"确定"按钮，则返回值为 DialogResult.OK；否则返回值为 DialogResult.Cancel。其他对话框控件均有 ShowDialog 方法，以后不再重复。

2．SaveFileDialog 控件

SaveFileDialog 控件又称为"另存为"对话框，主要用来弹出 Windows 中标准的"另存为"对话框，如图 5-28 所示。该对话框无论是在外观上还是使用方法上都与"打开文件"对话框类似。

　　　　图 5-27 "打开"文件对话框　　　　　　　　图 5-28 "另存为"对话框

运行时选定文件名并关闭对话框后，利用 FileName 属性可得到用户想要保存的文件名和路径。所有"打开文件"对话框的应用技巧也可以用在"另存为"对话框上，在此就不一一论述。

☞**注意**：以上两个对话框是作为用户打开或保存文件时选择文件名的接口界面，它们运行的结果只是得到一个文件名，具体对文件的打开和保存操作则需要开发人员在程序中用代码来实现。

3．ColorDialog 控件

当需要设定颜色时，可以使用 ColorDialog 控件产生"颜色"对话框，从调色板中选择颜色，或从对话框中单击"规定自定义颜色(D)>>"按钮来定义自己的颜色，如图 5-29 所示。

ColorDialog 控件的主要属性如下。

（1）AllowFullOpen 属性：用来启用或禁用"颜色"对话框中的"定义自定义颜色"按钮，为 True 时启用，为 False 时禁用。

（2）FullOpen 属性：用来设置最初是否显示对话框的自定义颜色部分，为 True 时最先显示。

（3）Color 属性：用来获取或设置用户选定的颜色。

例如，以下程序代码演示了通过创建通用对话框类的对象来实现颜色对话框。

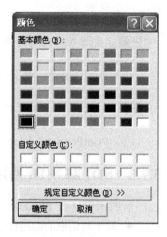

图 5-29 "颜色"对话框

```csharp
private void button4_Click(object sender, EventArgs e)
{
    //创建一个颜色对话框对象
    ColorDialog colorDialog = new ColorDialog();
    colorDialog.AllowFullOpen = true;
    //初始化颜色对话框为当前窗体的背景色
    colorDialog.Color = this.BackColor;
    //打开颜色对话框，选择一个颜色并将其设置为窗体的背景色
    if (colorDialog.ShowDialog() == DialogResult.OK)
    {
        this.BackColor = colorDialog.Color;
    }
    colorDialog.Dispose();          //释放颜色对话框资源
}
```

4．FontDialog 控件

使用 FontDialog 控件可以产生"字体"对话框（见图 5-30），在此对话框中用户可以完成所有关于字体方面的设置（字体的名称、样式、大小等）。它的主要属性如下。

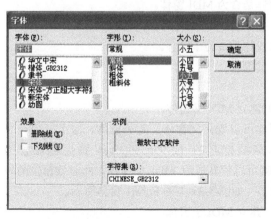

图 5-30 "字体"对话框

（1）Font 属性：是字体对话框最重要的属性，通过它可以设置或获取字体信息。

（2）MaxSize 属性：获取或设置用户可以选择的最大磅值。

（3）MinSize 属性：获取或设置用户可以选择的最小磅值。

（4）Color 属性：获取或设置用户在对话框中选定的字体的颜色。

（5）ShowColor 属性：设置在"字体"对话框中是否显示颜色选项。

（6）ShowEffects 属性：设置在"字体"对话框是否显示下画线、删除线和字体颜色等。

此外系统中还提供了与打印有关的三个对话框，分别如下。

（1）PageSetupDialog：设置页面大小、页边距等打印属性，在调用 ShowDialog 方法前必须给 PageSetupDialog 的 Document 属性赋值，将一个 PrintDocument 对象赋给 Document 属性，否

则会产生异常。

> ☞**注意**：要想显示此对话框，计算机必须连接有打印机。

（2）PrintDialog：用于选择打印机、打印的份数、打印的页码范围等。

> ☞**注意**：要想显示此对话框，计算机必须连接有打印机。

（3）PrintPreviewDialog：用于创建打印预览对话框。

5.9.3 SDI 和 MDI 应用程序

一般来说，在 Windows 下编写的应用程序主要有如下三种。

- 基于对话框的应用程序：向用户显示一个对话框，该对话框提供了程序的所有功能。
- 单文档（SDI）应用程序：SDI 应用程序一次只能处理一个文档，如果用户要打开第二个文档，就必须打开一个新的 SDI 应用程序。典型的例子就是 Windows 中的写字板和画板程序。
- 多文档（MDI）应用程序：MDI 应用程序可以同时打开多个文档在不同窗口显示，用户可以随意在各个文档间来回切换并可进行数据剪切及粘贴工作。目前大多数的流行软件都采用了 MDI 界面，Microsoft Visual Studio 就是典型的例子。

本节主要介绍与 MDI 应用程序有关的基本概念。

1．MDI 父窗体和 MDI 子窗体

多文档界面（MDI）是 Windows 应用程序的典型结构。在.NET 项目中，可以含有多个子窗体以及多个父窗体。

（1）常用 MDI 父窗体属性

① ActiveMdiChild 属性：返回当前处于活动状态的 MDI 子窗体。当前如果没有处于活动状态的子窗体，则返回 null。

② MdiChildren 属性：该属性以窗体数组形式返回 MDI 子窗体。

③ IsMDIContainer 属性：该属性表示一个窗体是否为 MDI 窗体。

（2）常用的 MDI 子窗体的属性

① IsMdiChild 属性：只读属性，用来表示该窗体是否为子窗体。

② MdiParent 属性：用于指定子窗体的 MDI 父窗体。

（3）建立 MDI 应用程序的一般过程

① 建立 MDI 父窗体。

窗体可以既是父窗体又是子窗体。对于任何一个窗体，只要把它的 IsMDIContainer 属性值设置为 True，就可以使其成为 MDI 父窗体。此时该窗体的外观就变了，如图 5-31 中的 Form1 窗体所示。

② 建立 MDI 子窗体。

图 5-31 中子窗体的名称为 Form2。为了将 Form2 以子窗体的方式在主窗体 Form1 中打开，首先给子窗体 Form2 添加如下所示构造函数。

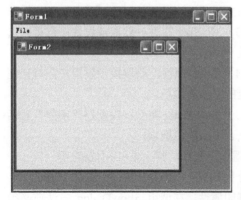

图 5-31　MDI 父窗体和 MDI 子窗体

```
public Form2(Form1 parent)
{
```

```
    InitializeComponent();              //Windows 窗体设计器支持所必需的
    this.MdiParent = parent;            //将此窗体的父容器设置为主窗体 Form1
}
```

然后，给主窗体 Form1 添加一个主菜单 File，其包含菜单项 New，单击菜单项 New 可以在主窗体中生成子窗体，代码如下。

```
private void newToolStripMenuItem_Click(object sender, EventArgs e)
{
    Form2 myChildForm = new Form2(this);
    myChildForm.Show();
}
```

这样每次在主窗体上单击 New 菜单项，就可以在主窗体中生成一个子窗体。

（4）在运行期间，MDI 父窗体及其子窗体具有的特性

① 所有子窗体均显示在 MDI 父窗体的工作空间内。像其他窗体一样，用户能移动子窗体和改变子窗体的大小，不过，它们被限制在这一工作空间内。

② 当最小化一个子窗体时，它的图标将位于 MDI 窗体的内部而不是在任务栏中，如图 5-32（a）所示。它们与 MDI 窗体共同存在，在最小化 MDI 窗体时，其中所包含的子窗体也将一同隐藏；当还原 MDI 窗体时，MDI 窗体及其所有子窗体将按最小化之前的状态显示出来。

③ 当最大化一个子窗体时，它的标题会和 MDI 窗体的标题组合在一起，显示在 MDI 窗体的标题栏上，如图 5-32（b）所示。

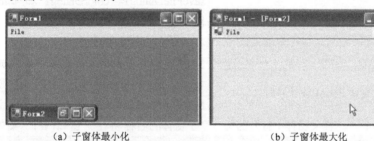

　　（a）子窗体最小化　　　　　　　　　（b）子窗体最大化

图 5-32　运行期间 MDI 父窗体与子窗体的特性

2．在父窗体上添加窗口菜单

MDI 父窗体中一般有一个如图 5-33 所示的窗口菜单。窗口菜单列出了所有打开的子窗体，并允许用户在窗体之间进行切换、排列多个子窗体的位置。要把一个菜单项指定为窗口菜单，可以选择 MenuStrip 组件，在属性窗口中将 MdiWindowListItem 属性设置为需要的菜单项。

图 5-33　MDI 应用程序中的窗口菜单栏

打开多个子窗体时，可以用多种不同的布局来放置它们：垂直平铺、水平平铺或层叠方式。LayoutMdi 方法可用来在代码中设置布局类型，其调用格式如下。

```
this.LayoutMdi (Value)
```

参数 Value 决定排列方式，取值有 MdiLayout.ArrangeIcons（以图标方式排列）、MdiLayout.Cascade（层叠方式排列），MdiLayout.TileHorizontal（水平平铺方式排列）和 MdiLayout.TileVertical（垂直平铺方式排列）4 种。

3．控制菜单项的合并

MDI 应用程序的一个功能是如果打开了一个子窗口，该窗口包含一个菜单，则该菜单应集

成到应用程序的主菜单上。控制菜单项合并操作的属性见表 5-9。

表 5-9 控制菜单项操作的属性

属 性	说 明
MergeAction	MergeAction 属性指定一个菜单项与另一个菜单合并时该如何操作，可能的取值如下。 Append：该菜单项放在菜单的最后一个位置上。 Insert：插入到满足条件的菜单项的前一位置。 MatchOnly：需要匹配，但不插入菜单项。 Remove：删除满足条件的菜单项，以插入新菜单项。 Replace：替换匹配的菜单项，把下拉菜单项添加到新加入的菜单项之后
MergeIndex	表示菜单项相对于要合并的其他菜单项的位置。如果要控制所合并菜单项的顺序，就把这个属性设置为大于或等于 0 的值，否则就把它设置为-1。在进行合并时，会检查这个值，如果它不是-1，该属性就用于匹配菜单项

5.10 典型实例

图 5-34 父窗体 Form1 设计界面

【例 5-7】设计一个简单的多文档文本编辑器。

① 新建项目，添加窗体 Form1，将此窗体的 IsMDIContainer 设置为 True，窗体上添加菜单控件 menuStrip1，工具栏控件 toolStrip1，状态栏控件 statusStrip1，对话框控件 openFileDialog1、saveFileDialog1、colorDialog1 和 fontDialog1，如图 5-34 所示。

② 在窗体 Form1 中，按图 5-35 所示设计父窗体的菜单及有关控件属性，完成父窗体界面设计。选中 menuStrip1 控件，在属性窗口将其 MdiWindowListItem 属性设置为"窗口 WToolStripMenuItem"，这样父窗体中打开的每一个子窗体的名称将在"窗口(W)"菜单中列出。

图 5-35 父窗体 Form1 中的菜单设计

③ 在项目中添加窗体 Form2，在窗体 Form2 中添加控件 richTextBox1，将其 Dock 属性设置为 Fill；在窗体上添加菜单控件 menuStrip1，按图 5-36 所示设计菜单，在属性窗口中将其 Visible 属性设置为 False。

④ 按照表 5-10，正确设置父窗体 Form1 和子窗体 Form2 中的"文件(F)"菜单的 MergeAction 属性和 MergeIndex 属性。窗体 Form1 和 Form2 的"文件(&F)"菜单项的文本匹配，意味着它们的菜单项会合并在一起。"文件(&F)"菜单中的菜单项根据其 MergeAction 属性来合并，MergeAction 属性设置为 MatchOnly 的菜单项保持不变，MergeAction 为 Insert 的菜单项将根据其 MergeIndex 属性值插入到合并菜单中的适当位置。此例中，当父窗体打开子窗体时，子窗体"文件(F)"菜单中的"关闭(C)"菜单项能够合并到父窗体的"文件(F)"菜单中。

表 5-10　文件菜单的 MergeAction 和 MergeIndex 属性值

窗体名	菜单名	MergeAction 属性	MergeIndex 属性
Form1	文件(<u>F</u>)	MatchOnly	−1
	打开(<u>O</u>)	MatchOnly	0
	保存(<u>S</u>)	MatchOnly	1
	另存为…	MatchOnly	2
	分隔栏	MatchOnly	4
	退出(<u>X</u>)	MatchOnly	5
Form2	文件(<u>F</u>)	MatchOnly	−1
	关闭(<u>C</u>)	Insert	3

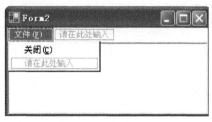

图 5-36　子窗体 Form2 的界面及菜单设计

⑤ 在窗体 Form2 的代码窗口，设计 Open 方法、Save 方法、SaveAs 方法、getFont 方法、setFont 方法、getColor 方法和 setColor 方法，分别实现打开文件、保存文件、另存为、获取 richTextBox1 控件字体、设置 richTextBox1 控件字体、获取 richTextBox1 字体颜色和设置 richTextBox1 控件字体颜色等功能，并为 Form2 子窗体重构构造函数。

```
public Form2(Form1 parent)            //为实现子窗体，重构构造函数
{
    InitializeComponent();
    this.MdiParent = parent;
}
public void Open(String filename)     //打开文件方法
{
    richTextBox1.LoadFile(filename, RichTextBoxStreamType.PlainText);
    this.Text = filename;             //将子窗体的标题设置为文件名
}
public void Save()                    //保存文件方法
{
    if (richTextBox1.Modified == true)    //如果文档的内容发生了变化
    {
        richTextBox1.SaveFile(this.Text, RichTextBoxStreamType.PlainText);
        richTextBox1.Modified = false;
        MessageBox.Show("已保存！", "多文档文本编辑器", MessageBoxButtons.OK,
                        MessageBoxIcon.Information);
    }
}
public void SaveAs(String filename)   //另存为方法
{
    richTextBox1.SaveFile(filename, RichTextBoxStreamType.PlainText);
    this.Text = filename;             //将子窗体的标题设置为文件名
    richTextBox1.Modified = false;
}
    //获取 richTextBox1 控件字体
public Font getFont()
{
    return this.richTextBox1.Font;
}
    //设置 richTextBox1 控件字体
public void setFont(Font newFont)
{
    this.richTextBox1.Font = newFont;
}
```

```
    //获取 richTextBox1 控件字体颜色
public Color getColor()
{
    return this.richTextBox1.ForeColor;
}
    //设置 richTextBox1 控件字体颜色
public void setColor(Color newColor)
{
    this.richTextBox1.ForeColor = newColor;
}
private void 关闭 ToolStripMenuItem_Click(object sender, EventArgs e)
{
    this.Close();
}
```

⑥ 程序运行时单击"文件"→"打开"命令，将打开一个"打开"文件对话框，让用户选择一个文件；随后程序动态地创建一个子窗口 Form2，并把打开的文件内容显示在子窗口的 richTextBox1 控件中；同时父窗体的"文件"菜单中将增加一个菜单项"关闭"。"打开"菜单项程序代码如下。

```
private void 打开 ToolStripMenuItem_Click(object sender, EventArgs e)
{
    String filename;
    DialogResult dialogReturn;
    openFileDialog1.Filter = "文本文件(*.txt)|*.txt";      //设置过滤属性
    dialogReturn = openFileDialog1.ShowDialog();           //弹出打开文件对话框
    filename = openFileDialog1.FileName;                   //获取打开的文件名
    if (dialogReturn == DialogResult.OK)
    {
        Form2 child = new Form2(this);                     //选择了文件，生成一个子窗体的实例并显示
        child.Open(filename);                              //调用子窗体 Form2 的 Open 方法打开文件
        child.Show();
    }
}
```

⑦ 如果子窗口 Form2 上 richTextBox1 中的内容发生了变化，单击"文件"→"保存"命令，可以将改变的内容保存到文件中。"保存"菜单项程序代码如下。

```
private void 保存 ToolStripMenuItem_Click(object sender, EventArgs e)
{
    Form2 actForm;
    actForm = (Form2)this.ActiveMdiChild;
    if (actForm != null)
    {
        actForm.Save();
    }
    else
    {    //MDI 父窗体中如果没有当前活动子窗体，则显示提示信息
        MessageBox.Show("当前无活动文档!", "多文档文本编辑器",
                    MessageBoxButtons.OK, MessageBoxIcon.Information);
    }
}
```

⑧ 程序运行时单击"文件"→"另存为"命令，将打开一个"另存为"对话框，让用户输入一个文件名，并将子窗口 Form2 上 RichTextBox1 中的内容保存在此文件中。"另存为"菜单项程序代码如下。

```
private void 另存为 ToolStripMenuItem_Click(object sender, EventArgs e)
{
    String filename;
    saveFileDialog1.Filter = "文本文件(*.txt)|*.txt";          //设置过滤属性
    saveFileDialog1.ShowDialog();                              //弹出另存为对话框
    filename = saveFileDialog1.FileName;
    Form2 actForm;
    actForm = (Form2)this.ActiveMdiChild;
    if (actForm != null)
    {
        actForm.SaveAs(filename);
    }
    else
    {    //MDI 父窗体中如果没有当前活动子窗体，则显示提示信息
        MessageBox.Show("当前无活动文档!", "多文档文本编辑器",
                        MessageBoxButtons.OK, MessageBoxIcon.Information);
    }
}
```

⑨ 程序运行中选定了一些文本后，单击"格式"→"字体"命令，将打开一个"字体"对话框供用户设置字体，设置字体后单击"确定"按钮，设置的字体将应用于当前选定的文本。"字体"菜单项程序代码如下。

```
private void 字体 ToolStripMenuItem_Click(object sender, EventArgs e)
{
    Form2 actForm;
    DialogResult dialogReturn;
    actForm = (Form2)this.ActiveMdiChild;
    if (actForm != null)
    {
        fontDialog1.ShowEffects = true;          //显示设置下画线、删除线等复选框
        //在弹出字体对话框前，把字体对话框的字体设置为 richTextBox1 中文本的字体
        fontDialog1.Font = actForm.getFont();
        //弹出字体对话框且单击确定按钮
        dialogReturn = fontDialog1.ShowDialog();
        if (dialogReturn == DialogResult.OK)
        {
            actForm.setFont(fontDialog1.Font);//设置 richTextBox1 中文本的字体
        }
    }
    else
    {    //MDI 父窗体中如果没有当前活动子窗体，则显示提示信息
        MessageBox.Show("当前无活动文档!", "多文档文本编辑器",
                        MessageBoxButtons.OK, MessageBoxIcon.Information);
    }
}
```

⑩ 程序运行中选定一些文本后，单击"格式"→"颜色"命令，将打开一个"颜色"对话框，选择颜色后单击"确定"按钮，选中的颜色将应用于当前选定的文本。"颜色"菜单项程序代码如下。

```
private void 颜色 ToolStripMenuItem_Click(object sender, EventArgs e)
{
    Form2 actForm;
    DialogResult dialogReturn;
    actForm = (Form2)this.ActiveMdiChild;
    if (actForm != null)
    {
        colorDialog1.AllowFullOpen = true;          //允许用户自定义颜色
```

```
                //在弹出颜色对话框前，把颜色对话框的颜色设置为 RichTextBox1 中文本的颜色
                colorDialog1.Color = actForm.getColor();
                dialogReturn = colorDialog1.ShowDialog();
                if (dialogReturn == DialogResult.OK)
                {
                    actForm.setColor(colorDialog1.Color);
                }
        }
        else
        {   //MDI 父窗体中如果没有当前活动子窗体，则显示提示信息
            MessageBox.Show("当前无活动文档!", "多文档文本编辑器",
                    MessageBoxButtons.OK, MessageBoxIcon.Information);
        }
}
```

⑪ 程序运行时单击"窗口"菜单中的"排列图标"、"层叠"、"水平平铺"、"垂直平铺"等命令，可以使父窗体中的子窗口以不同的方式排列。其程序代码如下。

```
private void 排列图标 ToolStripMenuItem_Click(object sender, EventArgs e)
{
    this.LayoutMdi(MdiLayout.ArrangeIcons);
}
private void 层叠 ToolStripMenuItem_Click(object sender, EventArgs e)
{
    this.LayoutMdi(MdiLayout.Cascade);
}
private void 水平平铺 ToolStripMenuItem_Click(object sender, EventArgs e)
{
    this.LayoutMdi(MdiLayout.TileHorizontal);
}
private void 垂直平铺 ToolStripMenuItem_Click(object sender, EventArgs e)
{
    this.LayoutMdi(MdiLayout.TileVertical);
}
```

⑫ 程序运行时单击"窗口"→"关闭所有子窗体"命令，父窗体中打开的所有子窗体均关闭。"关闭所有子窗体"菜单项程序代码如下。

```
private void 关闭所有子窗体 ToolStripMenuItem_Click(object sender, EventArgs e)
{
    foreach (Form2 child in this.MdiChildren)
    {
        child.Close();
    }
}
```

⑬ 程序运行时单击"文件"→"退出"命令，结束程序。代码如下。

```
private void 退出 ToolStripMenuItem_Click(object sender, EventArgs e)
{
    this.Close();
}
```

5.11　创建控件

Visual Studio 提供的控件有时不能以希望的方式绘制，或者控件在某个方面有限制，或者需要的控件不存在，使得控件不能满足用户的需要。为此，Microsoft 提供了创建满足用户需要的

控件的方式。可以开发如下两种不同类型的自定义控件。

● 用户或组合控件：根据现有控件创建一个新控件，一般用于把控件的用户界面和功能封装在一起，或者把几个其他控件组合在一起，从而改善控件的界面。

● 定制控件：即从头创建控件。在创建控件的过程中没有现有的控件可以使用，需要自己绘出整个用户界面。当想要创建的控件的用户界面与其他可用的控件都不同时用此方法。

本节主要通过一个实例介绍如何创建用户控件项目、创建属性和事件以及调试控件。实例中创建的是一个 LabelTextBox 控件，包含一个关联的文本框和一个标签。用户使用这个自定义控件可以执行以下操作。

● 用户可以设置文本框在标签的右边或下边，如果文本框在标签的右边，可以指定该控件的右边界与文本框之间的固定距离，以便文本框对齐。

● 用户可以使用文本框和标签的常用属性和事件。

控制设计过程如下。

（1）启动 Visual Studio 创建一个新的"Windows 窗体控件库"项目，命名为 LabelTextBox。窗体设计器显示的设计界面与前面介绍的界面相比，界面较小且看起来根本不像是对话框，但其工作方式是一样的。产生这样区别的原因是前面都是把控件放在窗体上，现在则是创建一个要放在窗体上的控件。

（2）单击设计界面，打开控件的属性窗口，将控件的 Name 属性改为 myLabelTextBox。

（3）双击工具箱中的标签控件，把它添加到用户控件设计界面的左上角；将其 Name 属性改为 lblCaption，Text 属性设置为 Label，AutoSize 属性设置为 True。

（4）双击工具箱中的文本框控件把它添加到用户控件中，将它 Name 属性改为 txbText。

在设计期间，我们不知道用户会如何设置这些控件，所以需要编写代码，给标签和文本框定位，这些代码确定了在把 LabelTextbox 控件放在窗体上时控件的位置。

☞**注意**：这些代码只有在把控件添加到窗体时，才改变它的外观。

1．添加属性

LabelTextBox 控件可以设置文本框在标签的右边或下边。如果文本框在标签的右边，可以指定该控件的右边界与文本框之间的固定距离，以便文本框对齐。为此，我们需要给控件添加两个属性。一个属性叫作 Position，允许用户选择两个选项之一：Right 和 Below。如果用户选择了 Right，就使用另一个 TextBoxMargin 属性（int 类型），表示控件右边界到文本框的像素值。如果 TextBoxMargin 属性为 0，文本框的右边界就与控件的右边界对齐。

（1）为了让用户可以选择 Right 或 Below，进入代码编辑器，添加如下代码，用这两个值定义一个枚举。

```
public enum PositionEnum
{
    Right,
    Below
}
```

（2）给 myLabelTextBox 类添加属性 Position 和 TextBoxMargin。Postion 属性的类型为枚举类型 PositionEnum，TextBoxMargin 属性的类型为 int。为实现属性，还需给 myLabelTextBox 类创建两个成员字段 position 和 textboxMargin。代码如下。

```
private PositionEnum position = PositionEnum.Right;
private int textboxMargin = 0;
```

```csharp
public PositionEnum Position
{
    get
    {
        return position;
    }
    set
    {
        position = value;
        MoveControl();
    }
}
public int TextBoxMargin
{
    get
    {
        return textboxMargin;
    }
    set
    {
        textboxMargin = value;
        MoveControl();
    }
}
private void MoveControl()
{
    //定位控件的代码
}
```

（3）为定位控件的 MoveControl()方法编写代码，其设计思想为：测试 position 的值，确定应把文本框放在标签的下边还是右边。如果用户选择 Below，就把文本框的顶边移动到标签的底边上。然后把文本框的左边界移动到控件的左边界上，把它的宽度设置为控件的宽度；如果用户选择了 Right，就先由 textboxMargin 确定控件中文本框的宽度，然后把文本框的左边界设置为靠近标签文本的右边界，把剩余的空间设置为文本框的宽度。代码如下。

```csharp
private void MoveControl()
{
    //定位控件的代码
    switch (position)
    {
        case PositionEnum.Right:
            txbText.Top = lblCaption.Top;
            txbText.Left = lblCaption.Right+3;
            int width = Width - txbText.Left - textboxMargin;
            txbText.Width = width;
            Height = txbText.Height > lblCaption.Height ? txbText.Height :
                            lblCaption.Height;
            break;
        case PositionEnum.Below:
            txbText.Top = lblCaption.Bottom;
            txbText.Left = lblCaption.Left;
            txbText.Width = Width;
            Height = lblCaption.Height + txbText.Height;
            break;
        default:
```

```
        break;
    }
}
```

2．添加事件处理程序

为用户控件添加两个事件处理程序。第一个是 Load 事件，把该控件放在窗体上时将调用此事件，编写代码使这个事件可以初始化控件，设置它的大小，使之正好包容它包含的两个控件。第二个是 SizeChanged 事件，每当改变控件大小时便会调用这个事件，编写代码使这个事件可以正确绘制控件。代码如下。

```
private void myLabelTextBox_Load(object sender, EventArgs e)
{
    lblCaption.Text = Name;
    MoveControl();
}
private void myLabelTextBox_SizeChanged(object sender, EventArgs e)
{
    MoveControl();
}
```

3．测试用户控件

调试用户控件与调试 Windows 应用程序大不相同。控件需要一个容器来显示它本身，因此必须提供一个这样的容器。下面的步骤通过新创建一个 Windows 项目来测试用户控件。

（1）测试控件前先生成项目。在"解决方案资源管理器"中，右键单击项目 LabelTextBox，在弹出菜单中选择"生成"。

（2）在"解决方案资源管理器"中，右键单击"解决方案 LabelTextBox"，在弹出菜单中选择"添加"→"新建项目"，在"添加新项目"对话框中创建一个新的 Windows 窗体应用程序，命名为 LabelTextBoxTest。这时在"解决方案资源管理器"中可以发现已打开了两个项目，第一个项目是前面创建的 LabelTextBox，以粗体显示，表示该项目为启动项目。右键单击刚刚新建的项目 LabelTextBoxTest，在弹出的菜单中选择"设为启动项目"，这样运行解决方案，就会运行这个 Windows 应用程序项目。

（3）打开工具箱，在其顶部有一个新的选项卡"LabelTextBox 组件"，双击控件 myLabelTextbox，把它添加到窗体上。注意，"解决方案资源管理器"中的"引用"节点被展开，可以发现其中添加了对 LabelTextBox 项目的引用。

（4）在窗体中选中 myLabelTextBox1 控件，在属性窗口中找到 Position 和 TextBoxMargin 属性，修改它们的值观察 myLabelTextBox1 控件的变化。把 Position 属性的值设置为 Right，文本框位于标签的右边；把 Position 属性改为 Below，文本框会移动到标签的下面。

4．添加更多的属性

本节已创建的 LabelTextBox 控件的功能目前还很单一，下面添加两个属性 LabelText 和 TextBoxText 用来改变标签和文本框中的文本，其添加方式和前面 Position 和 TextBoxMargin 属性的方法相同。代码如下。

```
private string labelText="Label";
public string LabelText
{
    get
    {
```

```
                labelText = lblCaption.Text;
                return labelText;
            }
        set
            {
                labelText = value;
                lblCaption.Text = labelText;
                MoveControl();
            }
    }
private string textboxText="";
public string TextBoxText
    {
        get
            {
                textboxText = txbText.Text;
                return textboxText;
            }
        set
            {
                textboxText = value;
                txbText.Text = textboxText;
            }
    }
```

　　如果改变了标签的文本，标签的大小会自动调整，此时需要调用 MoveControl()方法改变文本框的位置；如果给文本框插入文本，控件的位置无需调整。最后必须改变此控件的 Load 事件，修改标签控件的文本为 LabelText 属性值，这样在设计期间和运行期间显示的文本是相同的。代码如下。

```
private void myLabelTextBox_Load(object sender, EventArgs e)
{
    lblCaption.Text =labelText;
    Height = txbText.Height > lblCaption.Height ? txbText.Height : lblCaption.Height;
    MoveControl();
}
```

5. 修改系统处理程序

　　本节创建的 LabelTextBox 控件派生于 UserControl，所以继承了许多无须加以处理的事件，如 Click、Enter、Leave、Load、KeyDown、KeyPress 等。但是其中有些事件我们并不希望以标准的方式交给用户，如 KeyDown、KeyPress 和 KeyUp 事件。其原因是：系统默认的方式是当控件本身获得焦点且用户按下一个键时触发这些事件，而用户希望当在文本框中按下一个键时就触发这些事件。

　　要改变事件的触发方式，必须在自定义控件类中处理文本框触发的事件并把它们发送给用户，代码如下。

```
private void txbText_KeyDown(object sender, KeyEventArgs e)
{
    OnKeyDown(e);
}
private void txbText_KeyPress(object sender, KeyPressEventArgs e)
{
    OnKeyPress(e);
}
```

```
private void txbText_KeyUp(object sender, KeyEventArgs e)
{
    OnKeyUp(e);
}
```

6. 创建自定义事件处理程序

创建基类 UserControl 中不存在的事件时需要做更多的工作，下面以创建事件 PositionChanged（当 Position 属性发生改变时触发该事件）为例，说明自定义事件创建步骤。

（1）声明 PositionChanged 事件。

```
public event EventHandler PositionChanged;
```

（2）当改变 Position 属性时，将触发 PositionChanged 事件，因此在 Position 属性的 set 存取器中触发该事件。

```
public PositionEnum Position
{
    get
    {
        return position;
    }
    set
    {
        position = value;
        MoveControl();
        if (PositionChanged!=null)
        {
            PositionChanged(this, new EventArgs());
        }
    }
}
```

（3）在测试用户控件项目中，选中 myLabelTextBox1 控件，在属性面板的"事件"部分双击 PositionChanged 事件，在事件处理程序中添加如下代码。

```
private void myLabelTextBox1_PositionChanged(object sender, EventArgs e)
{
    MessageBox.Show("Position Changed");
}
```

（4）在测试用户控件项目中，添加一个按钮 button1，在该按钮的 Click 事件处理程序中添加如下代码。

```
private void button1_Click(object sender, EventArgs e)
{
    if (myLabelTextBox1.Position ==
            LabelTextBox.myLabelTextBox.PositionEnum.Below)
    {
        myLabelTextBox1.Position =
            LabelTextBox.myLabelTextBox.PositionEnum.Right;
    }
    else
    {
        myLabelTextBox1.Position =
            LabelTextBox.myLabelTextBox.PositionEnum.Below;
    }
}
```

（5）运行项目，单击按钮改变文本框的位置，可以发现每次改变文本框位置，都会触发
PositionChanged 事件，显示一个信息框。

5.12 本章小结

本章介绍了创建 Windows 应用程序时最常用的一些控件，并讨论了如何使用它们创建简单
而强大的用户界面；论述了这些控件的属性和事件，列出了使用它们的示例，解释了如何为控件
的特定事件添加处理程序；介绍了 MainMenu、ToolBar 控件及一种特殊类型的窗体——
Windows 常用对话框；讨论了如何创建 MDI 和 SDI 应用程序，如何在这些应用程序中使用菜
单和工具栏；接着论述如何创建自己的控件，设计该控件的属性、用户界面和事件。

 习题 5

1. 简述 MDI 窗体的特点。

2. 说明模式窗体和非模式窗体各自的特点和区别。

3. 为停车场创建一个 Fee Calculator 应用程序，用于计算在停车场停车时的费用，其界面如图 5-37 所
示。用户通过 DateTimePicker 提供 Time In 和 Time Out 的值，程序因此计算出指定时间量的停车费用。假
定停车费用为每小时 3 元。计算停车的总时间时，可以忽略秒数，而把分钟数看成是小时的小数部分。为
简单起见，假定不允许通宵停车，因此每辆车都会在到达的当天离开停车场。

4. 为牙科诊所创建一个 Dental Payment 应用程序计算产生的费用。应用程序界面如图 5-38 所示，允
许用户输入病人的名字并选择在看病过程中完成了哪些服务，然后通过单击"Calculate"按钮计算总费
用。如果用户试图在没有指定任何服务或没有输入病人名字的情况下计算费用，将显示一条提示信息。

图 5-37　Fee Calculator 应用程序设计界面

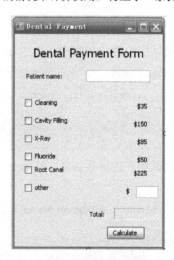

图 5-38　Dental Payment 应用程序设计界面

5. 开发一个 Guess the Number 应用程序，产生一个随机数，让用户来猜这个数，如图 5-39 所示。当
用户单击"New Game"按钮时，应用程序从 1～100 之间产生一个随机数，然后用户将猜测的值输入到
"Guess:"文本框中，并单击"Enter"按钮。如果猜对了，则程序给出用户猜测的次数，游戏结束，用户可
以开始新的游戏。否则如果猜错了，则应用程序指出猜测的结果相对于正确值来说是偏高了还是偏低了。

6. 开发一个 Student Grades 应用程序，教师需要通过应用程序计算每个学生的平均成绩（在 0～100
分的范围内）以及有 10 个学生班级的平均分，程序设计界面如图 5-40 所示。当教师输完一个学生三次测

试成绩后，单击"Submit Grades"按钮时，应用程序应当向 ListBox 中增加学生姓名和测验平均分（以制表符分隔开），计算出班级目前平均分。当 10 个学生的分数都已经输入完成后，应当禁用"Submit Grades"按钮。

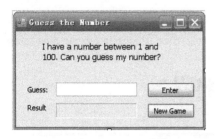

图 5-39 Guess the Number 应用程序设计界面

图 5-40 Student Grades 应用程序设计界面

7．编写一个 Supply Cost Calculator 应用程序，计算添加至用户购买清单中所有物品的价格，程序设计界面如图 5-41 所示。应用程序中应包含两个 ListBox，其中第一个 ListBox 中包含提供的所有物品及其各自的价格，用户可以从第一个 ListBox 中选择想要的物品，并将其添加至第二个 ListBox 中。提供一个 Calculator 按钮，计算用户购买清单（第二个 ListBox 中）的总价格。

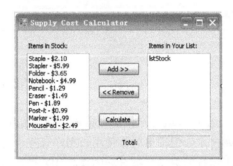

图 5-41 Supply Cost Calculator 应用程序设计界面

8．在窗体上创建菜单，顶级菜单有"文件"和"格式"两种。"文件"菜单中包含"关于"和"退出"子菜单，"关于"子菜单实现弹出一个窗体，介绍该程序的一些信息；"退出"子菜单实现退出应用程序。"文件"菜单中包含"颜色"和"字体"子菜单，"颜色"子菜单包括"黑色"、"红色"和"绿色"，实现对文本框中文字颜色的修改，"字体"子菜单包括"宋体"、"隶书"和"楷体"，实现对文本框中文字字体的修改。在窗体中添加工具栏和快捷菜单，并实现上述菜单功能。

9．利用 Timer 控件和随机数 Random 类实现简易的抽奖机，中奖号码为 8 位数。

第6章

文件操作与编程

本章要点

◆ System.IO 命名空间及文件相关类

◆ 使用 StreamReader 类和 StreamWriter 类读/写文本文件

◆ 使用 BinaryReader 类和 BinaryWriter 类读/写二进制文件

◆ 序列化对象及其应用

◆ XML 文档编程

6.1 文件相关类

许多计算机应用程序中，在本次运行产生的数据需要保存到下一次运行时调用。虽然大多数的解决方法都是使用数据库技术，但很多时候使用数据库有些小题大做。我们可能仅需要存储很少量的数据，例如最近程序运行的数据、被分配的最高 ID 号、用户的选择等。文件是在应用程序中存储数据的一种便利方式，也可以用于在应用程序之间传输数据。.NET Framework 提供的工具可以在应用程序中有效地使用文件。

早期编程语言对文件的读/写操作使用 I/O 语句或标准的 I/O 库，但是.NET Framework 以流的方式对各种数据进行访问，流是一组连续的数据从一个地方传送到另一个地方。流是对象，并且具有方法和属性。这种访问文件的方式不但灵活，而且可以保证编程接口的统一。

6.1.1 System.IO 命名空间

System.IO 命名空间包含与文件、文件夹及文件操作有关的输入/输出类，必须在程序中引用此命名空间才能访问这些类。System.IO 命名空间中常用的类如下。

（1）Directory 类和 DirectoryInfo 类：主要用于目录操作，提供一些用于创建目录、移动目录和遍历目录的方法。它们的主要区别是：Directory 类提供的是静态方法，不必创建类的实例就可以调用；而 DirectoryInfo 类中的方法都是实例方法，必须在创建实例后才能调用。

（2）File 类和 FileInfo 类：主要用于文件操作，提供一些用于创建、复制、删除、移动和打开文件的方法，并协助创建 FileStream 对象。File 类的所有方法都是静态的，因而无须具有 File 的实例就可被调用，而 FileInfo 类中的方法都是实例方法。

（3）Path 类：对包含文件或目录路径信息的 String 执行操作。

（4）FileStream 类：是 Stream 类的一个派生类，以字节流的方式对文件中的数据进行访问。利用 FileStream 类，不但可以操作普通文件，而且可以操作标准输入、输出设备。

（5）StreamReader 类和 StreamWriter 类：通常用于读/写文本文件。利用 StreamReader 类可以从文本文件中读取字符，利用 StreamWriter 类可以向文本文件中写入字符，读/写时可以定义字符的编码方式。

（6）BinaryReader 类和 BinaryWriter 类：主要用于读/写二进制文件。一般利用 BinaryReader 类从二进制文件中读取数据，利用 BinaryWriter 类向二进制文件中写入数据。

文件或文件夹都是靠路径来定位的。描述路径有两种方式：绝对路径和相对路径。由于"\"在 C#语言中有特殊的含义，用于表示转义字符，因此路径在 C #中的表示形式可以采用下述两种方法之一。

① 路径的分隔符使用"\\"表示，例如："c:\\learn\\C#"。

② 在路径前加上"@"前导符，表示这里的"\"不是转义符，是字符"\"，例如：@"c:\learn\C#"。

6.1.2 Directory 类与 File 类

计算机上的信息都保存在文件中，文件又组成目录。File 类主要用于文件管理，利用它可以完成文件的创建、删除、复制、移动、打开等操作。Directory 类主要用于目录管理。

1. Directory 类

目录操作通过 Directory 类提供的静态方法来实现，该类的主要方法如下。

（1）CreateDirectory 方法

格式：Directory.CreateDirectory(Path)

说明：该方法用来建立一个子目录，要建立的子目录由参数 Path 决定。

例如：以下代码将在"c:\learn"目录下建立一个名为"C#"的子目录。

```
Directory.CreateDirectory(@"c:\learn\C#");
```

（2）Delete 方法

格式：Directory.Delete(path, recursive)

说明：该方法用来删除指定的目录，参数 Path 以字符串形式指定要删除的目录路径。recursive 参数的取值可以为 true 或者 false，如果为 true 则执行"递归"删除，即删除指定的目录及其所包含的所有子目录和内容；如果为 false，则只能一级一级地删除，即如果下一级子目录不为空，就不能删除上一级。默认值为 false。

（3）Exists 方法

格式：Directory.Exists(Path)

说明：该方法测试磁盘上是否有参数 Path 以字符串形式指定的目录。如果存在，则该方法返回值为 true；否则返回值为 false。

（4）GetCurrentDirectory 方法

格式：Directory.GetCurrentDirectory()

说明：该方法获取应用程序的当前工作目录，返回类型为 string。

（5）GetDirectories 方法

格式：Directory.GetDirectories(path)

说明：该方法获取参数 path 指定的目录下所有子目录的名称（包括其路径），返回值是一个字符串数组。

（6）GetFiles 方法

格式：Directory.GetFiles(path)

说明：该方法获取参数 path 指定的目录下所有文件的名称（包括其路径），其返回值是一个字符串数组。

【例 6-1】写一个对 C 盘根目录下的子目录和文件进行操作的程序。

① 新建项目，如图 6-1 所示进行界面设计。在窗体 Form1 上添加两个分组控件 groupBox1 和 groupBox2，在分组控件 groupBox1 添加 1 个列表框控件 listBox1、1 个文本框控件

textBox1、两个按钮控件 button1 和 button2，分别实现创建子目录和删除子目录的功能；在分组控件 groupBox2 上添加一个列表框控件 listBox2。

② 程序运行时将在 listBox1 中显示 C 盘根目录下所有子目录的名称。当用户选择不同的子目录后，listBox2 中将显示在这个子目录下所有文件的名称；用户可以在文本框 textBox1 中输入要在 C 盘根目录下创建的子

图 6-1　程序设计界面

目录的名称，然后单击"创建"按钮完成此功能；用户可以在 listBox1 中选择一个子目录，然后单击"删除"按钮，将此子目录从 C 盘根目录中删除。

③ 在代码窗口的顶部输入以下代码，引入 System.IO 命名空间。

```
using System.IO;
```

④ 程序主要代码如下。

```
//自定义过程，用来在 listBox1 控件中显示 C 盘根目录下所有子目录的名称
private void DisplayDir()
{
    string[] strDirs;
    listBox1.Items.Clear();                          //清空列表框 listBox1 中的内容
    listBox1.Items.Add(@"C:\");
    strDirs = Directory.GetDirectories(@"c:\");       //获取 C 盘根目录下所有子目录的名称
    for (int i = 0; i < strDirs.Length-1; i++)
    {
        listBox1.Items.Add(strDirs[i]);
    }
}
//自定义过程，用来在 listBox2 控件中显示由参数 DirectoryName 指定的目录下所有文件的名称
private void DisplayFile(string DirectoryName)
{
    string[] strFiles;
    //获取 DirectoryName 目录下所有文件的文件名
    strFiles = Directory.GetFiles(DirectoryName);
    listBox2.Items.Clear();                          //清空列表框 listBox2 中的内容
    for (int i = 0; i < strFiles.Length-1; i++)
    {
        listBox2.Items.Add(strFiles[i]);
    }
}
//窗体加载时在 listBox1 中显示 C 盘根目录下所有子目录的名称
//窗体加载时在 listBox2 中显示 C 盘根目录下所有文件的名称
private void Form3_Load(object sender, EventArgs e)
{
    DisplayDir();
    listBox1.SelectedIndex = 0;
```

```
        DisplayFile(@"c:\");
        textBox1.Text = "";
    }
    //用户在 listBox1 中选择不同的目录名时触发此事件，改变 listBox2 中显示的文件名列表
    private void listBox1_SelectedIndexChanged(object sender, EventArgs e)
    {
        string strCurrentDirectory;
        //获取用户选中的目录的名称
        strCurrentDirectory = listBox1.Items[listBox1.SelectedIndex].ToString();
        DisplayFile(strCurrentDirectory);
    }
    //单击"创建"按钮
    private void button1_Click(object sender, EventArgs e)
    {
        if (textBox1.Text.Length>0)
        {
            Directory.CreateDirectory(@"c:\" + textBox1.Text);
            DisplayDir();
        }
    }
    //单击"删除"按钮
    private void button2_Click(object sender, EventArgs e)
    {
        string strCurrentDirectory;
        //获取用户选中的目录的名称
        strCurrentDirectory = listBox1.Items[listBox1.SelectedIndex].ToString();
        Directory.Delete(strCurrentDirectory);
        DisplayDir();
    }
```

2．File 类

File 类主要用于文件的管理，利用它可以完成文件的创建、删除、复制、移动、打开等操作。File 类中的这些方法均为静态方法，可以直接使用。下面介绍该类的主要方法如下。

（1）Create 方法

格式：File.Create(path)

说明：该方法创建一个文件，文件的路径及文件名由参数 path 指定。如果指定的文件不存在，则创建该文件；如果存在并且不是只读的，则改写其内容。该方法的返回值是 FileStream 类型，可以利用它对文件进行读/写操作。

（2）Copy 方法

格式：File.Copy(sourceFileName, destFileName,overwrite)

说明：该方法用来复制文件。sourceFileName 参数用来指定要复制的源文件的名称。destFileName 参数用来指定目标文件的名称。overwrite 参数取值可以为 true 或 false，如果为 true，那么当目标文件存在时将被覆盖；如果为 false，则不覆盖。

（3）Exists 方法

格式：File.Exists(path)

说明：该方法用来确定由 path 参数指定的文件是否存在，如果存在则返回值为 true，否则为 false。

（4）GetCreationTime 方法

格式：File.GetCreationTime(path)

说明：该方法返回由 path 参数指定的文件的创建日期和时间。

（5）GetLastAccessTime 方法

格式：File.GetLastAccessTime(path)

说明：该方法返回上一次访问 path 参数指定的文件的日期和时间。

（6）GetLastWriteTime 方法

格式：File.GetLastWriteTime(path)

说明：该方法返回上一次写入 path 参数指定的文件的日期和时间。

（7）Delete 方法

格式：File.Delete(path)

说明：该方法删除由 path 参数指定的文件。

（8）Move 方法

格式：File.Move(sourceFileName,destFileName)

说明：该方法将指定文件移动到新位置。sourceFileName 参数表示要移动的文件的名称，destFileName 参数表示文件的新路径。

图 6-2　程序设计界面

【例 6-2】制作一个能对文件进行操作的应用程序。程序运行后可以新建和删除一个文件，同时可以显示文件的属性，如文件类型、建立时间、更改时间和访问时间等，还可以更改这些属性。

① 新建项目，如图 6-2 所示，在窗体 Form1 上添加 4 个按钮 button1～button4、1 个分组控件 groupBox1，并在 groupBox1 控件中放置 8 个标签 label1～label8。

② 在代码窗口的顶部输入以下代码，引入 System.IO 命名空间。

```
using System.IO;
```

③ 定义模块级变量 fileName，代码如下。

```
string fileName = Directory.GetCurrentDirectory() + "\\file.txt";
```

④ 为 New 按钮的 Click 事件编写代码，在应用程序当前工作目录下创建 file.txt 文件。

```
private void button1_Click(object sender, EventArgs e)
{
    if (File.Exists(fileName)==true)
    {
        MessageBox.Show("文件已经存在！","文件操作");
    }
    else
    {
        File.Create(fileName);
        MessageBox.Show("文件已经创建！","文件操作");
    }
}
```

⑤ 为 Delete 按钮的 Click 事件编写代码，删除应用程序当前工作目录下的 file.txt 文件。

```
private void button2_Click(object sender, EventArgs e)
{
    if (File.Exists(fileName) == true)
    {
        File.Delete(fileName);
```

```
        MessageBox.Show("文件已经删除！", "文件操作");
    }
    else
    {
        MessageBox.Show("这个文件不存在！", "文件操作");
    }
}
```

⑥ 为 Attribute 按钮的 Click 事件编写代码，在标签 Label5～Label8 上显示文件 file.txt 的相关信息。

```
private void button3_Click(object sender, EventArgs e)
{
    if (File.Exists(fileName) == true)
    {
        label5.Text = File.GetAttributes(fileName).ToString();
        label6.Text = File.GetCreationTime(fileName).ToString();
        label7.Text = File.GetLastWriteTime(fileName).ToString();
        label8.Text = File.GetLastAccessTime(fileName).ToString();
    }
    else
    {
        MessageBox.Show("这个文件不存在！", "文件操作");
    }
}
```

⑦ 为 ReadOnly 按钮的 Click 事件编写代码，将文件 file.txt 设置为只读文件。

```
private void button4_Click(object sender, EventArgs e)
{
    if (File.Exists(fileName) == true)
    {
        File.SetAttributes(fileName, FileAttributes.ReadOnly);
    }
    else
    {
        MessageBox.Show("这个文件不存在！", "文件操作");
    }
}
```

6.2 文件输入/输出类

6.2.1 FileStream 类的使用

FileStream 对象表示在磁盘或网络路径上指向文件的流，其提供了在文件中读/写字节的方法。用 FileStream 类的构造函数可以创建 FileStream 对象，其格式如下。

```
public FileStream(string path, FileMode mode)
public FileStream(string path, FileMode mode, FileAccess access)
public FileStream(string path, FileMode mode, FileAccess access, FileShare share)
```

各参数说明如下。

① 参数 path 是一个字符串，指定要封装文件的相对路径或绝对路径。

② 参数 mode 用于确定如何打开或创建文件，控制对文件执行改写、建立、打开等操作或执行这些操作的组合。其取值可以为以下几种。

- FileMode.Append：打开现有文件并指向文件的末尾或创建一个新文件。
- FileMode.Create：创建新文件；如果文件已经存在将删除该文件，然后创建新文件。
- FileMode.CreateNew：创建新文件，如果文件已经存在将引发异常。
- FileMode.Open：打开现有文件，流指向文件开头；如果文件不存在将引发异常。
- FileMode.OpenOrCreate：打开现有文件，流指向文件开头；如果文件不存在将创建新文件。
- FileMode.Truncate：打开现有文件，清除其内容，流指向文件开头；如果文件不存在将引发异常。

③ 参数 access 用于确定 FileStream 对象访问文件的方式。其取值可以为以下几种。

- FileAccess.Read：对文件的读访问，可以从文件中读数据。
- FileAccess.Write：对文件的写访问，可以将数据写入文件。
- FileAccess.ReadWrite：对文件的读访问和写访问，可以从文件读取数据和将数据写入文件。

④ 参数 share 用于确定文件如何由进程共享。其取值可以为以下几种。

- None：谢绝共享当前文件。文件关闭前，打开该文件的任何请求都将失败。
- Read：允许随后打开文件读取。如果未指定此标志，则文件关闭前，任何打开该文件以进行读取的请求都将失败。
- Write：允许随后打开文件写入。如果未指定此标志，则文件关闭前，任何打开该文件以进行写入的请求都将失败。
- ReadWrite：允许随后打开文件读取或写入。如果未指定此标志，则文件关闭前，任何打开该文件以进行读取或写入的请求都将失败。

1．FileStream 类的常用属性

（1）CanRead 属性：获取一个值，该值指示当前文件流是否支持读取操作。
（2）CanWrite 属性：获取一个值，该值指示当前文件流是否支持写入操作。
（3）CanSeek 属性：获取一个值，该值指示当前文件流是否支持查找操作。
（4）Length 属性：获取用字节表示的流的长度。
（5）Position 属性：获取或设置此流的当前位置。

2．FileStream 类的常用方法

（1）Seek 方法

当打开一个流时，流指针一般位于文件的开始位置。大多数流支持定位（Seek），也就是可以将内部流指针移到任意位置。

格式：Seek(offset, SeekOrigin)

说明：参数 Offset 指定文件指针移动的距离（以字节为单位）。参数 SeekOrigin 设置文件指针移动的起始位置，其取值可以为 SeekOrigin.Begin（起始位置为文件的第 1 个字节）、SeekOrigin.Current（起始位置为当前位置）和 SeekOrigin.End（起始位置为文件的末端）。因为应用程序可以访问文件中的任何位置，采用这种方式访问的文件有时称为随机访问文件。

例如：以下代码将指针从当前位置开始向前移动 13 字节。

```
afile.Seek(13, SeekOrigin.Current);
```

以下代码将文件指针移到文件的第 8 个字节。

```
afile.Seek(8, SeekOrigin.Begin);
```

（2）ReadByte 方法

格式：ReadByte()

说明：该方法从文件中读取一个字节，并将读取位置提升一个字节，该方法的返回值是 int 类型。如果读取的位置为流的末尾，则返回值为-1。

（3）Read 方法

格式：Read(array,offset,count)

说明：该方法从文件中读取字节块，并将其写入一个字节数组。它有三个参数：第一个参数 array 是传入的字节数组，用来接收从文件中读取的字节块；第二个参数 offset 是文件流中相对于当前位置的偏移量，将从此处开始读取字节；最后一个参数 count 指定从文件中读取的字节数。

（4）WriteByte 方法

格式：WriteByte(value)

说明：该方法将一个字节写入文件流的当前位置，参数 value 表示要写入流的字节。

（5）Write 方法

格式：Write(array,offset,count)

说明：该方法将字节块写入文件流。它有三个参数：第一个参数 array 是字节数组，包含要写入流的字节块；第二个参数 offset 是文件流中相对于当前位置的偏移量，将从此处开始写入字节；最后一个参数 count 指定写入的字节数。

（6）Flush 方法

格式：Flush()

说明：该方法清除该流的所有缓冲区，使所有保存在缓冲区中的数据真正写入到文件中。在向文件写入数据时，数据只是写入到文件缓冲区中，只有在缓冲区满时才真正写入到文件中。所以写入数据后还应调用 Flush 方法以便把缓冲区中的数据真正写入到文件中去。

（7）Close 方法

格式：Close()

说明：该方法关闭当前流并释放与之关联的所有资源。

3. 使用 FileStream 类读/写文件

可以使用 FileStream 对象打开文件进行读/写，或者使用 File 和 FileInfo 类的 Open、OpenRead 或 OpenWrite 方法返回的 FileStream 对象读/写文件。例如，以下代码使用 FileStream 类的构造函数创建 FileStream 对象打开文件；FileMode 选用 OpenOrCreate 表示如果被创建的文件存在则打开文件，否则就建立新文件；FileAccess 选用 ReadWrite 表示进程对文件有读/写权限；FileShare 选用 None 表示不允许在文件关闭前由其他进程读/写。

```
string strFileName = @"c:\Example\test.txt";
FileStream aFile = new FileStream(strFileName, FileMode.OpenOrCreate,
        FileAccess.ReadWrite, FileShare.None);
```

或使用 FileInfo 类：

```
FileInfo oFile = new FileInfo(strFileName);
FileStream cFile = oFile.Open(FileMode.OpenOrCreate, FileAccess.ReadWrite, FileShare.None);
```

FileStream 提供的 Seek 方法可以将文件指针移动到文件中的任何位置，这就允许对文件的随机访问。当处理大的文件时，使用 Seek 方法可以马上定位到正确的位置，这样可以节省时间。

FileStream 类只能处理原始字节，这使得 FileStream 类可以处理任何数据文件（如图像、声音文件），而不是简单的文本文件。所以用 FileStream 类处理文本文件时不能直接读入字符串，而只能按字节操作。若只对文本文件进行读/写，可使用 StreamReader 和 StreamWriter 类进行处理，其对文本文件的处理比 FileStream 简单许多。

【例 6-3】 使用 FileStream 类制作一个能显示文本文件中内容的应用程序。

图 6-3　程序设计界面

① 新建项目，如图 6-3 所示进行界面设计，在窗体 Form1 上添加 1 个标签 label1、2 个文本框 textBox1 和 textBox2、2 个按钮 button1 和 button2、1 个打开文件对话框控件 openFileDialog1，将 textBox2 的 MultiLine 属性设置为 True。程序运行时，单击"打开"（button1）按钮，出现"打开文件对话框"，供用户选择欲读取的文本文件；选择文件并关闭此对话框后，在第一个文本框 textBox1 显示要打开的文本文件的名称及路径，并将文本文件中的内容显示在第二个文本框 textBox2 中；单击"结束"（button2）按钮，结束应用程序。

② 在代码窗口的顶部输入以下代码，引入 System.IO 命名空间。

```
using System.IO;
```

③ 为"打开"按钮的 Click 事件编写如下代码。

```
private void button1_Click(object sender, EventArgs e)
{
    openFileDialog1.Filter = "Text Files(*.txt)|*.txt|All Files(*.*)|*.*";
    openFileDialog1.FilterIndex = 0;
    openFileDialog1.ShowDialog();                      //显示打开文件对话框
    string fileName = openFileDialog1.FileName;        //存放要打开的文件名
    textBox1.Text = fileName;
    try
    {
        FileStream afile = new FileStream(fileName, FileMode.Open,
                            FileAccess.Read);
        int count = (int)afile.Length;                //获取要读取的文件的长度
        byte[] byData = new byte[count];
        afile.Read(byData, 0, count);                 //将文件所有字节读入 byData 字节数组中
        afile.Close();
        char[] charData = new char[count];
        Decoder d = Encoding.Default.GetDecoder();
        d.GetChars(byData, 0, count, charData, 0);
        textBox2.Text = new string(charData);
    }
    catch (IOException exception)
    {
        MessageBox.Show(exception.ToString());
    }
}
```

文件 I/O 涉及的所有操作都可能抛出 IOException 类型的异常，因此所有代码都必须包含错误处理。本例文件读取代码封装在 Try...Catch 块中，以处理可能抛出的异常。从文件中读取字节数组后，需要将其转换为字符数组，以便在文本框中显示。本例使用 System.Text 命名空间的 Decoder 类。此类用于将原始字节转换为更有用的项，比如字符。以下代码基于操作系统当前 ANSI 编码方式创建 Decoder 对象，然后调用 GetChars()方法提取字节数组，将它转换为字符数组。

```
Decoder d = Encoding.Default.GetDecoder();
d.GetChars(byData, 0, count, charData, 0);
```

④ 为"结束"按钮的 Click 事件编写如下代码。

```
private void button2_Click(object sender, EventArgs e)
{
    this.Close();
}
```

6.2.2　文本文件的读/写操作

文本文件是一种典型的顺序文件，其文件的逻辑结构属于流式文件。文件中除了存储文件有效字符信息（包括能用 ASCII 码表示的回车、换行等信息）外，不能存储其他任何信息。在.NET Framework 中文本文件的读取与写入主要通过 StreamWriter 类和 StreamReader 类实现。

1．StreamReader 类

StreamReader 类是专门用来处理文本文件的读取类，它可以方便地以一种特定的编码从字节流中读取字符。

（1）StreamReader 类的构造函数

用 StreamReader 类的构造函数可以初始化该类的一个新实例，其格式有很多种，这里介绍常用的两种。

① public StreamReader(Stream stream)

其中，stream 参数指定要读取的流。例如，以下代码建立一个 StreamReader 的对象 sr，其所要读取的流为 FileStream 类型的 aFile 对象。

```
FileStream aFile = new FileStream(filename, FileMode.Open, FileAccess.Read);
StreamReader sr = new StreamReader(aFile);
```

② public StreamReader(string path)

其中，path 参数指定要读取文件的完整路径。例如，以下代码建立一个 StreamReader 类的对象 sr，其要读取文件的完整路径为 C:\temp.txt。

```
StreamReader sr = new StreamReader(@"c:\temp.txt");
```

（2）StreamReader 类的常用属性和方法

① Read 方法。将流的下一个字符作为 int 类型值返回，并使流的当前位置提升一个字符。如果到达了流的结尾处，则返回–1。使用 Convert 类可以把返回的正整数值转换为字符。

② ReadLine 方法。从当前流中读取一行字符，并将数据作为字符串返回。返回的字符串中不包含回车换行符。这种处理对以行方式管理信息的文件来说是一种很好的方式。此外，当 ReadLine 方法读到流的结尾时，会返回空值。我们可利用此回传值来测试文件是否已到达尾部。

例如，以下代码可从变量 fileName 指定的文件中读取全部内容到字符串 allString 中。读取方法为每次读取一行，只要回传值不为空，则继续读，直到读取完毕。

```
FileStream aFile = new FileStream(fileName, FileMode.Open, FileAccess.Read);
try
  {
      string lineString="", allString="";
      StreamReader sr=new StreamReader(aFile,Encoding.Default);
      do
      {
          lineString = sr.ReadLine();
          allString += lineString + Environment.NewLine;
      } while (lineString!=null);
      sr.Close();
  }
catch (IOException exception)
```

```
    {
      MessageBox.Show(exception.ToString());
    }
    aFile.Close();
```

由于 ReadLine 方法传回的字符串并不包含行终端符号，所以我们在上面的代码中加上了 Environment.NewLine 来还原原本的数据。

③ ReadToEnd 方法。从流的当前位置开始读取数据，直到流的末尾，并把读取的数据作为字符串返回。这种方法可以一次从流中读取所有的字符。例如，以下代码可读取流中全部数据。

```
FileStream aFile = new FileStream(fileName, FileMode.Open, FileAccess.Read);
string allString="";
StreamReader sr=new StreamReader(aFile,Encoding.Default);
allString=sr.ReadToEnd();
sr.Close();
aFile.Close();
```

④ Peek 方法。返回一个下一个要读取的字符的整数值，不会更改 StreamReader 对象的当前位置。如果当前没有字符可读，Peek 方法返回值为−1。根据这一特性，可以在应用程序中用 Peek 方法判断是否到达流的尾部，例如：

```
FileStream aFile = new FileStream(fileName, FileMode.Open, FileAccess.Read);
StreamReader sr=new StreamReader(aFile,Encoding.Default);
while (sr.Peek()>=0)
{
      Console.WriteLine(sr.ReadLine());
}
sr.Close();
aFile.Close();
```

⑤ Close 方法。关闭 StreamReader 和释放相关资源。

2．StreamWriter 类

StreamWriter 类以一种特定的编码向流中写入字符。

（1）StreamWriter 类的构造函数

用 StreamWriter 类的构造函数可以初始化该类的一个新实例，其格式有很多种，这里介绍常用的两种。

① public StreamWriter(Stream stream)

其中，stream 参数指定要写入的数据流。例如，以下代码可建立一个 StreamWriter 类的对象 sw，其所要写入的流为 FileStream 类的 aFile 对象。

```
FileStream aFile = new FileStream(fileName,FileMode.Create,FileAccess.Write);
StreamWriter sw = new StreamWriter(aFile);
```

② public StreamWriter(string path, bool append)

其中，path 参数指定要写入的文件的完整路径；append 参数确定是否要追加数据到该文件中。若要追加数据到该文件中，则为 true；若要覆盖该文件，则为 false；如果指定的文件不存在，该参数无效，且构造函数将创建一个新文件。例如，以下代码可建立一个 StreamWriter 类的对象 sw，其文件名为 C:\temp.txt，append 参数为 False，且使用当前操作系统 ANSI 代码页的编码方式来写文件。

```
FileStream aFile = new FileStream(fileName,FileMode.Create,FileAccess.Write);
StreamWriter sw = new StreamWriter(@"c:\temp.txt", false, Encoding.Default);
```

（2）StreamWriter 类的常用属性和方法

① AutoFlush 属性：用来获取或设置一个值，该值指示 StreamWriter 是否在每次调用 StreamWriter.Write 之后，将其缓冲区刷新到基础流。值为 true 表示刷新，值为 false 表示不刷新。

② Write 方法：将字符串写入流。Write 方法共有 16 种重载，每一个重载都是为了要写入不同的数据类型而设计。

③ WriteLine 方法：基本与 Write 方法相同，只是在写入数据的后面加上回车换行符。

④ Close 方法：关闭 StreamWriter 对象和基础流。

格式：Close()

⑤ BaseStream.Seek 方法：用来获取同后备存储区连接的基础流，用其 Seek 方法可以设置当前流中的位置。

格式：BaseStream.Seek(offset,origin)

其中，参数 origin 是枚举类型 SeekOrigin，指示用于获取新位置的参考点，其取值可以为 SeekOrigin.Begin（指定流的开头）、SeekOrigin.Current（指定流内的当前位置）和 SeekOrigin.End（指定流的结尾）；参数 offset 是相对于 origin 参数的字节偏移量，为长整型值。

例如，以下代码将把当前流的新位置设置为流的末尾。

```
StreamWriter sw = new StreamWriter(@"c:\temp.txt", false, Encoding.Default);
sw.BaseStream.Seek(0, SeekOrigin.End);
```

【例 6-4】使用 StreamWriter 类和 StreamReader 类编写程序，建立或打开一个文件，可以向文件中写入或添加数据，并可输出文件的内容。

① 新建项目，如图 6-4 所示进行界面设计，在窗体 Form1 上添加 1 个文本框 textBox1 和 4 个按钮 button1～button4，将 textBox1 的 MultiLine 属性设置为 True。

② 在代码窗口的顶部输入以下代码，引入 System.IO 命名空间。

图 6-4 程序设计界面

```
using System.IO;
```

③ 定义模块级变量 fileName，代码如下：

```
string fileName = Directory.GetCurrentDirectory() + "\\example.txt";
```

④ 单击"写入数据"按钮（button1），可以将文本框 textBox1 中的内容追加到应用程序当前工作目录下的 example.txt 文件中；单击"读取数据"按钮（button2），可以从文件中读取数据，然后在文本框 textBox1 中显示出来；单击"删除文件"按钮（button3）可以删除此文件；单击"结束程序"按钮（button4），结束应用程序。主要代码如下。

```
// "写入数据"按钮
private void button1_Click(object sender, EventArgs e)
{
    try
    {
        StreamWriter sw = new StreamWriter(fileName, true,
                                    Encoding.Default);
        sw.WriteLine(textBox1.Text);
        sw.Close();
    }
    catch (IOException exception)
    {
```

```
            MessageBox.Show(exception.ToString());
        }
        textBox1.Clear();
}
// "读取数据" 按钮
private void button2_Click(object sender, EventArgs e)
{
    try
    {

        StreamReader sr = new StreamReader(fileName, Encoding.Default);
        textBox1.Text = sr.ReadToEnd();
        sr.Close();
    }
    catch (IOException exception)
    {
        MessageBox.Show(exception.ToString());
    }
}
// "删除文件" 按钮
private void button3_Click(object sender, EventArgs e)
{
    if (MessageBox.Show("你确实想删除文件吗？ ","StremRead 类和 StreamWriter 类
                示例",MessageBoxButtons.YesNo) ==DialogResult.Yes)
    {
        File.Delete(fileName);
        textBox1.Clear();
    }
}
// "结束程序" 按钮
private void button4_Click(object sender, EventArgs e)
{
    this.Close();
}
```

3. 访问用分隔符分隔的文件

用分隔符分隔的文件是一种常见的数据存储形式，最常见的分隔符是逗号。例如 Excel 电子表格、Access 数据库或 SQL Server 数据库中的数据都可以导出为用逗号分隔的值（CSV）文件。前面介绍了如何使用 StreamWriter 类和 StreamReader 类读/写使用这种方法存储数据的文件，在此基础上利用 String 类的 Split()方法可以进一步将字符串转换为基于所提供的分隔符的数组。

【例 6-5】下面示例演示如何处理用逗号分隔的值。

① 新建控制台应用程序，在 Program.cs 文件的顶部引入 System.IO 命名空间。

```
using System.IO;
```

② 单击菜单"项目" → "添加新项"，在对话框中选择"文本文件"，添加一个新的文本文件 somedata.txt。在此文本文件中输入下面的文本。

```
课程编码,课程名称,学分
03022030,数据结构,5
03076300,操作系统,4
03022110,软件工程,3
```

③ 在 Program.cs 主体的 Main()方法之前，添加 GetData()方法，代码如下。

```
private static List<Dictionary<string, string>>   GetData(out List<string> columns)
{
    string line;
```

```
                string[] stringArray;
                char[] charArray = new char[] { ',' };
                List<Dictionary<string, string>> data = new List<Dictionary<string, string>>();
                columns=new List<string>();
                try
                {
                        FileStream aFile = new FileStream(@"..\..\somedata.txt", FileMode.Open, FileAccess.Read);
                        StreamReader sr = new StreamReader(aFile);
                        //从文本文件的第一行获取列名
                        line = sr.ReadLine();
                        stringArray = line.Split(charArray);
                        for (int i = 0; i < stringArray.Length; i++)
                        {
                                columns.Add(stringArray[i]);
                        }
                        //从文本文件中获取数据
                        line = sr.ReadLine();
                        while (line!=null)
                        {
                                stringArray = line.Split(charArray);
                                Dictionary<string, string> rowData = new Dictionary<string, string>();
                                //将一行数据分离后放入 rowData 中
                                for (int i = 0; i < stringArray.Length; i++)
                                {
                                        rowData.Add(columns[i], stringArray[i]);          //键值为列名
                                }
                                data.Add(rowData);
                                line = sr.ReadLine();
                        }
                        sr.Close();
                        return data;
                }
                catch (Exception ex)
                {
                        Console.WriteLine("An IO exception has been thrown!");
                        Console.WriteLine(ex.ToString());
                        Console.ReadLine();
                        return data;
                }
        }
```

④ 在 Main()方法中添加如下代码。

```
//将从 GetData()方法获得的数据放入变量 myData 和 columns 中，并在控制台显示
static void Main(string[] args)
{
        List<string> columns;
        List<Dictionary<string, string>> myData = GetData(out columns);
        //显示每一列的名称
        foreach (string column in columns)
        {
                Console.Write("{0,-15}", column);
        }
        Console.WriteLine();
        //显示每一行的数据
        foreach (Dictionary<string, string> row in myData)
        {
                foreach (string column in columns)
                {
```

```
                Console.Write("{0,-15}", row[column]);
            }
            Console.WriteLine();
        }
        Console.ReadKey();
    }
}
```

⑤ 运行该应用程序，可以看到写入到控制台的文本文件内容。

6.2.3 二进制文件的读/写操作

为了对二进制文件进行读/写，可使用 BinaryWriter 类和 BinaryReader 类。BinaryWriter 类的作用是以二进制形式将基本数据类型的数据写入到流中，并支持用特定的编码写入字符串。BinaryReader 类的作用是用特定的编码从流中读取二进制数据并存放到基本类型的变量或数组中。

1. BinaryWriter 类

用 BinaryWriter 类的构造函数可以初始化该类的一个新实例。其格式有多种，下面给出的是常用的一种，基于所提供的流 output，用 encoding 编码方式来初始化 BinaryWriter 类的新实例。

public BinaryWriter(Stream output, Encoding encoding)

BinaryWriter 类的常用方法如下。

（1）Write 方法

Write 方法将值写入流中，并提升流的当前位置。有多种重载格式，每一个重载都是为了要写入不同的数据类型而设计。

（2）Seek 方法

格式：Seek(offset, origin)

说明：Seek 方法用来设置流的当前位置。参数 origin 是枚举类型 SeekOrigin，指示获取新位置所依据的参考点；参数 offset 是相对于 origin 参数的字节偏移量。

（3）Close 方法

Close 方法关闭当前的 BinaryWriter 和基础流。

2. BinaryReader 类

用 BinaryReader 类的构造函数可以初始化该类的一个新实例。其格式有多种，下面给出的是常用的一种，基于所提供的流 input，用 encoding 编码方式来初始化 BinaryReader 类的新实例。

public BinaryReader(Stream input, Encoding encoding)

BinaryReader 类提供的读取数据的常用方法如下。

（1）读取基本数据类型数据

BinaryReader 类中读取基本数据类型数据的方法有 ReadBoolean、ReadByte、ReadChar、ReadDecimal、ReadDouble、ReadInt16、ReadInt32、ReadInt64、ReadSByte（有符号字节）、ReadSingle、ReadString、ReadUInt16、ReadUInt32 和 ReadUInt64 等，这些方法均从流中读取相应类型的数据并把读取的数据作为返回值返回。以上方法在读取值时，根据读取的数据类型，将流的位置提升到相应位置。如在使用 ReadInt32 方法读取 4 字节有符号整数时，将流的当前位置提升 4 个字节。使用 ReadDouble 方法读取 8 字节浮点类型的值，并使流的位置提升 8 个字节。

（2）ReadBytes 方法

格式：public virtual byte[] ReadBytes(int count)

说明：从当前流中将 count 个字节读入字节数组，并使当前位置提升 count 个字节。

（3）ReadChars 方法

格式：public virtual char[] ReadChars(int count)

说明：从当前流中读取 count 个字符，以字符数组的形式返回数据，并根据所使用的编码方式和从流中读取的特定字符，提升当前位置。

【例 6-6】使用 BinaryWriter 类和 BinaryReader 类编写程序，在 example.dat 二进制文件中连续存放 10 个随机整数；编程读取其中偶数编号的整数并输出。

① 新建项目，按图 6-5 所示进行界面设计。在窗体 Form1 上添加 2 个文本框 textBox1 和 textbox2、2 个 label1 和 label2、2 个按钮 button1 和 button2。

② 在代码窗口的顶部输入以下代码，引入 System.IO 命名空间。

```
using System.IO;
```

③ 定义模块级变量 fileName，代码如下。

```
string fileName = @"..\..\example.dat";
```

④ 程序执行时将随机产生 10 个整数，把这 10 个整数写入到文件 example.dat 中并显示在第一个文本框 textBox1 中；单击"读取"按钮（button1）将把偶数编号的整数读出来并显示在第二个文本框 textBox2 中，如图 6-6 所示。

图 6-5　程序设计界面

图 6-6　程序运行界面

⑤ 主要代码如下。

```
//在窗体加载时生成 10 个随机数并保存在 example.dat 文件中
private void Form5_Load(object sender, EventArgs e)
{
    string outString="";
    int num=0;
    try
    {
        //使用 aFile 文件流创建 BinaryWriter 流 bw
        FileStream aFile = new FileStream(fileName, FileMode.OpenOrCreate, FileAccess.Write);
        BinaryWriter bw = new BinaryWriter(aFile);
        Random random = new Random();
        for (int i = 0; i < 10; i++)
        {
            num=random.Next(100);           //产生一个 0～100 之间的随机数
            bw.Write(num);                   //将随机数写入到文件中
            outString += num + " ";
        }
        bw.Close();
        textBox1.Text = outString;           //将产生的 10 个随机数显示在 textBox1 中
    }
    catch (Exception ex)
    {
        MessageBox.Show(ex.ToString());
    }
}
//单击"读取"按钮
```

```
private void button1_Click(object sender, EventArgs e)
{
    int num = 0;
    string outString = "";
    try
    {
        //使用 aFile 文件流创建 BinaryReader 流 br
        FileStream aFile = new FileStream(fileName, FileMode.Open, FileAccess.Read);
        BinaryReader br = new BinaryReader(aFile);
        for (int i = 1; i <=5; i++)
        {
            //定位到要读取的数据（编号为偶数）的位置
            br.BaseStream.Seek((2 * i - 1) * 4, SeekOrigin.Begin);
            num = br.ReadInt32();            //读取一个整型数据
            outString += num + " ";
        }
        br.Close();
        textBox2.Text = outString;//在 textBox2 中显示读出的编码为偶数的整型数据
    }
    catch (Exception ex)
    {
        MessageBox.Show(ex.ToString());
    }
}
//单击"退出"按钮
private void button2_Click(object sender, EventArgs e)
{
    this.Close();
}
```

6.2.4 MemoryStream 流和 BufferedStream 流

　　与 FileStream 一样，MemoryStream 类和 BufferedStream 类也派生自抽象类 Stream。因此 MemoryStream 类和 BufferedStream 类共享许多性质和功能，设计它们的目的都是为了对内存进行数据读/写，而不是对持久性存储进行读/写。如果需要，它们都可以与另一种流（如文件）相关联，充当内存和持久性存储之间的缓冲区。MemoryStream 类提供了 WriteTo 等方法用于向另一个流进行写操作；而 BufferedStream 类在利用构造函数创建对象时与另一个流相关联，当关闭 BufferedStream 时，它的内容被刷新到与之关联的流中。

6.3 对象的序列化

　　序列化是将一个对象转换成字节流以达到将其长期保存在内存、数据库或文件中的处理过程，它的主要目的是保存对象的状态以便以后需要的时候使用。与其相反的过程叫做反序列化。这两个过程结合起来，就使得数据能够被轻松地存储和传输。序列化的类型包括二进制（流）序列化、SOAP 序列化和 XML 序列化。其中二进制（流）序列化是一种将数据写到输出流，以使它能够用来自动重构成相应对象的机制。在二进制（流）序列化中，整个对象的状态都被保存起来，而 XML 序列化只有部分数据被保存起来。为了使用二进制（流）序列化，我们需要引入 System.Runtime.Serialization.Formatters.Binary 命名空间。其操作步骤如下。

1. 声明可序列化对象

　　如果我们给自己写的类标识 Serializable 特性，我们就能将这些类序列化，除非类的成员标记了 NonSerializable，序列化会将类中的所有成员都序列化。其格式如下。

```
[Serializable] public class 类名
{
    ...
}
```

2. 序列化对象

利用二进制格式化程序 BinaryFormatter 把对象序列化为二进制格式，并把结果写入一个流。该流可以是任何可写入的流，例如内存流（MemoryStream）、文件流（FileStream）或网络流（NetworkStream）。为了进行序列化，必须进行以下操作。

① 创建一个对象实例；

② 创建 BinaryFormatter 类的一个实例；

③ 打开一个流；

④ 调用 BinaryFormatter 的 Serialize()方法，进行序列化。

3. 反序列化对象

将序列化的对象还原回其以前的状态十分简单，反向完成上面的步骤即可。

① 打开流，进行读取；

② 创建 BinaryFormatter 类的一个实例；

③ 调用 BinaryFormatter 的 Deserialize()方法，把流反序列化为对象；

④ 把对象类型强制转换为指定的类型（Deserialize()方法返回一般的 Object 类型）。

【例 6-7】创建一个可序列化的 Person 类，然后将该类的实例序列化到文件 test.dat 中，最后从文件 test.dat 中将对象还原回其序列化前的状态，并显示其属性值。

① 新建项目，按图 6-7 所示进行界面设计。在窗体 Form1 上添加两个文本框 textBox1 和 textBox2、两个标签 label1 和 label2、两个按钮 button1 和 button2。

② 在代码窗口的顶部编写如下代码，引入命名空间。

图 6-7　程序设计界面

```
using System.IO;
using System.Runtime.Serialization.Formatters.Binary;
```

③ 声明可序列化的 Person 类，主要代码如下。

```
[Serializable]
public class Person
{
    private string myName;
    public string Name
    {
        get { return myName; }
        set { myName = value; }
    }
    private int myAge;
    public int Age
    {
        get { return myAge; }
        set { myAge = value; }
    }
}
```

④ 运行程序，在文本框 textBox1 和 textBox2 上分别输入姓名和年龄信息后，单击"序列

化"按钮将此 Person 类的实例序列化到文件 test.dat 中。主要代码如下。

```
private void button1_Click(object sender, EventArgs c)
{
    Person person = new Person();
    person.Name = textBox1.Text;
    person.Age = Convert.ToInt16(textBox2.Text);
    FileStream aFile = new FileStream(@"..\..\test.dat", FileMode.OpenOrCreate, FileAccess.Write);
    BinaryFormatter bf = new BinaryFormatter();
    bf.Serialize(aFile, person);
    aFile.Close();
    textBox1.Clear();
    textBox2.Clear();
}
```

⑤ 运行程序，单击"反序列化"按钮，将序列化的对象还原回其以前的状态，并将其属性在文本框 textBox1 和 textBox2 上显示。主要代码如下。

```
private void button2_Click(object sender, EventArgs e)
{
    FileStream aFile = new FileStream(@"..\..\test.dat", FileMode.Open, FileAccess.Read);
    BinaryFormatter bf = new BinaryFormatter();
    Person person = new Person();
    person = (Person)bf.Deserialize(aFile);
    textBox1.Text = person.Name;
    textBox2.Text = person.Age.ToString();
    aFile.Close();
}
```

6.4 典型应用实例

【例 6-8】社团希望通过计算机应用程序使得其成员能够看到关于近期活动的信息，比如电影、音乐会等。本例编写一个 WriteEvent 应用程序，帮助社团将活动的信息写入到一个顺序访问文件 schedule.txt 中，该文件格式如图 6-8 所示。

```
5 ─────────────────────── 活动的日期（这里表明本月5号）
8:00 PM ─────────────────── 活动的时间
12.00 ──────────────────── 票价
Parade ──────────────────── 活动名称
Come see our Founders' Day parade! ── 相应的描述
```

图 6-8 shedule.txt 文件格式说明

图 6-9 程序设计界面

① 新建项目，按图 6-9 所示进行界面设计。在窗体 Form1 上添加 5 个标签 label1～label5、1 个 NumericUpDown 控件 updDay、1 个 DateTimePicker 控件 dtpTime、3 个文本框控件 textBox1～textBox3、3 个按钮 button1～button3、1 个 OpenFileDialog 控件 objopenFileDialog。将 updDay 控件的 MiniMum 属性设置为 1，Maximum 属性设置为 31；将 dtpTime 控件的 Format 属性设置为 Custom，将 CustomFormat 属性设置为 "h:mm tt"，将 ShowUpDown 属性设置为 True；将 button2 和 button3 按钮的 Enabled 属性设置为 False。

② 单击菜单"项目"→"添加新项"，在对话框中选择"文本文件"，添加一个新的文本文件 schedule.txt。

③ 在代码窗口的顶部编写如下代码，引入命名空间。

```
using System.IO;
```

④ 定义模块级变量 m_objOutput，代码如下。

```
StreamWriter m_objOutput;
```

⑤ 主要代码如下。

```
//自定义函数，用于判断用户选择的文件类型是否正确。正确返回 true，否则返回 false
private bool CheckValidity(string strName)
{
    if (strName.EndsWith(".txt")==false)
    {
        //如果用户选择的文件类型错误，提示错误信息，并将返回值设置为 false
        MessageBox.Show("File name must end with .txt", "Invalid File Type",
                        MessageBoxButtons.OK, MessageBoxIcon.Error);
        return false;
    }
    else
    {   //如果文件类型正确，修改各个按钮的状态，并将返回值设置为 true
        button1.Enabled = false;
        button2.Enabled = true;
        button3.Enabled = true;
        return true;
    }
}
//将窗体上文本框控件清空，updDay 控件设为 1
private void ClearUserInput()
{
    updDay.Value = 1;
    txtPrice.Clear();
    txtEvent.Clear();
    txtDescription.Clear();
}
//OpenFile 按钮的单击事件
private void button1_Click(object sender, EventArgs e)
{
    objopenFileDialog.InitialDirectory = Application.StartupPath;
    objopenFileDialog.FileName = "schedule.txt";
    DialogResult result = objopenFileDialog.ShowDialog();    //显示打开文件对话框
    //获取用户选择的文件名，打开文件以备存入活动信息
    if (result!=DialogResult.Cancel)
    {
        string fileName = objopenFileDialog.FileName;
        if (CheckValidity(fileName)==true)
        {
            m_objOutput = new StreamWriter(fileName, true, Encoding.UTF8);
        }
    }
}
//Enter 按钮的单击事件，使用 StreamWriter 对象将信息写入到文件中
private void button2_Click(object sender, EventArgs e)
{
    m_objOutput.WriteLine(updDay.Value);
    m_objOutput.WriteLine(dtpTime.Text);
    m_objOutput.WriteLine(txtPrice.Text);
    m_objOutput.WriteLine(txtEvent.Text);
```

```
        m_objOutput.WriteLine(txtDescription.Text);
        ClearUserInput();
}
//CloseFile 按钮的单击事件
private void button3_Click(object sender, EventArgs e)
{
        m_objOutput.Close();
        button1.Enabled = true;
        button2.Enabled = false;
        button3.Enabled = false;
}
```

【例6-9】在【例6-8】已经完成的 WriteEvent 应用程序的基础上，编写一个 Event Information 应用程序，以便用户可以方便地查看社团当月的活动，活动信息保存在 schedule.txt 文件中。程序运行界面如图 6-10 所示：用户在 MonthCalendar 控件中选择当月的某个日期后，如果这一天有活动，应用程序在组合框控件中显示这一天的活动列表，使得用户可以从列表中选择。当用户选择了某项活动后，应用程序在下面的文本框中显示出活动的详细信息（活动的时间、价格和简短的描述）。如果这一天没有活动，应用程序在组合框中显示信息"-No Event-"。

图 6-10　程序运行界面

① 新建项目，按图 6-10 所示进行界面设计。在窗体 Form1 上添加 3 个标签 label1～label3、1 个 MonthCalendar 控件 mvwDate、1 个 ComboBox 控件 cboEvent 和 1 个 TextBox 控件 txtDescription。将文本框控件 txtDescription 的 MultiLine 属性设置为 True，ScrollBars 属性设置为 Vertical。

② 在代码窗口的顶部编写如下代码，引入命名空间。

```
using System.IO;
```

③ 定义模块级变量二维数组 strData 存放某一天的活动信息，代码如下。

```
string[,] strData;
```

④ 主要代码如下。

```
//从文件 schedule.txt 中获取某一天的活动信息，函数返回值为这一天活动总数
//活动信息保存在输出变量，数组 m_strData 中
private int ExtractData(DateTime dtmDay,out string[,] m_strData)
{
        int intChosenDay = dtmDay.Day;        //获取日期中的 day
        int intFileDay;                        //day of event from file
```

```
    int   m_intNumberOfEvents = 0;       // set number of events to 0
    m_strData = new string[9, 5];//存放一天的活动信息，假设活动数最多不超过 9 个
    //initialize StreamReader to read lines from file
    StreamReader sr = new StreamReader(@"..\..\schedule.txt");
    string strLine = sr.ReadLine();    //read first line before entering loop
    // loop through lines in file
    while ((sr.Peek()!=-1) && (m_intNumberOfEvents<10))
    {
    //将读到的第一行信息转换为 day 信息
        intFileDay = Convert.ToInt16(strLine);
        if (intFileDay==intChosenDay)
        {
            m_strData[m_intNumberOfEvents, 0] = strLine;
            m_strData[m_intNumberOfEvents, 1] = sr.ReadLine();
            m_strData[m_intNumberOfEvents, 2] = sr.ReadLine();
            m_strData[m_intNumberOfEvents, 3] = sr.ReadLine();
            m_strData[m_intNumberOfEvents, 4] = sr.ReadLine();
            m_intNumberOfEvents ++;
        }
        else
        {   //以下活动信息的日期与用户选择的日期不相同，则不读取这一活动信息，跳过
            for (int i = 1; i <=4; i++)
            {
                strLine = sr.ReadLine();
            }
        }
        //读取文件中下一个活动的日期
        strLine = sr.ReadLine();
    }
    return m_intNumberOfEvents;
}
//自定义过程，如果有活动，在组合框中列出这一天的活动列表
private void CreateEventList()
{

    int numberOfEvents;
    numberOfEvents = ExtractData(mvwDate.SelectionStart, out strData);
    cboEvent.Items.Clear();
    if (numberOfEvents>0)
    {
        for (int i = 0; i < numberOfEvents; i++)
        {
            cboEvent.Items.Add(strData[i, 3]);
        }
        //在组合框和文本框中提示用户这一天有活动安排
        cboEvent.Text = "- Events -";
        txtDescription.Text = "Pick an event.";
    }
    else
    {
        //在组合框和文本框中提示用户这一天没有活动安排
        cboEvent.Text = " - No Events - ";
        txtDescription.Text = "No events today.";
    }
}
//当用户在 MonthCalendar 控件中选择了一个新的日期后触发此事件
private void mvwDate_DateChanged(object sender, DateRangeEventArgs e)
{
```

```
        CreateEventList();        //在组合框中显示活动列表
}
//当用户在组合框控件中选择了一个活动后，触发此事件,将本活动的详细信息显示在文本框中
private void cboEvent_SelectedIndexChanged(object sender, EventArgs e)
{
        txtDescription.Text = strData[cboEvent.SelectedIndex, 1];
        txtDescription.Text += Environment.NewLine;
        txtDescription.Text += "Price:" + strData[cboEvent.SelectedIndex, 2];
        txtDescription.Text += Environment.NewLine;
        txtDescription.Text += strData[cboEvent.SelectedIndex, 4];
}
```

6.5 XML 文档编程

XML（Extensible Markup Language，可扩展标记语言）是一种简单灵活的文本格式，可以作为创建新的标记语言的基础，以便在文档发布和数据交换中使用。XML 在.NET 中执行大量的任务，包括描述应用程序的配置、在 Web 服务之间传输信息等。由于 XML 的广泛使用，.NET 提供了对 XML 的全面支持。

XML 文档对象模型（Document Object Model，DOM）以非常直观的方式访问和处理 XML 的类，它以树型结构表示 XML 数据，并可以对这些对象进行查询和编辑等操作。DOM 不是读取 XML 数据最快键的方式，但只要理解了类和 XML 文档中元素之间的关系，DOM 就很容易使用。

6.5.1 XML 文档概述

XML 是一套定义语义标记的规则，这些标记将文档分成许多部件并对这些部件加以标识。我们熟知的 HTML 只是定义一套固定的标记，用来描述一定数目的元素，如果标记语言中没有所需的标记，用户也就没有办法了。XML 解决了这一缺陷，它是一种元标记语言，用户可以根据需要定义自己的标记。XML 规范定义了 XML 文件的编写格式，XML 文件以树状结构描述一个文件中的数据，每个数据都有一个自定义的标识，还可以添加属性和文本元素。

1. XML 声明

XML 声明通常在 XML 文档的第一行出现。XML 声明不是必选项，但是如果使用 XML 声明，必须在文档的第一行，前面不得包含任何其他内容或空白。文档映射中的 XML 声明包含下列内容。

● 版本号：<?xml version="1.0"?>，必选项。尽管以后的 XML 版本可能会更改该数字，但是 1.0 是当前的版本。

● 编码声明：<?xml version="1.0" encoding="UTF-8"?>，可选项。如果使用编码声明，必须紧接在 XML 声明的版本信息之后，并且必须包含代表现有字符编码的值。

XML 声明也可能包含一个独立的声明，例如<?xml version="1.0" encoding="UTF-8" standalone="yes"?>。与编码声明类似，独立声明也是可选项。如果使用独立声明，必须在 XML 声明的最后。

2. XML 元素

元素构成 XML 文档的主体，XML 没有任何预定义元素，因此元素数量不受限制。我们可以使用标记构建、标识元素的名称、开始和结束。元素还可以包含属性名称和值，用于提供内容的其他信息。

（1）元素名称：所有元素必须有名称。元素名称区分大小写，并且必须以字母或下画线开头。元素名称可以包含字母、数字、连字符、下画线和句点。例如，<book>和<BOOK>是不同的元素。

（2）标记设置原始内容（如果有）的边界。

① 开始标记指示元素的开头，使用语法如下。

```
<elementName att1Name="att1Value" att2Name="att2Value"...>
```

对于没有属性的元素，可以缩短开始标记为<elementName>。

② 结束标记指示元素的结尾，不能包含属性。结束标记采用以下格式。

```
</elementName>
```

③ 元素包括开始标记和结束标记以及两个标记之间的所有内容，元素可以包含其他元素。例如以下代码中，<person>元素包含两个其他子元素，即<givenName>和 <familyName>。<givenName>元素包含文本 Peter，而<familyName>元素包含文本 Kress。

```
<person>
    <givenName>Peter</givenName>
    <familyName>Kress</familyName>
</person>
```

④ 空标记用于指示没有文本内容的元素，不过这些元素可以有属性。如果文档的开始标记和结束标记之间没有内容，空标记可以作为快捷方式使用。空标记看起来与开始标记类似，只是在结束（>）之前包含斜杠（/）。例如：

```
<elementName att1Name="att1Value" att2Name="att2Value".../>
```

⑤ 在 XML 中，可以指示一个具有开始和结束标记，但在标记之间没有空白和内容的空元素，例如 <giggle></giggle>；也可以使用一个空标记，例如 <giggle/>。在 XML 分析器中，两种格式产生的结果相同。

3．属性

通过属性可以使用键值对添加与元素有关的信息，通常为不属于元素内容的元素定义属性，尽管在某些情况下元素内容由属性值确定。属性可以出现在开始标记中，也可以出现在空标记中，但是不能出现在结束标记中。属性的语法结构如下。

```
<elementName att1Name="att1Value" att2Name="att2Value"...>
```

或

```
<elementName att1Name="att1Value" att2Name="att2Value".../>
```

属性必须有键名和值，不允许没有值的属性名。元素不能包含两个同名的属性，XML 认为属性在元素中出现的顺序并不重要。与元素名一样，属性名区分大小写，并且必须以字母或下画线开头，名称的其他部分可以包含字母、数字、连字符、下画线和句点。

属性值必须包含在单引号或双引号中。如果使用单引号指示属性值，必须在属性值内使用'引用来表示单引号；如果使用双引号指示属性值，必须在属性值内使用"引用来表示双引号。例如：

```
<myElement contraction='isn&apos;t'/>
<myElement question="They asked &quot;Why?&quot;"/>
```

4．XML 文档的结构

XML 最重要的一点就是它提供了一种组织数据的结构化方式。XML 文档必须包含一个而且只能包含一个根元素，其中包含所有元素和文本数据。如果在文档的顶级中有多个元素，该文档就是不合法的 XML 文档。例如：下面的 XML 文档是合法的。

```
<?xml version="1.0"?>
<books>
    <book>Tristram Shandy</book>
    <book>Moby Dick</book>
    <book>Ulysses</book>
</books>
```

而下面的文档就是不合法的。

```
<?xml version="1.0"?>
<book>Tristram Shandy</book>
<book>Moby Dick</book>
<book>Ulysses</book>
```

遵循 XML 标准的所有规则的文档就是"格式良好（well-formed）"的 XML。如果 XML 文档的格式有误，分析程序就不能正确地解释它，并拒绝该文档。为了有一个格式良好的 XML，对文档的要求如下。

- 有且只有一个根元素；
- 每个元素都有结束标记；
- 没有重叠元素——所有子元素必须完全嵌套在父元素内；
- 所有属性值必须放在引号内。

5. 创建 XML 文档

Visual Studio 提供了 XML 文件编辑工具，通过它可以方便地创建和修改 XML 文件，可以创建 XML 文件的数据结构。创建 XML 文档的步骤如下。

① 新建项目，在解决方案资源管理器窗口中用鼠标右键单击项目，选择"添加"→"新建项"，然后在添加新项对话框中选择"XML 文件"，Visual Studio 会自动创建一个名为XMLFile1.xml 文件，文件中包含一行 XML 声明。

```
<?xml version="1.0" encoding="utf-8" ?>
```

② 将光标移到 XML 声明的下面，输入如下所示代码并保存。可以发现，在输入过程中输入大于号关闭开始标记时，Visual Studio 会自动加入结束标记。在此例中，purchaseOrders 是 XML 文件的根节点，purchaseOrders 节点有 1 个属性 count，2 个 purchaseOrder 节点是 purchaseOrders 节点的子节点，orderdate、customerName、Address、zip 和 products 是 purchaseOrder 节点的 5 个子节点，productName 是 products 节点的子节点。

```
<purchaseOrders count="2">
  <purchaseOrder>
    <orderdate>2014-02-1</orderdate>
    <customerName>Alice Smith</customerName>
    <Address>123 Maple Street,Mill Valley,CA,US</Address>
    <zip>90952</zip>
    <products>
       <productName>Lawnmower</productName>
       <productName>Baby Monitor</productName>
    </products>
  </purchaseOrder>
  <purchaseOrder>
    <orderdate>2014-02-10</orderdate>
    <customerName>Robert Smith</customerName>
    <Address>8 Oak Avenue,Old Town,PA,US</Address>
```

```
    <zip>95819</zip>
    <products>
      <productName>Iron</productName>
    </products>
  </purchaseOrder>
</purchaseOrders>
```

③ 在菜单栏上选择"XML"→"创建架构"，Visual Studio 会为刚才编写的 XML 文件创建相应的模式，得到 XMLFile1.xsd 文件。

④ 返回 XMLFile.xml 文件，在结束标记</purchaseOrders>之前输入如下 XML 代码。注意：在键入开始标记时，会显示 IntelliSense 提示。这是因为 Visual Studio 会把新建的 XSD 模式连接到正在键入的 XML 文件上。

```
<purchaseOrder>
  <orderdate>2014-03-08</orderdate>
  <customerName>Alan Lambert</customerName>
  <Address>12 Maple Street,Mill Valley,CA,US</Address>
  <zip>90952</zip>
  <products>
    <productName>kettle</productName>
  </products>
</purchaseOrder>
```

⑤ 可以在 Visual Studio 中创建 XML 和一个或多个模式之间的连接。在菜单栏上选择"XML"→架构..."，打开如图 6-11 所示的对话框。在 Visual Studio 可识别的模式列表顶部，会看到文件名为 XMLFile1.xsd，在它的左边有一个复选标记，表示这个模式用于当前的 XML 文档。

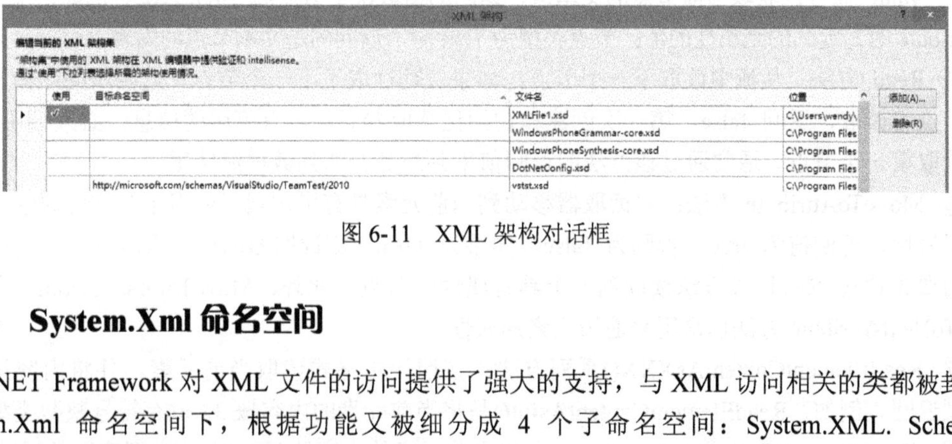

图 6-11　XML 架构对话框

6.5.2　System.Xml 命名空间

.NET Framework 对 XML 文件的访问提供了强大的支持，与 XML 访问相关的类都被封装在 System.Xml 命名空间下，根据功能又被细分成 4 个子命名空间：System.XML. Schema、System.XML.Serialization、System.XML.Xpath 和 System.XML.Xsl。通过.NET Framework 提供的以下几个类可完成 XML 文件中数据的存取。

（1）XmlDocment：表示 XML 文档，在内存中以树状形式保存 XML 文档中的数据。

（2）XmlElement：表示 XML 文档中的一个元素，如前面的<productName> kettle </productName>。

（3）XmlNode：表示 XML 文档中的单个节点。

（4）XmlAttribute：表示 XML 文档中某元素的属性。

（5）XmlText：表示 XML 文档中的文本，如<productName>kettle</productName>中的文本 kettle。

（6）XmlNodeType：枚举类型，指示 XmlNode 的类型，如 Element（元素开始）、EndElement（元素结束）、Attribute（属性）、Text（文本）、Whitespace（标记间的空白）等。

（7）XmlTextReader：表示提供对 XML 数据进行快速、非缓存、只进访问的读取器。

（8）XmlTextWriter：表示提供快速、非缓存和只进方式的编写器，该方法生成包含 XML 数据的流或文件。

☞**注意**：在使用这些 XML 类之前，要先引用命名空间 System.Xml。

6.5.3 使用 XmlTextReader 类读取 XML 文档

XMLTextReader 类提供对 XML 数据流的只进只读快速访问，而对系统资源（主要包括内存和处理器时间）不做很高的要求。XMLTextReader 读取 XML 需要通过 Read()方法，不断读取 XML 文档中的声明、节点开始、节点内容、节点结束以及空白等，直到文档结束，Read()方法返回 false。

XMLTextReader 类通过其构造函数初始化 XmlTextReader 的新实例，有多种重载形式，其中 XmlTextReader(Stream)使用指定的流初始化 XmlTextReader 类的新实例，XmlTextReader(String) 使用指定的文件初始化 XmlTextReader 类的新实例。

（1）XmlTextReader 类常用属性和方法

① EOF 属性：指示读取器是否定位在流的结尾。如果在流的结尾，则为 true，否则为 false。

② NodeType 属性：XmlNodeType 值之一，表示当前节点的类型。

③ Name 属性：获取当前节点的限定名，返回的名称取决于节点的 NodeType。例如，节点类型为 Attribute 时，返回的是属性名；节点类型为 Element 时，返回的是标记名称。

④ Value 属性：获取当前节点的文本值，返回的值取决于节点的 NodeType。例如，节点类型为 Attribute 时，返回的是属性的值；节点类型为 Text 时，返回的是文本节点的内容。

⑤ Read 方法：从流中读取下一个节点，如果成功读取了下一个节点，返回 true；如果没有其他节点可读取，返回 false。第一次创建和初始化读取器时，没有可用的信息，必须调用 Read 方法读取第一个节点。通常通过该方法的返回值来判断是否达到数据流结尾。

⑥ MoveToAttribute 方法：将读取器移动到当前元素具有指定索引或指定名称的属性。如果找到了属性，返回值为 true；否则为 false。如果为 false，则读取器的位置未改变。在使用该方法之前要先通过 Read()等方法读取到一个具有属性的节点。此外，MoveToFirstAttribute 方法和 MoveToNextAttribute 方法也常用来遍历元素的属性。

⑦ ReadElementContentAsXXX()系列方法：按照指定格式读取当前元素，并将内容按对应的类型返回。例如，ReadElementContentAsInt()是将当前元素的内容按 32 位有符号整数类型读取并返回；ReadElementContentAsDateTime()是将当前元素的内容按 DateTime 类型读取并返回。

⑧ Close()方法：此方法释放读取时占有的任何资源。如果此读取器是用流构造的，则此方法还对基础流调用 Close。

（2）使用 XmTextlReader 类以只读、不缓存、只进方式读取 XML 文件数据的步骤

① 通过 XmTextlReader 类的构造函数创建一个读取器，即 XmlTextReader 类的实例。例如：

```
XmlReader reader = XmlReader.Create(@"..\..\XMLFile1.xml");
```

② 通过 Read()方法读取 XML 数据流的下一个节点，使当前节点向前移动。每次成功调用 Read()方法之后，XMLTextReader 类的实例包含了目前节点的信息。

③ 通过 NodeType 属性判断当前节点的类型。当使用 NodeType 属性时，理解节点和 XML 单元的联系是非常重要的。例如：对于 XML 元素 <productName>kettle </productName>，XMLTextReader 把这个元素看作 3 个节点，顺序如下。

- <productName> 开始标记被读为 XmlNodeType.Element 类型节点，标记的名称 productName 可由 XMLTextReader 的 Name 属性获得。
- 文本数据 kettle 被读为 XmlNodeType.Text 类型的节点，数据 kettle 可从 XMLTextReader 的 Value 属性获得。
- </productName> 结束标记被读为 XmlNodeType.EndElement 类型的节点，标记的名称 productName 可由 XMLTextReader 的 Name 属性获得。

④ 根据当前节点的类型和名称对当前节点的数据进行处理，可以读取节点数据、检查它是否有属性、忽略它或根据程序需要进行相应的操作和处理。

⑤ 读取完成后，通过 Close()方法释放读取时占有的所有资源。

6.5.4　使用 XmlTextWriter 类创建 XML 文件

XmlTextWriter 是.NET Framework 为创建 XML 文件提供的类。使用这个类来创建 XML 文件，不需要担心输出是否符合 XML 规范，同时代码非常简洁。XmlTextWriter 类通过其构造函数创建新实例，常用的有 XmlTextWriter(Stream,Encoding) 使用指定的流和编码方式创建 XmlTextWriter 类的实例，XmlTextWriter(String,Encoding) 使用指定的文件和编码方式创建 XmlTextWriter 类的实例。XmlTextWriter 包含很多可用于在创建 XML 文件时添加元素和属性到 XML 文件里的方法，比较重要的如下。

（1）WriteStartDocument()方法：编写版本为 1.0 的 XML 声明<?xml…?>。

（2）WriteStartElement(String)方法：写出具有指定名称的开始标记，标记名称通过 String 参数提供。

（3）WriteElementString(String, String)方法：编写具有指定名称和值的元素，第一个参数指定元素的名称，第二个参数指定元素的值。

（4）WriteComment(string)方法：写出包含指定文本的注释<!--...-->，注释内部的文本通过 string 参数提供。

（5）WriteAttributeString(String, String)方法：写出具有指定名称和值的属性，第一个参数指定属性的名称，第二个参数指定属性的值。

（6）WriteEndElement()方法：关闭一个元素。如果该元素不包含任何内容，则编写短结束标记 "/>"；否则将编写完整的结束标记。

（7）Close()方法：关闭此流和基础流。

6.5.5　XML 文档对象模型

XML 文档对象模型（Document Object Model，DOM）是一组以非常直观的方式访问和处理 XML 的类。DOM 不是读取 XML 数据的最快捷方式，但是在理解了类和 XML 文档中元素之间的关系后，DOM 很容易使用。构成 DOM 的类在命名空间 System.Xml 中。

1. XmlDocument 类

XmlDocument 类代表 XML 文档在内存中的表示。通过 XmlDocument 类访问 XML 数据，首先需要利用 XmlDocument.Load()方法，从具有 XML 数据的文件或数据流中读取一个完整的 XML 数据到内存。代码如下。

```
XmlDocument document = new XmlDocument();
document.Load(@"..\..\XMLFile1.xml");
```

利用 XmlDocument 类将 XML 文档加载到内存后，可以利用这个类提供的方法获取 XML

文件中的节点值，添加、修改和删除文档中的某些节点。

2. 读取 XML 文档中的节点值

XmlDocument 实例的 DocumentElement 属性会返回一个 XmlElement 实例，表示 XML 文档树的根节点，所有 XML 文档中的其他节点操作都从该节点开始，通过它的 ChildNodes 属性逐层访问 XML 文档中的所有子节点。XmlElement 类的常用属性和方法如下。

（1）Attributes 属性：获取包含该节点属性列表的 XmlAttributeCollection。

（2）HasAttributes 属性：指示当前节点是否有任何属性。如果当前节点具有属性，则为 true；否则为 false。

（3）HasChildNodes 属性：指示节点是否有任何子节点。如果节点具有子节点，则为 true；否则为 false

（4）ChildNodes 属性：获取节点的所有子节点。

（5）InnerText 属性：获取或设置该节点及其所有子级的文本，把它作为一个串联字符串返回。

（6）InnerXml 属性：返回类似于 InnerText 的文本，但会返回所有的标记。

（7）Value 属性：获取或设置该节点的值，返回的值取决于节点的 NodeType。

（8）OuterXml 属性：包含此节点及其所有子节点的标记。

（9）GetAttribute(string)方法：返回具有指定名称的属性的值，string 是要检索的属性的名称。

（10）SetAttribute(String, String)方法：设置具有指定名称的属性的值，第一个参数是要修改的属性的名称，第二个参数是要为此属性设置的值。

在 DOM 中，每种成分都是节点。XmlElement 节点没有文本值；XmlElement 节点的文本值存储在子节点中，该节点称为 XmlText 节点。以下 XML 示例文档在循环读取所有节点时，会遇到许多 XmlElement 节点和 3 个 XmlText 节点。其中，XmlElement 节点是<books>、<book>、<title>、<author>和<code>，XmlText 节点是 title、author 和 code 开始标记和结束标记之间的文本。XmlText 节点的值可以通过其 Value 属性获得，而对于 XmlElement 节点的值可以通过 InnerText 和 InnerXml 属性获得。如此例中，book 节点的 InnerText 值为 Beginning Visual C# 4.0 Karli Watson7582，InnerXml 值为<title>Beginning Visual C# 4.0</title> <author>Karli Watson</author> <code>7582</code>。程序中可以设置 Value、InnerText 的值来修改文本节点或元素的值。

在 DOM 中，属性也是节点。与 XmlElement 节点不同，属性节点拥有文本值。改变属性的值可以通过 SetAttribute()方法完成。

```
<books>
  <book>
    <title>Beginning Visual C# 4.0</title>
    <author>Karli Watson</author>
    <code>7582</code>
  </book>
</books>
```

下面的代码首先创建一个 XmlDocument 对象，并通过 Load()方法加载 6.5.1 节创建的 XML 文件 XMLFile1.xml；然后通过 XmlDocument.DocumentElement 属性获取 XML 文档的根节点 purchaseOrders；之后通过 foreach 遍历该节点的 ChildNodes 属性，获取所有的 purchaseOrder 节点；最后，再用 foreach 遍历 products 的所有子节点并通过 InnerXml 获取节点的值。代码如下。

```
private void button1_Click(object sender, EventArgs e)
{
    //创建 XmlDocument 对象 document
```

```
XmlDocument document = new XmlDocument();
//通过 Load()方法加载 XML 文件 XMLFile1.xml
document.Load(@"..\..\XMLFile1.xml");
XmlElement rootElement=document.DocumentElement;
//打印根节点的数据
string strOrderList = string.Format("订单列表，共有{0}张订单：",
                                    rootElement.Attributes["count"].Value);
Console.WriteLine(strOrderList);
//遍历 purchaseOrders 中的所有 purchaseOrder 子节点
string orderInfo = "";
foreach (XmlNode orderNode in rootElement.ChildNodes)
{
        //遍历 purchaseOrder 的所有子节点
        foreach (XmlNode orderInfoNode in orderNode.ChildNodes)
        {
            if (orderInfoNode.Name == "orderdate")        //订购日期
            {
                orderInfo += string.Format("订购日期:{0},",
                                            orderInfoNode.InnerXml);
            }
            else if (orderInfoNode.Name == "customerName")        //顾客姓名
            {
                orderInfo += string.Format("顾客姓名:{0},",
                                            orderInfoNode.InnerXml);
            }
            else if (orderInfoNode.Name == "Address")        //地址
            {
                orderInfo += string.Format("地址:{0},",
                                            orderInfoNode.InnerXml);
            }
            else if (orderInfoNode.Name == "zip")        //邮政编码
            {
                orderInfo += string.Format("邮政编码:{0},",
                                            orderInfoNode.InnerXml);
            }
            else if (orderInfoNode.Name == "products")    //订购的货物列表
            {
                orderInfo = orderInfo + Environment.NewLine;
                orderInfo += "订购的货物：";
                //遍历 products 的所有子节点
                foreach (XmlNode productNode in orderInfoNode.ChildNodes)
                {
                        orderInfo = orderInfo + productNode.InnerXml + "，";
                }
                orderInfo = orderInfo.Substring(0, orderInfo.Length - 1);
                orderInfo = orderInfo + Environment.NewLine;
            }
        }
}
Console.WriteLine(orderInfo);
}
```

结果如下：

```
订单列表，共有2张订单：
订购日期：2014-02-1，顾客姓名：Alice Smith，地址：123 Maple Street,Mill Valley,CA,US，邮政编码：90952，
订购的货物：Lawnmower，Baby Monitor
订购日期：2014-02-10，顾客姓名：Robert Smith，地址：8 Oak Avenue,Old Town,PA,US，邮政编码：95819，
订购的货物：Iron
```

3. 插入新节点

要在 XML 文档树中插入新节点，首先需要通过 XmlDocument 类的 CreateElement()和 CreateAttribute()方法，创建新的元素节点和属性节点，并通过 XmlNode 的 Name、Value、InnerText 等属性设置新节点的属性；然后通过 XmlElement 类的 AppendChild()、InsertAfter()、InsertBefore() 等方法，将指定的节点追加到该节点的子节点列表的末尾或插入到指定的位置；最后通过 XmlDocument 类的 Save 方法将 XML 文档保存到指定的文件或流。

下面编写代码将在上例所读取的 XMLFile1.xml 文件中增加以下节点。

```xml
<purchaseOrder>
    <orderdate>2014-03-08</orderdate>
    <customerName>Alan Lambert</customerName>
    <Address>12 Maple Street,Mill Valley,CA,US</Address>
    <zip>90952</zip>
    <products>
        <productName>kettle</productName>
    </products>
</purchaseOrder>
```

代码如下。

```csharp
private void button2_Click(object sender, EventArgs e)
{
    //创建 XmlDocument 对象 document
    XmlDocument document = new XmlDocument();
    //通过 Load()方法加载 XML 文件 XMLFile1.xml
    document.Load(@"..\..\XMLFile1.xml");
    XmlElement rootElement = document.DocumentElement;    //获取根节点
    //创建新的 purchaseOrder 节点
    XmlElement purchaseOrderElement =
                    document.CreateElement("purchaseOrder");
    //创建 orderdate 节点，设置新节点的值，并将其添加为 purchaseOrder 的子节点
    XmlElement orderdateElement = document.CreateElement("orderdate");
    orderdateElement.InnerText = "2014-03-08";
    purchaseOrderElement.AppendChild(orderdateElement);
    //创建 customerName 节点，设置新节点的值，并将其添加为 purchaseOrder 的子节点
    XmlElement customerNameElement =
                        document.CreateElement("customerName");
    customerNameElement.InnerText = "Alan Lambert";
    purchaseOrderElement.AppendChild(customerNameElement);
    //创建 Address 节点，设置新节点的值，并将其添加为 purchaseOrder 的子节点
    XmlElement AddressElement = document.CreateElement("Address");
    AddressElement.InnerText = "12 Maple Street,Mill Valley,CA,US";
    purchaseOrderElement.AppendChild(AddressElement);
    //创建 zip 节点，设置新节点的值，并将其添加为 purchaseOrder 的子节点
    XmlElement zipElement = document.CreateElement("zip");
    zipElement.InnerText = "90952";
    purchaseOrderElement.AppendChild(zipElement);
    //创建 products 节点及其子节点，并将其添加为 purchaseOrder 的子节点
    XmlElement productsElement = document.CreateElement("products");
```

```
            XmlElement productNameElement =
                            document.CreateElement("productName");
            productNameElement.InnerText = "kettle";
            productsElement.AppendChild(productNameElement);
            purchaseOrderElement.AppendChild(productsElement);
            //将 purchaseOrderElement 节点添加为根节点的子节点
            rootElement.AppendChild(purchaseOrderElement);
            document.Save(@"..\..\XMLFile1.xml");
        }
```

4. 删除节点

派生于 XmlNode 的所有类都包含允许从文档中删除节点的如下方法。

（1）RemoveAll()方法：移除当前节点的所有指定属性和子节点。

（2）RemoveChild(XmlNode)：删除 XmlNode 指定节点的子节点，并返回从文档中删除的节点。当你已定位需要删除的节点时，就可以通过使用 parentNode 属性和 removeChild()方法来删除此节点。

（3）RemoveAttribute(String)方法：可以用于根据名称删除属性节点。

5. 选择节点

前面所介绍的读取 XML 文档中节点值的方法需要遍历整个 XML 文档树，XmlNode 类包含两个方法常用于从文档中选择节点，且不遍历其中的每个节点。

（1）SelectSingleNode(String)方法：选择匹配 XPath 表达式的第一个 XmlNode。

（2）SelectNodes(String)方法：选择匹配 XPath 表达式的节点列表，返回值为 Xml NodeList，包含匹配 XPath 查询的节点集合。

XPath 是 XML 文档的查询语言，就像 SQL 是关系数据库的查询语言一样。如果想了解 XPath 的更多内容，可参阅 www.w3.org/TR/xpath 和 Visual Studio 帮助页面。

6.6 本章小结

本章学习了流和在.NET Framework 中使用流访问文件和其他序列化设备的原因，介绍了 System.IO 名称空间中的基类；介绍了 FileStream 类、StreamReader 类、StreamWriter 类、BinaryWriter 类和 BinaryReader 类，以及它们在写入流时的作用；简单说明了对象序列化的过程及用法；学习了 XML 的基础知识，探讨了如何使用 C#和 Visual Studio 在代码中使用 XML。

 习题 6

1. 简述文件类的相关方法及其使用说明。

2. 简述流的特点及分类，文件流的创建方法。

3. 简述文本文件读/写流的常用属性、方法和实例的创建。

4. 简述二进制文件读/写流的常用属性、方法和实例的创建。

5. 创建一个应用程序，在文件中存储人的姓名和生日，如图 6-12 所示。用户创建一个文件，并在窗体上输入每个人的姓名和生日，然后将信息写入到文件中。

6. 某个同学用英文写了一篇文章，由于失误，他把所有的"$"

图 6-12 程序运行界面

字符写成了"%"字符。请编写一个程序改正该同学的错误，即把文章中所有的"%"字符改写成"$"字符。假设该同学写的文章的名字为 Paper.txt。

7. 编写程序对当前目录下的文件 Exam.txt 中的"#"之前的所有字符加密，加密的方法是每个字节的内容减 10。

8. 假设你是一家五金商店的老板，需要记录店里各种商品的存货数量以及它们的单价。编写程序，在随机存取文件 hardware.dat 中初始设置 100 条空白记录，然后输入每一种商品的数据。要求程序能列出所有商品，允许删除商品记录，并更新文件中的每条信息。表 6-1 中商品标号就是记录号。

表 6-1　五金商店存货表

记录号（商品标号）	工具名称	数量	单价（元）
3	电子沙漏	18	35.99
19	锤	128	10.00
26	锯	16	14.25
39	除草机	10	79.50
56	电锯	8	89.99
76	螺丝刀	236	4.99
81	大锤	32	19.75
88	起子	65	6.48

第7章

多 线 程

本章要点
◆ 多线程的基本概念
◆ 线程的创建和控制
◆ 线程池
◆ 多线程同步

7.1 多线程的概念

在应用程序中进行某些操作，如文件、数据库或网络访问，需要一定的时间。用户不希望此时只是等待，直到服务器返回一个响应为止。用户可以在这个过程中启动一个新线程，完成其他任务。即使是处理密集型的任务，线程也是有帮助的。一个进程的多个线程可以同时运行在不同的 CPU 上，或多核 CPU 的不同核心上。

7.1.1 什么是线程

线程是程序中独立的指令流。使用 C#编写的所有程序都从 Main()方法的第一条语句开始执行，直到这个方法返回为止。这种程序结构只能适合串行化执行的单个任务序列，对于需要同时完成多个任务的结构就无能为力了。这时，可以在程序中建立一个线程，让它在后台执行需要处理的任务。例如，Microsoft Word 在运行时，一个线程等待用户输入，另一个线程进行后台搜索，第 3 个线程将写入的数据存储在临时文件中，第 4 个线程则从 Internet 上下载其他数据，从而极大地提高了 Microsoft Word 处理的性能。

线程从属于进程，每个进程包含至少一个线程。多进程的存在使得计算机能够同时执行多个任务，而多个线程的存在使得进程能够分解工作以便并行执行。在多处理器计算机上，进程或线程可以在不同的处理器中运行。进程提供了线程需要的系统资源，如 Windows 句柄、文件系统句柄或其他内核对象，并为所有线程分享相同的虚拟内存，从而使这些线程之间相互访问非常快。

多个线程之间经常需要进行同步处理。有时候在用于并行处理时，一个线程可能需要等待另一个线程的结果，或者一个线程可能需要独占访问另一个线程正在使用的资源，这就必然会带来冲突和竞争，从而使得线程的处理变得困难。线程同步技术的引入使得冲突和竞争问题迎刃而解。

7.1.2 线程优先级

线程描述了在进程中的一条执行路径。当初始化一个进程时，系统会自动创建一个主线程。在 C#语言中，主线程的入口为 Main()方法的第一条语句。

线程由操作系统进行调度。操作系统根据优先级来调度线程，优先级最高的线程总是最先得到 CPU 运行时间。线程如果处于等待状态，如响应休眠指令、等待磁盘 I/O 完成、等待网络包的到达等，它就会停止运行，并释放 CPU。如果线程不是主动释放 CPU，线程调度器就会抢占该线程。如果优先级相同的多个线程等待使用 CPU，线程调度器就会使用一个循环调度规则，将 CPU 逐个交给线程使用。

当进程中存在多个线程时，给线程指定优先级，可以影响调度顺序。特别注意的是，指定较高优先级的线程时，可能会降低其他线程的运行概率。

7.2 线程的创建与控制

C#语言中，创建线程的方法有两种：Thread 类和使用委托。Thread 类位于 System.Threading 命名空间，使用线程时必须导入该命名空间。线程的基本操作包括线程的创建、启动、暂停、休眠和挂起等。在下面我们对这两种方法逐一介绍。

7.2.1 Thread 类

线程 Thread 类主要用于创建并控制线程，设置线程优先级并获取其状态。一个进程可以创建一个或多个线程以执行与该进程关联的部分程序代码。

1. 使用 Thread 类创建和控制线程

下面的代码创建和启动一个新线程。

```
using System;
using System.Threading;

namespace ConsoleApplication1
{
    class Program
    {
        static void Main(string[] args)
        {
            Thread t1 = new Thread(ThreadMain);            //创建线程
            t1.Start();                                    //启动线程
            Console.WriteLine("This is the main thread.");
            Console.ReadKey();
        }

        static void ThreadMain()                           //定义线程方法
        {
            Console.WriteLine("Thread is running...");
        }
    }
}
```

上面的例子定义了一个 Thread 线程对象 t1，然后用 t1.Start()方法启动线程。运行这个程序时，得到程序的输出结果如下。

```
This is the main thread.
Thread is running...
```

也有可能如下。

```
Thread is running...
```

This is the main thread.

2. 给线程传递数据

给线程传递数据有两种方式：一种是使用带 ParameterizedThreadStart 委托参数的 Thread 构造函数；另一种方式是创建一个自定义类，把线程的方法定义为实例方法，在初始化实例的数据后再启动线程。

要给线程传送数据，可以先定义一个存储数据的类或结构。这里定义了包含字符串的结构 Data，也可以传送任意对象。

```
public struct Data
{
    public string Message;
}
```

第一种方法使用 ParameterizeThreadStart 委托。在线程的入口必须有一个 Object 类型的参数，且返回类型为 void。Object 类型可以强制转换为任意数据类型。

```
static void ThreadMain(object obj)
{
    Data d = (Data)obj;                          //将参数转换为 Data 类型
    Console.WriteLine("thread receive: {0}", d.Message);
    Console.ReadKey();
}
```

主线程的调用修改如下。

```
static void Main(string[] args)
{
    Data d = new Data();
    d.Message = "This is a thread parameter!";
    Thread t1 = new Thread(ThreadMain);          //创建线程 t1
    t1.Start(d);                                  //通过 start()方法传递参数
    Console.ReadKey();
}
```

第二种方法需要定义一个类，在其中定义需要的字段，将线程的主方法定义为类的一个实例方法。

```
public class MyThread                             //定义一个类
{
    private string data;
    public MyThread(string data)
    {
        this.data = data;
    }
    public void ThreadMain()                      //线程方法
    {
        Console.WriteLine("thread data:{0}",data);
    }
}
```

主线程的调用修改如下。

```
static void Main(string[] args)
{
    MyThread obj = new MyThread("information");
    Thread t1 = new Thread(obj.ThreadMain);
    t1.Start();
```

```
        Console.ReadKey();
    }
```

7.2.2 使用委托创建和控制线程

创建线程的另一个简单方法是通过定义一个委托，并异步调用它。委托是方法的类型安全的引用，Delegate 类支持异步调用方法。在后台，Delegate 类会创建一个执行任务的线程。下面我们通过一个示例来说明。

1. 创建一个异步执行的委托方法

```
static int MyTask(int data,int ms)
{
    Console.WriteLine("Task Start...");
    Thread.Sleep(ms);                        //等待一会
    Console.WriteLine("Task Completed.");
    return ++data;
}
```

2. 定义一个委托

要在委托中调用这个方法，必须定义一个有相同参数和返回类型的委托，如下所示。

```
public delegate int MyTaskDelegate(int data,int ms);
```

3. 检查委托是否执行完毕

```
static void Main(string[] args)
{
    MyTaskDelegate d1 = MyTask;                      //创建委托变量
    IAsyncResult ar = d1.BeginInvoke(1,3000,null,null);   //执行异步调用
    while (!ar.IsCompleted)                          //等待异步对象返回
  {
        Console.Write(".");
        Thread.Sleep(50);
    }
    int result = d1.EndInvoke(ar);                   //委托执行完毕
    Console.WriteLine("Result:{0}",result);
    Console.ReadKey();
}
```

上述代码使用了 Delegate 类提供的 BeginInvoke()方法。该方法总是包括 AsyncCallback 和 object 类型的两个额外参数，并返回 IAsyncResult 对象类型。可通过 IAsyncResult 对象类型获得委托的信息，并通过 IsCompleted 属性检查委托是否执行完毕。只要委托没有完成任务，程序的主线程就继续执行 while 循环。

上述代码在完成了由主线程执行的工作后，调用委托类型的 EndInvoke()方法。EndInvoke()方法会一直等待，直到委托完成其任务为止。

运行应用程序，可以看到主线程和委托线程同时运行，在委托线程执行完毕后，主线程就停止循环。

```
.Task Start...
.................................................Task Completed.
Result:2
```

等待异步委托结果的第二种方法是使用与 IAsyncResult 关联的等待句柄来检查委托任务是否执行完毕。

```
static void Main(string[] args)
{
    MyTaskDelegate d1 = MyTask;
    IAsyncResult ar = d1.BeginInvoke(1,3000,null,null);
    while(true)
    {
        Console.Write(".");
        if(ar.AsyncWaitHandle.WaitOne(50,false))        //等待异步返回
        {
            Console.WriteLine("Can get the result now");
            break;
        }
    }
    int result = d1.EndInvoke(ar);                       //委托执行完毕
    Console.WriteLine("Result:{0}",result);
    Console.ReadKey();
}
```

上述代码中使用 AsyncWaitHandle 属性返回一个等待句柄对象 WaitHandle，它可以等待委托线程完成任务。WaitOne()方法的第一个参数允许设定一个最长的等待时间。如果等待成功，则返回 true，退出 while 循环。然后用委托的 EndInvoke()方法接收返回的结果。

等待委托结果的第三种方法是使用异步回调，等待委托执行的结果。代码如下。

```
static void MyTaskCompleted(IAsyncResult ar)            //定义一个回调方法
{
    if (ar == null) throw new ArgumentNullException("ar");
    MyTaskDelegate d1 = ar.AsyncState as MyTaskDelegate;
    int result = d1.EndInvoke(ar);                      //委托执行完毕
    Console.WriteLine("result:{0}",result);
}
static void Main(string[] args)
{
    MyTaskDelegate d1 = MyTask;
    d1.BeginInvoke(1,3000,MyTaskCompleted,d1);          //将委托结果传递到回调方法
    for (int I = 0; I < 100; I ++)
    {
        Console.Write(".");
        Thread.Sleep(50);
    }
    Console.ReadKey();
}
```

上述代码定义了一个回调方法 MyTaskCompleted()，并把其地址赋给 BeginInvoke 方法的第三个参数。这样，只要委托 MyTaskDelegate 完成了任务，就调用 MyTaskCompleted()方法，不需要在主线程中等待结果。对于 BeginInvoke 方法的最后一个参数，可以传送任意对象，以便在回调方法中访问它。传送委托实例是可行的，这样回调方法就可以使用它获得异步方法的结果。

7.2.3 Thread 线程类的几个关键属性和方法

（1）IsBackground 属性

每个应用程序都从主线程 Main()方法开始，可以在主线程中创建多个前台线程。如果多个前台线程在运行，这时即使主线程 Main()方法结束了，应用程序的进程仍然是激活的，直到所有的前台线程完成其任务为止。

默认情况下，用 Thread 类创建的线程是前台线程。线程池中的线程总是后台线程。但是，

可以通过设置 IsBackground 属性指定该线程为后台线程。后台线程特别适合于完成后台任务，例如程序的算法检查、消息队列的检查等。

（2）ThreadState 属性

ThreadState 属性返回当前线程的状态，包括 Unstarted、Running 和 Stopped 等。

（3）Priority 属性

线程由操作系统调度，可以通过 Priority 属性指定线程的优先级。

操作系统根据优先级调度线程，优先级最高的线程在 CPU 上运行。一旦线程处于等待资源状态，就会停止运行，并释放 CPU。如果有多个优先级相同的线程在等待使用 CPU，线程调度器就按循环调度规则，将 CPU 轮流分配给各个线程使用。如果有高优先级的线程需要使用 CPU，则线程调度器会抢占正在运行的低级别线程，被抢占的线程重新排到队列的最后等待调度。

Priority 属性允许定义的优先级包括 Highest、AboveNormal、BelowNormal、Lowest 和 Normal。

（4）Start()方法

调用 Start()方法启动线程，将该线程加入到调度队列。一旦线程调度器选中它，则该线程就会从 Unstarted 状态变成 Running 状态。

（5）Sleep()方法

由于 CPU 资源是有限的，所以进程中的多个线程要抢占 CPU，这也导致进程中的多个线程交替执行。Sleep()方法用于将当前线程挂起一段时间，使得其他线程可以抢占 CPU，从而获得运行。

调用 Sleep()方法后，当前线程处于 WaitSleepJoin 状态，在经历 Sleep()方法定义的时间段后，线程就会再次被调用。如果希望强行将线程唤醒，可采用 Thread 类的 Interrupt 方法。

（6）Abort()方法

要停止一个线程，可以调用 Abort()方法。调用这个方法时，会在接收到终止命令的线程中抛出 ThreadAbortException 类型的异常，以开始终止此线程的过程。用一个处理程序捕获这个异常，线程可以在结束前完成一些清理工作。

（7）Join()方法

Join()方法用于等待线程结束。Join()方法会停止当前线程，并把它置为 WaitSleepJoin 状态，直到加入的线程结束为止。

7.3 线程池

7.3.1 线程池管理

线程池是一种多线程处理技术，在面向对象编程中，可以创建多个线程用于完成不同的任务，每个加入到线程池队列中的线程自动成为后台线程，并按默认优先级循环调度执行。线程池技术主要解决处理器单元内多个线程执行的问题，它可以显著减少处理器单元的闲置时间，提高程序的响应性能。

线程池由 ThreadPool 类管理。这个类会在需要时增减池中线程的个数，直到最大的线程数。可以指定在创建线程池时应立即启动的最小线程数，以及线程池中可用的最大线程数。如果有更多的工作要处理，线程池中线程的使用也到了极限，最新的工作就要排队，必须等待线程完成其任务。

下面的例子中创建了一个线程池，线程池中包括两个线程，一个用来计算 x 的 8 次方，另一个用来计算 x 的 8 次方根。通过 QueueUserWorkItem()方法，传送一个 WaitCallback 类型的委托，把方法 TaskProc1()和 TaskProc2()加入到线程池队列中，线程池收到这个请求后，会从池中依次启动各个线程，主线程等待线程池中所有线程执行结束后打印输出结果。

```
using System;
using   System.Threading;

namespace ConsoleApplication1
{
    class Program
    {
        //存放要计算的数值的字段
        static double number1 = -1;
        static double number2 = -1;
        static void Main(string[] args)
        {
            //获取线程池的最大线程数和维护的最小空闲线程数
            int maxThreadNum, portThreadNum;
            int minThreadNum;
            ThreadPool.GetMaxThreads(out maxThreadNum, out portThreadNum);
            ThreadPool.GetMinThreads(out minThreadNum, out portThreadNum);
            Console.WriteLine("最大线程数：{0}", maxThreadNum);
            Console.WriteLine("最小线程数：{0}", minThreadNum);
            int x = 15600;
            //启动第一个任务：计算 x 的 8 次方
            ThreadPool.QueueUserWorkItem(new WaitCallback(TaskProc1), x);
            //启动第二个任务：计算 x 的 8 次方根
            ThreadPool.QueueUserWorkItem(new WaitCallback(TaskProc2), x);
            while (number1 == -1 || number2 == -1) ;   //等待，直到两个数值都完成计算
            Console.WriteLine("y({0}) = {1}", x, number1 + number2);    //打印结果
            Console.ReadKey();
        }
        //启动第一个任务：计算 x 的 8 次方
        static void TaskProc1(object o)
        {
            number1 = Math.Pow(Convert.ToDouble(o), 8);
        }
        //启动第二个任务：计算 x 的 8 次方根
        static void TaskProc2(object o)
        {
            number2 = Math.Pow(Convert.ToDouble(o), 1.0 / 8.0);
        }
    }
}
```

7.3.2　ThreadPool 类的几个关键方法

（1）QueueUserWorkItem()方法：将方法排入队列以便执行，此方法在有线程池线程变得可用时执行。

（2）GetMaxThread()方法：检索可以同时处于活动状态的线程池请求的数目。所有大于此数目的请求将保持排队状态，直到线程池线程变为可用。

（3）GetMinThread()方法：检索线程池在新请求预测中维护的空闲线程数。

（4）SetMaxThreads()方法：设置可以同时处于活动状态的线程池的请求数目。所有大于此数目的请求将保持排队状态，直到线程池线程变为可用。

（5）SetMinThreads()方法：设置线程池在新请求预测中维护的空闲线程数。

7.3.3　线程池使用限制

线程池使用虽然简单，但还要注意以下几点。

（1）线程池中的所有线程都是后台线程。如果进程的所有前台线程结束了，所有的后台线程就会停止。不能把入池的线程改为前台线程。

（2）入池的线程不能设置优先级或名称。

（3）对于 COM 对象，入池的所有线程都是多线程单元（Multhreaded apartment，MTA）线程。许多 COM 对象都需要单线程单元（Single-threaded apartment，STA）线程。

（4）入池的线程只能用于时间较短的任务。如果线程要一直运行，就应使用 Thread 类创建一个线程。

7.4　多线程同步

在多线程编程中，当多个线程共享数据和资源时，由于根据中央线程调度机制，线程将在没有警告的情况下中断和继续，因此多线程处理存在资源共享和同步问题。

7.4.1　竞争

当两个或多个线程同时访问相同的资源时，或者访问其他不同步的共享状态时，就会产生竞争。

下面的例子中，定义了一个 Cstate 类，它包含一个 int 类型字段 state 和一个 Change()方法。在 Change()方法的实现代码中，验证状态变量 state 是否等于 6。如果等于，则递增。然后，Trace.Assert 语句验证 state 是否等于 7。

程序中将等于 6 的变量 state 递增后，希望该变量的值是 7，但事实未必如此。例如，如果一个线程刚刚执行完 if (state==6)语句，就被其他线程抢占，调度器运行另一个线程。第二个线程现在进入 if 语句块，因为 state 等于 6，所以递增为 7。第一个线程现在再次被调度，在下一条语句中，state 递增到 8，这时发生了竞争，显示断言消息。

```
using System;
using System.Threading;
using System.Diagnostics;

namespace ConsoleApplication1
{
    class Program
    {
        public class Cstate
        {
            private int state = 6;
            public void Change(int n)
            {
                if (state == 6)
                {
                    state ++;
                    Trace.Assert(state == 7,"在" + n +"次后发生竞争!");
                }
                state = 6;
            }
        }
```

```
        //定义一个线程方法，包含一个 obj 对象参数
        public static void MyThread(object obj)
        {
            Trace.Assert(obj is Cstate,"obj 必须是一个 Cstate 变量");
            Cstate state = obj as Cstate;
            int i = 0;
            while (true)
            {
                state.Change(i ++);
            }
        }

        static void Main(string[] args)
        {
            Cstate state = new Cstate();
            for (int i = 0; i < 20; i ++)
            {
                Thread t1 = new Thread(MyThread);   //创建线程
                t1.Start(state);                    //所有线程共享 state 对象变量
            }
            Thread.Sleep(10000);                    //休眠 10 秒
        }
    }
}
```

启动程序，就会出现竞争，如图 7-1 所示。多次启动应用程序，就会得到不同的结果。

图 7-1　程序竞争结果

要避免出现竞争，最好的办法就是使用加锁技术锁定共享的对象。上述示例中的共享变量是 state，当某一个线程锁定了 state 之后，其他线程必须等待解除该锁定。如果每个改变 state 变量引用的对象的线程都使用一个锁定，竞争条件就不会出现。将上例中 MyThread 方法代码修改如下，启动程序，发现不会出现竞争。

```
//定义一个线程方法，包含一个 obj 对象参数
public static void MyThread(object obj)
{
    Trace.Assert(obj is Cstate,"obj 必须是一个 Cstate 变量");
    Cstate state = obj as Cstate;
    int i = 0;
    while (true)
    {
      lock(state)                //锁定 state 变量
      {
          state.Change(i ++);
      }
    }
}
```

在使用共享对象时，除了进行锁定之外，还可以将共享对象设置为线程安全的对象。这

样，每次 state 的值更改时，都使用一个同步对象来锁定，就不会出现竞争。将上例中 Cstate 类
代码修改如下，启动程序，发现不会出现竞争。

```csharp
public class Cstate
{
    private int state = 6;
    private object sync = new object();        //定义一个同步对象
    public void Change(int n)
    {
        lock (sync)
        {
            if (state == 6)
            {
                state++;
                Trace.Assert(state == 7, "在" + n + "次后发生竞争!");
            }
            state = 6;
        }
    }
}
```

7.4.2 死锁

不恰当的加锁会给程序带来很多麻烦，最严重的会导致程序死锁。在死锁中，至少有两个
线程被挂起，并等待对象解除锁定。由于两个线程都在等待对方释放锁，线程将无限等待下去。

下面的例程演示了死锁的情况。

```csharp
using System;
using System.Threading;
using System.Diagnostics;

namespace ConsoleApplication1
{
    class Program
    {
        public class Cstate
        {
            private int state = 6;
            public void Change(int n)
            {
                if (state == 6)
                {
                    state++;
                    Trace.Assert(state == 7, "在" + n + "次后发生竞争!");
                }
                state = 6;
            }
        }

        public class MyThread
        {
            public MyThread(Cstate s1, Cstate s2)
            {
                this.s1 = s1;
                this.s2 = s2;
            }
```

```
        private Cstate s1;
        private Cstate s2;

        //定义一个线程方法
        public void DeadLock1()
        {
            int i = 0;
            while (true)
            {
                lock (s1)                       //先锁定 s1 变量
                {
                    lock (s2)                   //再锁定 s2 变量
                    {
                        s1.Change(i);
                        s2.Change(i++);
                        Console.WriteLine("1 Running,{0}", i);
                    }
                }
            }
        }

        //定义一个线程方法
        public void DeadLock2()
        {
            int i = 0;
            while (true)
            {
                lock (s2)                       //先锁定 s2 变量
                {
                    lock (s1)                   //再锁定 s1 变量
                    {
                        s1.Change(i);
                        s2.Change(i++);
                        Console.WriteLine("2 Running,{0}", i);
                    }
                }
            }
        }

    static void Main(string[] args)
    {
        Cstate state1 = new Cstate();
        Cstate state2 = new Cstate();
        Thread t1 = new Thread(new MyThread(state1,state2).DeadLock1);
        Thread t2 = new Thread(new MyThread(state1,state2).DeadLock2);
        t1.Start();
        t2.Start();
        Console.ReadKey();
    }
    }
}
```

上例中，MyThread 类中定义了 DeadLock1()和 DeadLock2()两个方法改变对象 s1 和 s2 的状态。方法 Deadlock1()先锁定 s1，接着锁定 s2。方法 Deadlock2()先锁定 s2，再锁定 s1。现在，有可能方法 Deadlock1()中 s1 的锁定会被解除。接着出现一次线程切换，

Deadlock2()开始运行，并锁定 s2。第二个线程现在等待 s1 锁定的解除。因为它需要等待，所以线程调度器再次调度第一个线程，但第一个线程在等待 s2 锁定的解除。这两个线程现在都在等待，只要锁定块没有结束，就不会解除锁定。这是一个典型的死锁。

运行程序结果是：当程序运行了一段时间后，就再也没有响应了。控制台的输出提示仅显示了几次就没有了，而且，每次死锁的频率也不尽相同。

解决死锁的方法有很多种，有顺序封锁法、一次封锁法，也可以采用超时法、等待图法等仲裁机制。解决上述问题死锁的一个简单方法是，两个线程都以相同的次序对共享对象 s1 和 s2 进行锁定就可以了。但是，有些死锁可能隐藏得比较深刻，为了避免这个问题，必须在一开始应用程序体系架构的设计中进行良好的设计。

7.4.3　同步

如果可能，应该避免在不同的线程之间共享数据。如果必须这样，可以通过同步技术确保一次只有一个线程能够获得共享数据的控制权。常用的多线程同步技术包括 Lock 语句、interLocked 类、Monitor 类、WaitHandle 类、Mutex 类、Semaphore 类和 Event 类。下面我们来介绍常用的几种同步技术。

1．Lock 语句

在 C#中，Lock 语句是用来设置锁定和解除锁定的最简单方法，它用于进程内各线程之间的共享数据的同步。Lock 关键字提供了同步，确保每次只有一个线程访问方法或代码。因此，只要开始执行 Lock 锁定的方法，其他调用该方法的线程就必须等待，除非前一调用者已经执行完毕。示例代码可以参考 7.4.2 节的内容。

2．InterLocked 类

InterLocked 类用于使变量的简单语句原子化。i++语句不是线程安全的，它包括从内存读取一个值，然后递增 1，再将结果保存到内存。这些操作都可能会被线程调度器打断。InterLocked 类提供了一种安全的方式进行数据递增、递减和读/写。

例如，将 i++改成 InterLocked.Increment(ref i)就可以安全而快速地完成变量 i 的递增。

3．Monitor 类

在使用 Lock 语句时，C#的编译器实际上解析为使用 Monitor 类。例如：

```
Lock(obj)
{
    ......;
}
```

解析为：

```
Monitor.Enter(obj);
Try
{
    ......;
}
Finally
{
    Monitor.Exit(obj);
}
```

与 Lock 语句相比，Monitor 类的主要优点是：可以添加一个等待被锁定的超时值，这样就不会无限等待被锁定，而用于执行其他操作。这时可以调用 Monitor.TryEnter()方法，设定一个最大的等待时间，从而避免死等的情况。

4．WaitHandle 类

使用 WaitHandle 基类的 WaitOne()方法、WaitAll()方法或者 WaitAny()方法可以等待一个或多个对象中信号的出现。

7.2.2 节使用异步委托时，已经使用了 WaitHandle 基类。异步委托的 BeginInvoke()方法返回一个实现了 IAsyncResult 接口的对象。使用 IAsyncResult 接口，可以用 AsycWaitHandle 属性访问 WaitHandle 基类。在调用 WaitOne()方法时，线程会等待接收一个与等待句柄相关的信号。

```csharp
using System;
using System.Threading;

namespace ConsoleApplication1
{
    class Program
    {
        static int MyTask(int data, int ms)
        {
            Console.WriteLine("Task Start...");
            Thread.Sleep(ms);                                    //等待一会儿
            Console.WriteLine("Task Completed.");
            return ++data;
        }

        public delegate int MyTaskDelegate(int data, int ms);
        static void Main(string[] args)
        {
            MyTaskDelegate d1 = MyTask;
            IAsyncResult ar = d1.BeginInvoke(1,3000,null,null);
            while(true)
            {
                Console.Write(".");
                if (ar.AsyncWaitHandle.WaitOne(50,false))        //等待异步返回
                {
                    Console.WriteLine("Can get the result now");
                    break;
                }
            }
            int result = d1.EndInvoke(ar);                       //委托执行完毕
            Console.WriteLine("Result:{0}",result);
            Console.ReadKey();
        }
    }
}
```

5．Mutex 类

Mutex 类（mutual exclusion 互斥）是.NET 框架中提供的跨进程访问的一个类。与 Monitor 类似，某个时刻，只有一个线程能够获得互斥信号 Mutex，访问互斥受保护的同步代码区域。

例如，创建一个名为 MyMutex 的互斥对象 mutex。如果 MyMutex 是第一次创建，则输出参数 bitnew = true；如果已经在另一个进程中定义，则返回为 false。

```
bool bitNew;
Mutex mutex = new Mutex(false,"MyMutex",out bitNew);
```

操作系统可以识别有名称的互斥信号，名称相同的互斥信号可以在不同的进程之间共享。如果没有给互斥指定名称，互斥就是未命名的，不可以在不同的进程之间共享。

可以使用 Mutex.OpenExisting()方法打开已有的互斥。由于 Mutex 类从 WaitHandle 基类派生，因此，可以利用 WaitOne()方法获得互斥锁定。调用 ReleaseMutex()方法可以释放互斥锁定。

```
if (mutex.WaitOne())
{
    try
    {
        ;                //同步代码
    }
    finally
    {
        mutex.ReleaseMutex();
    }
}
else
{
    ;                    //如果等待失败
}
```

下面的例程通过检查同名的互斥信号，避免应用程序启动两次。下面代码中，调用了 Mutex 类的构造函数，接着验证名称为 MyMutex 的互斥锁定是否存在。如果存在，应用程序就退出。

```
class Program
{
    [STAThread] static void Main(string[] args)
    {
        bool bitNew;
        Mutex mutex = new Mutex(false, "MyMutex", out bitNew);
        if (!bitNew)
        {
            MessageBox.Show("应用程序已经启动！");
            Application.Exit();
            return;
        }
        Application.EnableVisualStyles();
        Application.SetCompatibleTextRenderingDefault(false);
        Application.Run(new Form1());
    }
}
```

6. Semaphore 类

信号量 Semapphore 是一种与 Mutex 互斥不同的同步技术。如果需要对受保护的访问资源的线程数进行限制，比如只允许一定数量的线程可以访问某一个共享资源，超出数量的线程必须等待，这时使用信号量技术非常方便。

与信号量有关的类有 Semaphore 和 SemaphoreSlim。Semaphore 类可以命名，使用系统范围内的资源，允许不同进程之间同步。SemaphoreSlim 类是进行信号量优化的轻型版本。

在下面的示例应用程序中，在 Main()方法中创建了 6 个线程和一个计数为 4 的信号量。与互斥一样，可以指定信号量的名称，在不同进程之间共享。

```
class Program
{
    static void Main(string[] args)
    {
        int threadcount = 6;
        int semaphorecount = 4;
        SemaphoreSlim semaphore = new SemaphoreSlim(semaphorecount,semaphorecount);
        Thread[] threads = new Thread[threadcount];
        for (int i = 0; i < threadcount; i ++)
        {
            threads[i] = new Thread(ThreadMain);
            threads[i].Start(semaphore);
        }
        for (int i = 0; i < threadcount; i ++)
        {
            threads[i].Join();
        }
        Console.WriteLine("所有线程执行完毕！ ");
        Console.ReadKey();
    }

    static void ThreadMain(object obj)
    {
        SemaphoreSlim semaphore = obj as SemaphoreSlim;
        bool isCompleted = false;
        while(!isCompleted)
        {
            if (semaphore.Wait(500))
            {
                try
                {
                    Console.WriteLine("Thread {0} locks the semaphore",
                            Thread.CurrentThread.ManagedThreadId);
                    Thread.Sleep(2000);
                }
                finally
                {
                    semaphore.Release();
                    isCompleted = true;
                }
            }
            else
            {
                Console.WriteLine("Timeout for thread {0};Wait Again",
                        Thread.CurrentThread.ManagedThreadId);
            }
        }
    }
}
```

在线程的主方法 ThreadMain()中，利用 WaitOne()方法锁定信号量。信号量计数=4，所以可以锁定 4 个线程。其余两个线程必须等待，最长等待时间为 500ms。如果超时，线程就把一条消息写入到控制台，然后继续等待。线程使用结束，在 finally 块中释放信号量。

```
Thread 11 locks the semaphore
Thread 12 locks the semaphore
Thread 13 locks the semaphore
```

```
Thread 15 locks the semaphore
Timeout for thread 14; Wait Again
Timeout for thread 16; Wait Again
Timeout for thread 16; Wait Again
Timeout for thread 14; Wait Again
Timeout for thread 16; Wait Again
Timeout for thread 14; Wait Again
Thread 16 locks the semaphore
Thread 14 locks the semaphore
所有线程执行完毕！
```

7. Event 类

事件是另一种同步处理技术。.NET 框架在 System.Threading 命名空间中提供了 4 个 Event 类：ManualResetEvent 类、AutoResetEvent 类、ManualResetEventSlim 和 Countdown Event 类。

可以使用事件来通知其他任务，如完成一些操作，处理好一些数据等。事件包括两个重要的方法：Set() 和 Reset()。Set() 方法用来将事件状态设置为终止状态，允许一个或多个等待线程继续。Reset() 方法将事件状态设置为非终止状态，导致线程阻止。

在多线程程序中，可以通过等待一个事件是否就绪来实现同步。下面例程的 Ccalculator 类中定义了一个 Calculation() 方法，该方法接收用于计算的输入数据，并将结果写入变量 result，该变量可以通过属性 Result 来访问。只要完成了计算，就调用 ManualResetEvent 的 Set() 方法，向事件发信号。

```csharp
public class Ccalculator
{
    private ManualResetEventSlim mEvent;
    int result;
    public int Result
    {
        get{return result;}
    }

    public Ccalculator(ManualResetEventSlim ev)
    {
        this.mEvent = ev;
    }

    public void Calculation(object obj)
    {
        Tuple<int,int> data = (Tuple<int,int>)obj;
        Console.WriteLine("Task {0} starts calculation",Task.CurrentId);
        Thread.Sleep(new Random().Next(3000));
        result = data.Item1+ data.Item2;
        Console.WriteLine("Task {0} is Ready",Task.CurrentId);
        mEvent.Set();                    //发送事件就绪状态
    }
}
```

主程序 Main() 方法定义了包含 4 个 ManualResetEventSlim 对象的数组和包含 4 个 Ccalculator 对象的数组。每个 Ccalculator 在构造函数中用一个 ManualResetEventSlim 对象初始化，这样每个任务在完成时都有自己的事件对象来发信号。这里使用 TaskFactory 类，让不同的任务执行计算任务。

```csharp
static void Main(string[] args)
{
```

```
const int taskCount = 4;
ManualResetEventSlim[] mEvents = new ManualResetEventSlim[taskCount];
WaitHandle[] waitHandles = new WaitHandle[taskCount];
Ccalculator[] calcs = new Ccalculator[taskCount];
TaskFactory taskFactory = new TaskFactory();
for (int i = 0; i < taskCount; i ++)
{
    mEvents[i] = new ManualResetEventSlim(false);
    waitHandles[i] = mEvents[i].WaitHandle;
    calcs[i] = new Ccalculator(mEvents[i]);
   taskFactory.StartNew(calcs[i].Calculation,Tuple.Create(i+1,i+3));
}
//读取结果代码
}
```

WaitHandle 类用于等待数组中的任意一个事件。WaitAny()方法等待向任意一个事件发送信号。从 WaitAny()方法返回的 index 值匹配传递给 WaitAny()方法的事件数组的索引,以提供信号发送事件的相关信息,使用该索引可以从这个事件读取结果。前面代码中读取结果代码如下。

```
for (int i = 0; i < taskCount; i ++)
{
    int index = WaitHandle.WaitAny(waitHandles, 500);
    if (index == WaitHandle.WaitTimeout)
    {
        Console.WriteLine("Timeout!");
    }
    else
    {
        Console.WriteLine("finished task for {0},result:{1}",
                    index,calcs[index].Result);
        mEvents[index].Reset();
    }
}
Console.ReadKey();
```

启动应用程序,运行结果如下所示。可以看到线程在进行计算,设置事件,通知主线程,它可以读取结果了。

```
Task 1 starts calculation
Task 2 starts calculation
Task 3 starts calculation
Task 4 starts calculation
Task 2 is Ready
finished task for 1,result:6
Task 4 is Ready
finished task for 3,result:10
Task 3 is Ready
finished task for 2,result:8
Task 1 is Ready
finished task for 0,result:4
```

7.5 本章小结

本章介绍了如何通过 System.Threading 命名空间编写多线程应用程序。在应用程序中使用多线程要特别小心,做好规划。多线程可以提高程序的执行效率,但是,太多的线程会导致资源竞争和死锁。本章讨论了创建线程的各种方法，如使用委托、计时器、ThreadPool 类和 Thread 类；还讨论了各种同步技术，包括学习使用 Lock 语句、Monitor 类、Semaphore 和 Event 类等。

 **习题 7**

1．简述多线程的优缺点。

2．线程的基本操作有哪些？如何实现？

3．使用多线程技术编写一个 N 个数的冒泡排序程序。要求其中一个线程负责处理冒泡算法，另一个线程负责将 N 个数以直方图的方式显示在窗口。窗体上能够实时观察到冒泡排序的过程。

4．使用多线程技术实现对共享数据的读/写。要求在一个应用程序中创建至少 2 个线程和 1 个公共的队列，采用本章介绍的同步技术，实现对队列中数据的插入、修改和删除等操作。

第**8**章

图 形

本章要点

- ◆ GDI+的基本概念
- ◆ GDI+的坐标系统和颜色设置
- ◆ GDI+中常用对象的创建和使用
- ◆ PictureBox 控件的使用
- ◆ 常用图形的绘制方法
- ◆ 使用鼠标事件绘制交互式图形

8.1 GDI+与绘图命名空间

图形可以为应用程序的界面增加趣味，提供可视结构，在某些场合，图形更是最佳的信息载体，可以非常直观地展示信息。C#.NET 的绘图功能通过 GDI+（Graphics Device Interface）来实现，它提供了各种丰富的图形图像处理功能。

8.1.1 GDI+的绘图命名空间

System.Drawing 名称空间提供了对 GDI+基本图形功能的访问，其子名称空间 System.Darwing.Imaging、System.Darwing.Darwing2D 和 System.Darwing.Text 提供了更高级的图形、图像及文字处理功能。C#.NET 通过这些名称空间所提供的功能进行图形设计和图形处理。

- System.Drawing：提供了对 GDI+基本图形功能的访问。Graphics 类提供了绘制到显示设备的方法；Rectangle 和 Point 等类可封装 GDI+基本单元；Pen 类用于绘制直线和曲线；而从抽象类 Brush 派生出的类则用于填充形状的内部。
- System.Darwing.Imaging：提供了高级 GDI+图像处理功能。
- System.Darwing.Darwing2D：提供了高级的二维和矢量图形功能，主要有渐变画刷、Matrix 类（用于定义几何变换）和 GraphicsPath 类等。
- System.Darwing.Text：提供了高级 GDI+字体和文本排版功能。

8.1.2 利用 GDI+绘制图形的方法步骤

在 System.Drawing 命名空间中，Graphics 类是绘制图形最核心的类。利用该类提供的方法，用户可以绘制出直线、曲线、椭圆等各种图形。

为了画出图形，必须先确定把图形画在什么地方。在 C#.NET 中，图形可以画在窗体和打印机上，也可以画在图片框和其他控件上，包括文本框、标签、按钮等。因此，在绘制任何图形之前，一定要先用 Graphics 类创建一个对象，创建的 Graphics 对象就相当于一张画布，可以调用绘图方法在其上绘图。

一般来说使用 GDI+绘制图形需经历以下 5 个步骤：

① 声明 Graphics 对象；

② 创建 Graphics 类的实例；

③ 创建画笔（Pen）、画刷（Brush）、字体（Font）等绘图工具对象；

④ 调用 Graphics 对象提供的方法绘制图形、文本或处理图像；

⑤ 调用相关绘图对象的 Dispose 方法来释放对象。

8.2 坐标系统和颜色

8.2.1 GDI+坐标系统

坐标系统是图形设计的基础，GDI+使用的默认坐标系统以对象（窗体或控件）的左上角坐标为原点（0,0），如图 8-1 所示。坐标系包括横坐标（X 轴）和纵坐标（Y 轴），从原点出发向右为 X 轴的正方向，垂直向下是 Y 轴的正方向。C#为对象的定位提供了 Location.X、Location.Y、Size.Width 和 Size.Height 四个属性，Location.X 和 Location.Y 属性值决定了该对象的左上角在容器坐标系内的坐标值，Size.Width 和 Size.Height 属性值决定了该对象的大小。默认坐标系统的度量单位是像素。

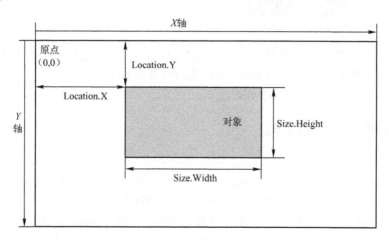

图 8-1　默认坐标系

8.2.2 颜色设置

在进行图形处理时，窗体和控件都有决定其显示颜色的属性，如 BackColor（背景色）、ForeColor（前景色）。这些属性既可以在设计阶段通过属性窗口设置，也可以在运行阶段通过语句设置。在 System.Drawing 命名空间中，有一个 Color 结构类型，包含系统已经定义的颜色种类。可以使用下列方法创建颜色对象。

1．使用 FromArgb 设置颜色

FromArgb 通过红色、绿色和蓝色三种基色的混合来产生某种颜色，其语法如下。

```
Color.FromArgb(red, green, blue);
```

说明：参数 red、green、blue 是指三种颜色的成分，取值均为 0～255 之间的整数。每种颜色是由三种颜色的相对亮度组合而成的。

例如：将文本框 TextBox1 的背景色设置为黄色。

```
textBox1.BackColor = Color.FromArgb(255, 255, 0);
```

2．使用 FromKnownColor 设置颜色

从指定的预定义颜色创建一个 System.Drawing.Color 结构，其语法如下。

```
Color.FromKnownColor(KnownColor.常数);
```

说明：KnowColor 所指定的常数值也可以是颜色常数，例如 KnownColor.Yellow；但通常用来指定系统的颜色，例如使用标题栏颜色（KnownColor.ActiveCaption）、控件颜色（KnownColor.Control）等。举例如下。

```
textBox1.ForeColor = Color.FromKnownColor(KnownColor.Control);
```

3．使用颜色常数名称设置颜色

C#.NET 提供了一组预先定义好的常数表示一些常用的颜色，这些常数可以直接使用。例如：

```
textBox1.ForeColor = Color.Red;
```

8.3 绘图控件及相关对象

8.3.1 PictureBox 控件

PictureBox 控件又称图片框控件，常用于图形设计和图像处理应用程序。该控件在工具箱中的图标为 ![PictureBox]。C#.NET 支持位图文件（.bmp 或.dib）、图标文件（.ico 或.cur）、图元文件（.wmf 或.emf）、JPEG 文件和 GIF 文件格式的图形文件。下面介绍该控件的使用方法。

1．图形文件的装入

图片框控件的 Image 属性设置控件要显示的图像，把文件中的图像加载到图片框中可以采用以下三种方法。

（1）在设计阶段，选择图片框控件，在属性窗口中单击 Image 属性，在其后将出现 ... 按钮，单击该按钮出现一个"选择资源"对话框，在该对话框中导入相应的图形文件后，单击"确定"按钮。

（2）在运行期间，产生一个 Bitmap 类的实例，并将其赋值给 Image 属性。其格式如下。

```
Bitmap bp=new Bitmap(@"文件路径\文件名");
pictureBox1.Image = bp;
```

（3）在运行期间，通过 Image.FromFile 方法直接从文件中加载。其格式如下。

```
pictureBox1.Image = Image.FromFile(@"文件路径\文件名");
```

2. PictureBox 控件的常用属性

（1）BorderStyle 属性：用来设置图片框的边框，其取值为：None（无边框，默认）、FixedSingle（单直线边框）和 Fixed3D（立体边框）。这些属性值可以改变图片框的外观。

（2）SizeMode 属性：用来设置图片框中图形的显示格式，类型为 PictureBoxSizeModc 枚举，其取值及含义如下。

● AutoSize：自动调整图片框的大小以适应其显示的图形的大小。

- CenterImage：使图形在图片框中居中显示。
- Normal：图形放置在图片框的左上角，图形保持其原始大小，如果图形尺寸大于图片框，则超出部分将被裁剪。
- StretchImage：自动拉伸或收缩图形的大小以适应图片框的尺寸。
- Zoom：图形按其原有的大小比例被增加或减小。

8.3.2 Graphics 对象

Graphics 是画布对象，就像是绘图时所使用的画布一般，可以供给绘图指令在其中作画。

1．创建 Graphics 对象

Graphics 是一个抽象类，因此无法直接实例化而产生绘图对象。创建 Graphics 对象的方法一般有三种。

（1）使用窗体或控件的 CreateGraphics 方法。窗体和控件类都有一个 CreateGraphics 方法，通过该方法可以在程序中生成此窗体或控件所对应的 Graphics 对象。例如，以下语句将在 PictureBox1 上创建一个名为 g 的绘图对象，PictureBox1 为绘图区域。

```
Graphics g;
g = pictureBox1.CreateGraphics();
```

（2）利用窗体或控件的 Paint 事件的参数 PaintEventArgs。每个窗体或控件都有一个 Paint 事件，当响应窗体或控件的 Paint 事件时，传回的事件参数 PaintEventArgs 中包含着窗体或控件的 Graphics 对象，在其上可以进行绘图工作。在为窗体或控件设计图形程序时，通常使用此方法来建立对图形对象的引用。例如：

```
private void Form1_Paint(object sender, PaintEventArgs e)
{
    Graphics g = e.Graphics;
}
```

（3）使用 Image 的派生类。使用 Image 的任何派生类均可以生成相应的 Graphics 对象，这种方法一般适用于在 C#.NET 中对图像进行处理的场合。例如：

```
Bitmap bp=new Bitmap(@"c:\photos\1.jpg");
Graphics g;
g = Graphics.FromImage(bp);
```

2．Clear 方法

在实际画图时，有时候需要清除画布上的内容，在干净的画布上重新画图。这时可以使用 Graphics 类的 Clear 方法来实现，其语法如下：

```
画布对象.Clear(颜色)
```

说明：该方法用来清除 Graphics 对象绘图区域的所有内容，并设定背景色为指定的颜色。例如：

```
Graphics g;
g.Clear(Color.White);
```

3．Dispose 方法

使用 Clear 方法只是清除画面，若要将 Graphics 画布对象从内存中移除，就要使用 Dispose 方法释放此对象使用的所有资源。其语法如下。

```
画布对象.Dispose()
```

8.3.3　Pen 对象

Pen 对象又称画笔对象，它就像是一枝绘图时所使用的画笔，可以用来在 Graphics 对象上绘图。因此，在程序设计中，在创建 Graphics 对象后，还需创建画笔对象。画笔对象具有宽度、样式和颜色三种属性。画笔的宽度用来确定所画的线条宽度，默认的画笔宽度为一个像素。画笔的样式确定了所绘图形的线型，它通常有实线、虚线、点线、点画线、双点画线等。画笔的颜色确定了所画的线条颜色。

1．Pen 对象的创建

Pen 类的构造函数有 4 种。

（1）创建某一颜色的 Pen 对象，其语法如下。

```
Pen p = new Pen(color);
```

（2）创建 Pen 对象时，同时设置画笔的宽度和颜色，其语法如下。

```
Pen p = new Pen(color,width);
```

（3）创建某一刷子样式的 Pen 对象，其语法如下。

```
Pen p = new Pen(brush);
```

（4）创建某一刷子样式并具有相应宽度的 Pen 对象，其语法如下。

```
Pen p = new Pen(brush,width);
```

其中，参数 Color 为一个 Color 结构的参数，用来定义画笔的颜色，如 Color.Red 代表红色；参数 Width 为 Single 类型的参数，单位为像素，用来定义画笔的宽度。

2．Pen 对象的常用属性

（1）Color 属性：用来设置 Pen 对象的颜色。

（2）Width 属性：用来设置 Pen 对象的宽度。

（3）DashStyle 属性：定义笔的画线样式，可以赋予各种不同的样式。该属性是一个 System.Drawing.Drawing2D.DashStyle 枚举型的值，其取值及含义见表 8-1。

（4）DashCap 属性：用来设置虚线段两端的外观，是一个 System.Drawing.Drawing2D.DashCap 枚举型的值，其取值有 Flat（每一画线段的两端均为方形的方帽）、Round（每一画线段的两端均为圆角的圆帽）和 Triangle（每一画线段的两端均为带尖的三角帽）几种。

（5）StartCap 属性和 EndCap 属性：用来设置 Pen 对象绘制的直线起点和终点的帽样式，是一个 System.Drawing.Drawing2D.LineCap 枚举型的值，其取值及含义见表 8-2。

表 8-1　DashStyle 属性的取值及含义

设　置　值	说　　明
Dash	虚线
DashDot	点画线
DashDotDot	双点画线
Dot	点线
Solid	实线
Custom	用户自定义

表 8-2　StartCap、EndCap 属性的取值及含义

设　置　值	说　　明
ArrowAnchor	箭头状锚头帽
DiamondAnchor	菱形锚头帽
Flat	平线帽
NoAnchor	没有锚
RoundAnchor	圆锚头帽
SquareAnchor	方锚头帽
Square	方线帽
Round	圆线帽
Triangle	三角线帽
Custom	自定义

8.3.4　Brush 对象

前面我们提到，Graphics 类像是一块画布，Pen 类像是一支画笔，具有画直线及外框（例如，椭圆形及矩形）的能力，若要对某一块区域进行填色的动作，Pen 类就没有办法做到了，而 Brush 类就是用来对各种封闭图形填色的工具。针对各种需要，GDI+提供了 5 种刷子，分别如下。

- SolidBrush：单色画刷，画刷最简单的形式，用于填充图形形状，如矩形、椭圆、扇形、多边形和封闭路径。
- TextureBrush：纹理画刷，使用纹理（如图像）来填充形状的内部。
- HatchBrush：阴影画刷，类似于 SolidBrush，但是可以利用该类从大量预设的图案中选择绘制时要使用的图案，而不是纯色。
- LinearGradientBrush：颜色渐变画刷，该类封装双色渐变和自定义多色渐变，所有渐变都是沿由矩形的宽度或两个点指定的直线定义的。
- PathGradientBrush：使用路径及复杂的混合色渐变画刷。

其中，SolidBrush 和 TextureBrush 定义在 System.Drawing 命名空间中，其他画刷定义在 System.Drawing.Drawing2D 命名空间中。

1．单色画刷

单色画刷是所有 Brush 之中最基本的一种，其主要用途是将某一特定区域填入单一的颜色。其建立方法是通过 SolidBrush 类的构造函数来建立，格式如下：

SolidBrush 刷子= new SolidBrush(颜色);

说明：该构造函数用来创建一个指定颜色的刷子，格式中的刷子是要建立的刷子的名称，颜色是 Color 结构，用来指定单色画刷的颜色。

例如，以下代码定义了一个实心刷子，该刷子的名称为 redBrush，其颜色为红色。

SolidBrush redBrush =new SolidBrush(Color.Red);

2．阴影画刷

阴影画刷的建立方法是通过 HatchBrush 类的构造函数来建立，格式如下。

HatchBrush 刷子 = new HatchBrush(style, foreColor, backColor);

说明：在该格式中，刷子是要建立的刷子的名称；参数 foreColor 指定前景色，定义填充线条的颜色；参数 backColor 指定背景色，定义各线条之间间隙的颜色。参数 style 指定图案或阴影方式，是一个 HatchStyle 枚举类型的值。该枚举有 50 多个成员，如 HatchStyle.BackwardDiagonal 为右上到左下的对角线的线条图案，HatchStyle.Horizontal 为水平线的图案。

例如，以下代码创建了一个名为 HB 的画刷，其前景色为 Color.Cyan，背景色为 Color.Chocolate，填充样式为交叉的水平线和垂直线。

HatchBrush HB = new HatchBrush(HatchStyle.Cross, Color.Cyan, Color.Chocolate);

3．渐变画刷

所谓渐变画刷，指的是刷子从一种颜色逐渐变为另一种颜色，用于在某一个特定的区域内产生渐变效果。其中前一种颜色称为起始颜色，后一种颜色称为终止颜色，在两者之间的颜色是过渡颜色。LinearGradientBrush 可以显示线性渐变效果；而 PathGradientBrush 是路径渐变的，可以显示比较具有弹性的渐变效果。

LinearGradientBrush 类的构造函数有多种格式，最常用的格式如下：

LinearGradientBrush 刷子 = new LinearGradientBrush (point1, point2, color1, color2);

说明：在该格式中，参数 point1 表示渐变的起点，参数 point2 表示渐变的终点，color1 表示渐变的起始色，color2 表示渐变的终止色。

4. 纹理画刷

纹理画刷的作用是用保存在位图中的图案来填充图形，位图文件必须由 Image 类来加载，Image 类支持的图形类型包括 GIF、BMP、JPEG、PNG 及 TIF 等。其建立方法如下。

```
Image img;
img = Image. FromFile(@"路径\图形文件名.bmp");
TextureBrush txtBrush = new TextureBrush(img, style);
```

在以上代码中，利用 Image 类的 FromFile 方法将图形文件载入，作为 txtBrush 填色的内容。参数 style 是 WrapMode 枚举类型，用来确定填充方式，其取值及含义如下。

- WrapMode.Clamp：纹理或渐没有平铺。
- WrapMode.Tile：平铺渐变或纹理。
- WrapMode.TileFlipX：水平反转纹理或渐变，然后平铺该纹理或渐变。
- WrapMode.TileFlipY：垂直反转纹理或渐变，然后平铺该纹理或渐变。
- WrapMode.TileFlipXY：水平和垂直反转纹理或渐变，然后平铺该纹理或渐变。

8.4　常用图形的绘制方法

GDI+提供了大量的作图方法，利用这些方法，可以画出各种基本图形，包括直线、曲线、矩形、圆、多边形等。有了这些基本图形，就可以组成更复杂的图形。

8.4.1　画点和线

GDI+通过 Graphics 类中的 DrawLine 方法来画直线，常用的有以下两种格式。

（1）DrawLine(pen, x1, y1, x2, y2)：所画直线两个端点的坐标分别为（x1,y1）和（x2,y2）。x1、y1、x2、y2 可以是 int 类型也可以是 float 类型，参数 pen 是建立的画笔的名称。

（2）DrawLine(pen, pt1, pt2)：pt1 是所画直线的一个端点，pt2 是所画直线的另一个端点。pt1 和 pt2 两个端点用 Point 或 PointF 结构来指定，这两个结构都可以用来指定一个点的一对坐标 X 和 Y。其中 Point 结构指定的 X 和 Y 是整数类型（int），而 PointF 结构指定的 X 和 Y 是浮点型（float）。用 Point 结构定义一个点的格式为

```
Point pt = new Point(x, y);
```

其中，pt 是要定义的点的名字，x 和 y 是要定义的点的坐标。例如：以下代码定义了一个名为 pt1 的点，该点的坐标为（100,100）。

```
Point pt1 = new Point(100, 100);
```

【例 8-1】观察下列程序的运行结果。

① 新建项目，添加窗体 Form1。在窗体 Form1 上添加一个图片框控件 PictureBox1 和一个按钮控件 Button1，设置 PictureBox1 控件的 BorderStyle 属性为 Fixed3D。

② 程序运行结果如图 8-2 所示。

③ 代码设计窗口代码如下。

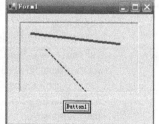

图 8-2　绘制的直线样式

```
private void button1_Click(object sender, EventArgs e)
{
```

```
        Graphics g;
        var pen1 = new Pen(Color.Red ,2);
        var pen2 = new Pen(Color.Green ,4);
        var pt1 = new Point (50,50);
        var pt2 = new Point (200,200);

        g = pictureBox1 .CreateGraphics ();
        pen1.DashStyle =    DashStyle.Dash ;
        g.DrawLine (pen1,pt1,pt2);
        g.DrawLine (pen2,20,20,200,40);
        pen1.Dispose ();
        pen2.Dispose ();
        g.Dispose();
}
```

8.4.2　画矩形和多边形

矩形和多边形是由直线组成的，用 DrawLine 方法可以画出矩形和多边形，但需要精确计算每个顶点的坐标，比较烦琐。为此，GDI+提供了专门用于画矩形和多边形的方法。

1．画矩形

GDI+通过 Graphics 类中的 DrawRectangle 方法来画矩形，常用的有以下两种格式。

（1）DrawRectangle(pen, x, y, width, height)：参数 pen 是建立的画笔的名字，x 和 y 是要画的矩形的左上角的坐标，width 是要画的矩形的宽度，height 是要画的矩形的高度。x、y、width、height 可以是 int 类型也可以是 float 类型。

（2）DrawRectangle(pen, rect)：参数 pen 是建立的画笔的名字，参数 rect 用 Rectangle 结构来指定。用 Rectangle 结构定义一个矩形的格式为

```
Rectangle rect = new Rectangle(x, y, width, height);
```

其中，rect 是要定义的矩形的名字，x 和 y 是定义的矩形的左上角坐标，width 和 height 分别是定义的矩形的宽度和高度。

例如，以下代码定义了一个矩形 r，其左上角的坐标为（10,10），宽度和高度分别为 100 和 50。

```
Rectangle r = new Rectangle(10, 10, 100, 150);
```

【例 8-2】观察下列程序的运行结果。

① 新建项目，添加窗体 Form1。在窗体 Form1 上添加一个图片框控件 PictureBox1 和一个按钮控件 Button1，设置 PictureBox1 控件的 BorderStyle 属性为 Fixed3D。

② 在代码设计窗口编写如下代码。

```
private void button1_Click(object sender, EventArgs e)
{
        Graphics g;
        g = pictureBox1.CreateGraphics();
        var pen1 = new Pen(Color.Blue ,2);
        g.DrawRectangle(pen1, 10, 10, 100, 50);
        var r = new Rectangle(85, 15, 140, 50);
        g.DrawRectangle(pen1, r);
        pen1.Dispose();
        g.Dispose();
}
```

③ 程序运行结果如图 8-3 所示。

图 8-3　绘制的矩形样式

2．画多边形

使用 Graphics 对象的 DrawPolygon 方法可以绘制多边形，其格式为

DrawPolygon(Pen, Points[])

说明：格式中参数 Pen 是建立的画笔的名字，参数 Points[]是类型为 Point 或 PointF 结构的数组，用来表示多边形的顶点。

DrawPolygon 方法按顺序连接每个顶点组成多边形，每两个连续的顶点构成了多边形的一条边。在任何情况下，用 DrawPolygon 方法所画的多边形都是封闭的。如果数组的最后一个点和第一个点相同，则这两个点重合；如果数组的最后一个点和第一个点不一致，则这两个点指定了多边形的最后一条边。

【例 8-3】编写程序，在图片框上画一个多边形，在窗体上画一个三角形。

① 新建项目，添加窗体 Form1。在窗体 Form1 上添加一个图片框控件 PictureBox1 和一个按钮控件 Button1，设置 PictureBox1 控件的 BorderStyle 属性为 Fixed3D。

② 在代码设计窗口编写如下代码。

```
private void button1_Click(object sender, EventArgs e)
{
    Graphics g;
    g = pictureBox1.CreateGraphics();
    Pen bpen = new Pen(Color.Black, 3);
    //定义多边形顶点
    Point p1 = new Point(30, 50);
    Point p2 = new Point(70, 25);
    Point p3 = new Point(100, 30);
    Point p4 = new Point(150, 85);
    Point p5 = new Point(80, 100);
    //定义多边形顶点数组
    Point[] Polyp = new Point[] { p1, p2, p3, p4, p5 };
    //画多边形
    g.DrawPolygon(bpen, Polyp);
    //----------------------------
    Graphics g2 = this.CreateGraphics();
    Pen bp = new Pen(Color.Blue, 3);
    Point t1 = new Point(230, 50);
    Point t2 = new Point(205, 100);
    Point t3 = new Point(255, 100);
    //定义三角形顶点数组
    Point[] trangle = new Point[] { t1, t2, t3 };
    //画三角形
    g2.DrawPolygon(bp, trangle);
    bpen.Dispose();
    bp.Dispose();
    g.Dispose();
    g2.Dispose();
}
```

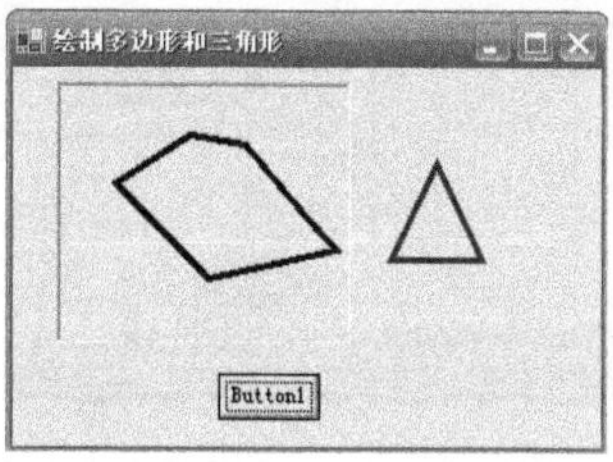

③ 程序运行结果如图 8-4 所示。

图 8-4 程序运行界面

8.4.3 画圆、椭圆、弧和饼图

GDI+通过 Graphics 类中的方法画圆、椭圆、弧和饼图。除了所使用的方法不同外，其绘制过程与前面介绍的直线、矩形的画法是类似。

1．画圆和椭圆

画圆和椭圆都用 DrawEllipse 方法绘制，其语法格式如下。

```
DrawEllipse(pen, rect)
```

和

```
DrawEllipse(pen, x, y, width, height)
```

说明：DrawEllipse 方法可以画一个空心的圆或椭圆，其线宽和颜色由画笔 pen 指定。该方法的格式与前面画矩形的方法 DrawRectangle 的格式完全相同，在此略。

从格式中可以看出，在画椭圆时，DrawEllipse 方法没有提供椭圆的中心，也没有提供长轴和短轴的半径，而是为画椭圆提供了一个矩形。也就是说，所画的椭圆的大小和形状由矩形决定，这个矩形叫作椭圆的外切矩形。当外切矩形的宽度和高度相同（即正方形）时，所画的就是一个圆；当宽度大于高度时，所画的就是扁而平的椭圆；当宽度小于高度时，所画的就是窄而高的椭圆。

【例 8-4】 编写程序，窗体上画出不同形状的椭圆。

① 新建项目，添加窗体 Form1，在窗体 Form1 上添加一个按钮控件 Button1。

② 在代码设计窗口编写如下代码。

```csharp
private void button1_Click(object sender, EventArgs e)
{
    Graphics g;
    g = this.CreateGraphics();
    Pen bpen = new Pen(Color.Blue, 1);
    Pen rpen = new Pen(Color.Red, 1);
    Rectangle rect = new Rectangle(10, 10, 80, 80);
    g.DrawRectangle(rpen, rect);
    g.DrawEllipse(bpen, rect);
    g.DrawRectangle(rpen, 110, 10, 30, 80);
    g.DrawEllipse(bpen, 110, 10, 30, 80);
    g.DrawRectangle(rpen, 160, 10, 80, 30);
    g.DrawEllipse(bpen, 160, 10, 80, 30);
    bpen.Dispose();
    rpen.Dispose();
    g.Dispose();
}
```

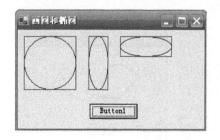

图 8-5　画出的椭圆及外切矩形

③ 程序运行结果如图 8-5 所示。上述代码分别三组在窗体中画出一个外切矩形和一个椭圆，外切矩形和椭圆分别使用红色和蓝色的画笔，所画出的分别为圆、高而窄的椭圆和扁平椭圆。

2．画圆弧

使用 Graphics 类的 DrawArc 方法可以绘制圆弧，其格式如下。

```
DrawArc(pen, rect, startAngle, sweepAngle)
```

和

```
DrawArc(pen, x, y, width, height, startAngle, sweepAngle)
```

弧是圆周或椭圆周的一部分，在画圆弧之前应确定弧所在的圆或椭圆（不画出）。而要确定圆或椭圆，就必须先确定所画圆或椭圆的外切矩形。因此，在上面两种格式中，只有最后两个参数是用来画圆弧的，前面几个参数都是用来画圆或椭圆的。

格式中，参数 startAngle 是开始画弧的角度，参数 sweepAngle 是由圆弧起点按顺时针方向增加的角度，单位均为角度值。

在 DrawArc 方法中，以水平向右的半径为 0°，角度值如图 8-6（a）所示。参数 sweepAngle 可以是正值，也可以为负值。当为正值时，圆弧按顺时针方向增加；当为负值时，圆弧按逆时针方向增加。例如：以下代码的运行结果如图 8-6（b）所示。

```
private void button1_Click(object sender, EventArgs e)
{
        Graphics g;
        g = this.CreateGraphics();
        Pen bpen = new Pen(Color.Blue, 1);
        g.DrawArc(bpen, 10, 10, 80, 80, 90, 270);          //圆弧 1
        Rectangle rect1 = new Rectangle(60, 40, 150, 100);
        g.DrawArc(bpen, rect1, 340, 100);                  //圆弧 2
        Rectangle rect2 = new Rectangle(220, 40, 150, 100);
        g.DrawArc(bpen, rect2, 340, -100);                 //圆弧 3
        bpen.Dispose();
        g.Dispose();
}
```

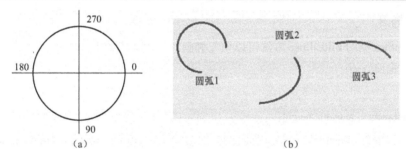

图 8-6　角度值与绘制的圆弧

3．画饼图

饼图也称扇形，是圆或圆弧的一部分。与弧不同的是，扇形把一段圆弧的两个端点与圆心相连。使用 Graphics 类的 DrawPie 方法可以绘制扇形图，其格式如下。

DrawPie(pen, rect, startAngle, sweepAngle)

和

DrawPie(pen, x, y, width, height, startAngle, sweepAngle)

从上面的格式可以看出，除使用的方法不同外，其他部分与画弧的 DrawArc 方法完全一样。

8.4.4　画曲线

GDI+还提供了画曲线的方法，利用这些方法可以画出各种曲线。以下列出 GDI+中常用的画曲线方法。

（1）DrawCurve：绘制经过一组指定的 Point 结构数组定义的曲线，最后一个点与第一个点之间不画线。

（2）DrawClosedCurve：绘制经过一组指定的 Point 结构数组定义的曲线，会自动把首尾节点连接起来构成封闭曲线。

（3）DrawBezier：绘制一段贝塞尔 Bezier 曲线。

（4）DrawBeziers：绘制多段贝塞尔 Bezier 曲线。

（5）DrawPath：绘制路径。路径通过组合直线、矩形和简单的曲线形成，可通过 Graphics 类的 DrawPath 方法来绘制整个路径的各个对象。

8.4.5　画填充图形

前面介绍了画矩形、多边形、椭圆等方法，用这些方法画出的图形都是空心的。为了画出实心图形，必须使用前面介绍的刷子（Brush）。将 Brush 对象与绘图方法结合使用，可以用颜色或图案对图形进行填充。

1．填充矩形

使用 Graphics 类的 FillRectangle 方法可以填充矩形，常用格式如下。

```
FillRectangle(brush, rect)
```

和

```
FillRectangle(brush, x, y, width, height)
```

其中，参数 brush 是填充使用的画刷，其余参数与绘制矩形方法 DrawRectangle 中使用的完全一样。

2．填充椭圆

使用 Graphics 类的 FillEllipse 方法可以填充椭圆，常用格式如下。

```
FillEllipse(brush, rect)
```

和

```
FillEllipse(brush, x, y, width, height)
```

在格式中，参数 brush 是填充使用的画刷，其余参数与绘制椭圆方法 DrawEllipse 中使用的完全一样。

3．填充饼图

使用 Graphics 类的 FillPie 方法可以填充椭圆，常用格式如下。

```
FillPie(brush, rect, startAngle, sweepAngle)
```

和

```
FillPie(brush, x, y, width, height, startAngle, sweepAngle)
```

其中，参数 brush 是填充使用的画刷，其余参数与绘制饼图方法 DrawPie 中使用的完全一样。

4．填充多边形

使用 Graphics 类的 FillPolygon 方法可以填充多边形，常用格式如下：

```
FillPolygon(brush, points[] )
```

其中，参数 brush 是填充使用的画刷，其余参数与绘制多边形方法 DrawPolygon 中使用的完全一样。

【例 8-5】观察下列程序的运行结果。

新建项目，添加窗体 Form1，在窗体 Form1 上添加一个按钮控件 Button1。

在代码窗口的顶部输入以下代码，引入 System.Drawing.Drawing2D 命名空间。

```
using System.Drawing.Drawing2D;
```

在代码设计窗口编写如下代码。

```
private void button1_Click(object sender, EventArgs e)
{
    Graphics g = this.CreateGraphics();
    SolidBrush bBrush = new SolidBrush(Color.Blue);      //定义画刷
    Rectangle rect = new Rectangle(10, 10, 80, 50);       //定义矩形
    g.FillRectangle(bBrush, rect);                        //绘制填充矩形
    Image img = Image.FromFile("c:\\abc.bmp");            //生成纹理画刷
    TextureBrush bmpBrush = new TextureBrush(img, WrapMode.Tile);
    Rectangle rect1 = new Rectangle(100, 10, 80, 40);
    g.FillEllipse(bmpBrush, rect1);                       //绘制椭圆并填充
    //生成阴影画刷填充图形为斜线交叉网格，前景色为 Color.Cyan，背景色为 Color.Chocolate
    HatchBrush hBrush = new HatchBrush(HatchStyle.OutlinedDiamond,
                                Color.Cyan, Color.Chocolate);
    g.FillEllipse(hBrush, 200, 10, 80, 80);               //绘制并填充
    Rectangle rect3 = new Rectangle(300, 10, 100, 120);
    LinearGradientBrush lBrush = new LinearGradientBrush(rect3,
        Color.Green,Color.White, LinearGradientMode.Vertical);
    g.FillEllipse(lBrush, rect3);
    bBrush.Dispose();
    bmpBrush.Dispose();
    lBrush.Dispose();
    g.Dispose();
}
```

程序运行结果如图 8-7 所示。

8.4.6 平移、旋转与缩放

Graphics 对象提供了三种对图像进行几何变换的方法，它们是 TranslateTransform()方法、RotateTransform()方法和 ScaleTransform()方法，分别用于图形图像的平移、旋转和缩放（以坐标原点为中心）。

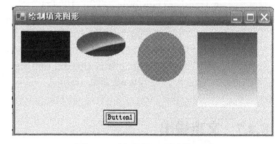

图 8-7　填充图形绘制效果

（1）TranslateTransform 方法：语法结构如下。

```
public void TranslateTransform (
    float dx,
    float dy
)
```

其中，dx 表示平移的 x 分量，dy 表示平移的 y 分量。

（2）RotateTransform 方法：语法结构如下。

```
public void RotateTransform (
    float angle
)
```

其中，angle 表示旋转的角度。

（3）ScaleTransform 方法：语法结构如下。

```
public void ScaleTransform (
    float sx,
    float sy
)
```

其中，sx 表示 x 方向的缩放比例，sy 表示 y 方向的缩放比例。

例如：以下代码的运行结果如图 8-8 所示。

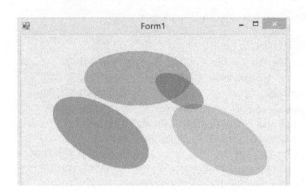

图 8-8　平移、旋转与缩放图形效果

```
private void Form1_Paint(object sender, PaintEventArgs e)
{
    Graphics g = e.Graphics;
    g.FillEllipse(new SolidBrush(Color.FromArgb(80,Color.Red)),
                  120, 30, 200, 100);                    //椭圆透明度80%
    g.RotateTransform(30.0f);                            //顺时针旋转30度
    g.FillEllipse(new SolidBrush(Color.FromArgb(80,Color.Blue)),
                  120, 30, 200, 100);
    //水平方向向右平移200个像素，垂直方向向上平移100个像素
    g.TranslateTransform(200.0f, -100.0f);
    g.FillEllipse(new SolidBrush(Color.FromArgb(50,Color.Green)),
                  120, 30, 200, 100);
    g.ScaleTransform(0.5f, 0.5f);                        //缩小到一半
    g.FillEllipse(new SolidBrush(Color.FromArgb(100,Color.Red)),
                  120, 30, 200, 100);
}
```

8.4.7　文本输出

GDI+通过 Graphics 类的 DrawString 方法来实现图形文本的输出，它的用法与其他绘图方法是类似的。

1．字体对象 Font

为了输出文本，必须先指定文本的字体，包括字体的名称、大小、样式等。在 C#.NET 中，字体通过 Font 类的构造函数来设置，其格式如下：

```
Font 变量名 = new Font(字体名称, 大小, 样式, 度量);
```

说明：参数"字体名称"是一个字符串，用来指定字体的名称，如 Times New Roman、宋体、黑体等；参数"大小"的类型为 float，用来指定字体的大小；参数"度量"用来指定参数"大小"的度量单位，其类型为 GraphicsUnit 枚举；参数"样式"用来指定字体的样式，其类型为 FontStyle 枚举，其取值有 Bold（粗体）、Italic（斜体）、Regular（常规）、Strikeout（删除线）和 Underline（下画线）。

例如，以下代码定义了一个字体对象，其字体名称为"宋体"，字体大小为 12，样式为"粗体"，度量单位为点。

```
Font DrawFont = new Font("宋体", 12, FontStyle.Bold, GraphicsUnit.Point);
```

在设置字体时，"样式"参数可以使用一个，也可以使用多个，各"样式"之间用 Or 运算符连接。例如：

```
Font DrawFont = new Font("宋体", 12, FontStyle.Bold | FontStyle.Italic, GraphicsUnit.Point);
```

2．简单文本输出

简单文本通过 DrawString 方法输出，其常用格式如下三种。

```
DrawString(s, font, brush, x, y)
```

```
DrawString(s, font, brush, point)
```

```
DrawString(s, font, brush, layoutRectangle)
```

在以上三种格式中，参数 s 要输出的字符串；参数 font 是一个字体对象，指定了输出文本使用的字体；参数 brush 表示输出文本时所使用的画刷，可用来指定要输出的字符串的颜色。其他几个参数的含义说明如下：

第一种格式中的参数 x 和 y 类型为 float，表示文本输出的开始位置；第二种格式中的参数 point 类型为 PointF 结构，表示输出文本的开始位置；第三种格式中的参数 layoutRectangle 类型为 RectangleF 结构，用来定义一个矩形，文本在该矩形内输出。

例如，以下代码在窗体上输出字符串"C#.NET 程序设计教程"，宋体，12，粗体，颜色蓝色。

```
private void button1_Click(object sender, EventArgs e)
{
    Graphics g = this.CreateGraphics();
    string drawString = "C#.NET 程序设计教程";              //定义要绘制的字符串
    Font font = new Font("宋体", 12, FontStyle.Bold, GraphicsUnit.Point);
    SolidBrush br = new SolidBrush(Color.Blue);
    g.DrawString(drawString, font, br, 10, 10);              //绘制字符串
    font.Dispose();
    br.Dispose();
    g.Dispose();
}
```

3．格式文本输出

格式文本也通过 DrawString 方法输出，其常用格式有如下三种。

```
DrawString(s, font, brush, x, y, format)
```

```
DrawString(s, font, brush, point, format)
```

```
DrawString(s, font, brush, layoutRectangle, format)
```

输出格式文本的 DrawString 方法与输出简单文本的 DrawString 方法基本相同，只是多个一个参数 format，该参数的类型是 StringFormat 类，用来定义文本的输出格式。下面介绍 StringFormat 类的常用属性。

（1）Alignment 属性：设定字符串的水平对齐方式，类型为 StringAlignment 枚举，其取值可以为：Center（居中）、Far（右对齐）和 Near（左对齐）几种。

（2）LineAlignment 属性：设定字符串的垂直对齐方式，类型也为 StringAlignment 枚举。

（3）FormatFlags 属性：对输出的文本设置不同的格式，类型为 StringFormatFlags 枚举。如在该枚举中有一个 DirectionVertical 成员，设置文本垂直对齐。

例如，以下代码在窗体上垂直方向输出字符串"C#.NET 程序设计教程"，宋体，12，粗体，颜色蓝色。

```
private void button1_Click(object sender, EventArgs e)
{
```

```
    Graphics g = this.CreateGraphics();
    string drawString = "C#.NET 程序设计教程";          //定义要绘制的字符串
    Font font = new Font("宋体", 12, FontStyle.Bold, GraphicsUnit.Point);
    SolidBrush br = new SolidBrush(Color.Blue);
    StringFormat sf = new StringFormat();
    sf.FormatFlags = StringFormatFlags.DirectionVertical;
    g.DrawString(drawString, font, br, 10, 10, sf);          //绘制字符串
    font.Dispose();
    br.Dispose();
    g.Dispose();
}]
```

（4）SetTabStops 方法：用来为输出的文本设置制表位，格式如下：

```
SetTabStops(firstTabOffset, tabstops[])
```

说明：方法中第一个参数 firstTabOffset 用来设置文本行开头与第一个制表位之间的空格数；第二个参数 tabstops[]是一个 float 类型数组，用来设置制表位之间的距离（空格数）。

【例 8-6】观察下列程序的运行结果。

① 新建项目，添加窗体 Form1，在窗体 Form1 上添加一个按钮控件 Button1。

② 在代码设计窗口编写如下代码。

```
private void button1_Click(object sender, EventArgs e)
{
    Graphics g = this.CreateGraphics();
    Font dFont = new Font("宋体", 12, FontStyle.Bold, GraphicsUnit.Point);
    string dString;
    SolidBrush dbrush = new   SolidBrush(Color.Blue);
    //输出表头字符串
    RectangleF rect1 = new RectangleF(20, 20, 400, 30);
    StringFormat sf1 = new StringFormat();
    sf1.Alignment = StringAlignment.Center;
    sf1.LineAlignment = StringAlignment.Center;
    dString = "考试成绩一览表";
    g.DrawString(dString, dFont, dbrush, rect1, sf1);
    //绘制矩形
    Rectangle rect = new Rectangle(20, 50, 400, 100);
    Pen dPen = new Pen(Color.Blue);
    g.DrawRectangle(dPen, rect);
    //输出表格中的内容
    dString = "\n 姓名\t 语文\t 数学\t 英语\n";
    dString = dString + "李胜\t 85\t 95\t 90\n";
    dString = dString + "王维\t 65\t 73\t 80\n";
    StringFormat sf = new StringFormat();
    float[] tabs   = new float[]{120, 80, 80};
    RectangleF rectF = new RectangleF(20, 50, 400, 100);
    sf.SetTabStops(0, tabs);
    g.DrawString(dString, dFont, dbrush, rectF, sf);
    dFont.Dispose();
      dbrush.Dispose();
      dPen.Dispose();
    sf.Dispose();
    g.Dispose();
}
```

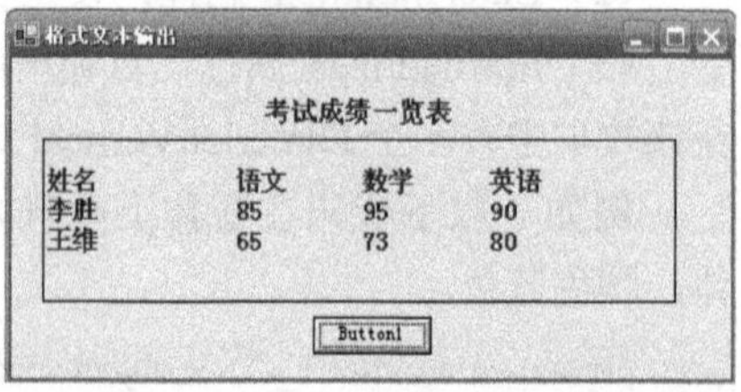

③ 程序运行结果如图 8-9 所示。

图 8-9 程序运行界面

8.5 鼠标事件

对鼠标操作的处理是应用程序的重要功能。在程序中，程序员了解鼠标位置及状态的变化，可以使用 MouseDown、MouseUp、MouseMove 等事件过程。表 8-3 列出了常用鼠标事件过程及其触发条件，在.NET 中的大多数控件都能够识别这些鼠标事件。当鼠标指针位于无控件的窗体上方时，窗体将识别鼠标事件。当鼠标指针在控件上方时，控件将识别鼠标事件。如果按下鼠标按钮不放，则对象将继续识别所有鼠标事件，直到用户释放按钮为止。既使此时指针已移离对象，情况也是如此。

表 8-3 鼠标事件过程及其触发条件

事 件 名	描 述
MouseEnter	鼠标指针移入控件时触发此事件
MouseMove	移动鼠标光标时触发此事件
MouseHover	鼠标指针悬停在控件上时触发此事件
MouseDown	鼠标位于控件上并按下鼠标键时触发该事件
MouseUp	鼠标位于控件上并释放鼠标键时触发该事件
MouseLeave	鼠标指针移出控件时触发此事件

在上述事件过程中，MouseDown、MouseMove 和 MouseUp 三个事件过程具有相同的参数，鼠标的当前状态（鼠标指针位置、按下的按钮等）由第二个参数 e 的属性决定。代码格式如下。

```
private void Form1_MouseDown(object sender, MouseEventArgs e)
{
    ;    //……………..
}
```

（1）鼠标位置由参数 e 的 X 和 Y 属性确定，这两个属性都是 int 类型。其中 e.X 用来获取鼠标单击时的 X 坐标；e.Y 用来获取鼠标单击时的 Y 坐标。

（2）鼠标按钮状态由参数 e 的 Button 属性确定，该属性是枚举类型 MouseButtons，其取值常用有：Left（按下鼠标左按钮）、Middle（按下鼠标中间按钮）、Right（按下鼠标右按钮）和 None（未按下鼠标按钮）几种。

在使用图形方法绘图中，坐标的指定是非常重要的。下面通过一些实例介绍使用鼠标事件获取坐标值、进行坐标的指定从而实现交互绘图的方法。

【例 8-7】在指定的两点间画直线。

① 新建项目，添加窗体 Form1。

② 代码分析：将第一次鼠标单击位置和第二次鼠标单击位置的坐标赋给 Drawline 方法的 (x1,y1)、(x2,y2)可实现在这两点之间画直线。在程序设计时应注意两点：①将第一次鼠标单击位置和第二次鼠标单击位置的坐标分别赋给起始和终止变量；②须设置监视鼠标单击的标志，即设置区分是第一次鼠标单击位置还是第二次鼠标单击位置的标志变量。

③ 在窗体上指定的两点间画直线的程序如下。

```
namespace WindowsFormsApplication1
{
    public partial class Form1 : Form
    {
        Graphics g;
        int x1, x2, y1, y2;
        Pen pen=new Pen(Color.Red);
```

```
long left_c=0;

public Form1()
{
    InitializeComponent();
    g = this.CreateGraphics();
}

private void Form1_MouseDown(object sender, MouseEventArgs e)
{
    if (left_c == 0)
    {
        x1 = e.X;
        y1 = e.Y;
        left_c = 1;
    }
    else
    {
        x2 = e.X;
        y2 = e.Y;
        g.DrawLine(pen, x1, y1, x2, y2);
        left_c = 0;
    }
}
}
}
```

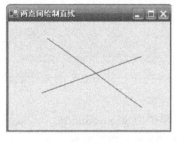

图 8-10 用鼠标两点间绘制直线程
序运行界面

● 程序运行结果如图 8-10 所示。

【例 8-8】使用鼠标画任意曲线。

① 新建项目，添加窗体 Form1，使用 MouseMove 事件和 Drawline 方法在窗体上依拖动鼠标的轨迹显示任意曲线。

② 代码分析：注意 MouseMove 事件只是在移动鼠标时产生，当松开鼠标按钮后画线停止。同样，须设置监视鼠标单击的标志。当 MouseDown 事件发生时，设定表示按下鼠标按钮的标志值。当 Mouseup 事件发生时，对标志变量的值初始化。

③ 程序代码如下。

```
namespace WindowsFormsApplication1
{
    public partial class Form1 : Form
    {
        Graphics g;
        int x1, x2, y1, y2;
        Pen pen=new Pen(Color.Blue);
        long left_c=0;

        public Form1()
        {
            InitializeComponent();
            g = this.CreateGraphics();
        }

        private void Form1_MouseDown(object sender, MouseEventArgs e)
        {
            left_c = 1;                  //鼠标按下标志
            x1 = e.X;                    //起点位置
```

```
                y1 = e.Y;
        }

        private void Form1_MouseMove(object sender, MouseEventArgs e)
        {
            if (left_c != 0)                          //如果鼠标按下
            {
                x2 = e.X;
                y2 = e.Y;
                g.DrawLine(pen, x1, y1, x2, y2);      //绘制直线
                x1 = x2; y1 = y2;                     //重新设置终点
            }
        }

        private void Form1_MouseUp(object sender, MouseEventArgs e)
        {
            left_c = 0;                               //释放鼠标标志
        }
    }
}
```

④ 程序运行结果如图 8-11 所示。

8.6　本章小结

图 8-11　使用鼠标画任意曲线程序
运行结果

本章从 GDI+绘图命名空间的基本概念开始，逐步介绍了利用 GDI+绘制图形的方法和步骤、GDI+的坐标系统和颜色设置、GDI+常用对象的创建和使用方法，接着介绍了 PictureBox 控件的使用方法以及利用鼠标事件绘制交互式图形的方法。

 习题 8

1．编写一个应用程序来绘制多个周期的衰减正弦曲线。衰减正弦曲线的公式如下：

$$y = e^{-\frac{x}{8}} \sin(x)$$

提示：本题中的函数值是一个连续的曲线，画连续曲线可采用以下方法，将连续的曲线图形看成由许多线段连接而成，求出曲线上一系列点的坐标（x,y），然后再用画线方法 DrawLine 将这些点首尾连接起来。程序的运行界面如图 8-12 所示。

2．设计一个窗体，根据用户输入的三个班级的学生人数，显示各班人数所占比例的立体饼图，运行界面如图 8-13 所示。

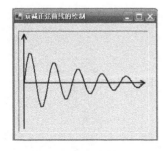

图 8-12　"衰减正弦曲线的绘制"程序运行界面

图 8-13　"绘制立体饼图"程序运行界面图

提示：图 8-13 中绘制的饼图为立体饼图。其绘制方法是：立体饼图的主体就是一个在椭圆中绘制的三个扇形，为了产生立体感，可连续画多个主体，主体的中心平移上移。程序中实现方法如下：设计绘制饼图的高度为 18，使用 For...Next 循环每次用 FillPie 方法画一层，每层中有三个扇形，颜色分别为红、黄、蓝，在 18 层画完以后，用 DrawPie 方法白色重画一次顶层，这样整个饼图就有了立体感。

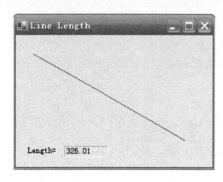

图 8-14　Line Length 应用程序运行界面

3. 编写一个 Line Length 应用程序。

要求如下：在窗体上绘制一条黑色直线并计算它的长度，如图 8-14 所示。该直线从按下鼠标按钮处的坐标开始，直到释放鼠标按钮的那点结束。应用程序应当在"Length="标签中显示直线的长度（即两个端点之间的距离）。使用以下公式计算直线的长度，其中（x1,y1）是第一个端点（按下鼠标按钮处的坐标），而（x2,y2）是第二个端点（释放鼠标按钮处的坐标）。要计算两个端点之间的距离（或长度），使用以下公式：

$$d = \sqrt{(x1-x2)^2 + (y1-y2)^2}$$

4. 编写一个绘制仿金刚石图案的应用程序。

提示：将半径为 R 的圆周分为 n（奇数或偶数）等分，并将所有等分点用直线相连，则形成一幅类似金刚石的图案，当 $n=24$ 和 $n=8$ 时的图案如图 8-15 和图 8-16 所示。

图 8-15　$n=8$ 时的金刚石图案

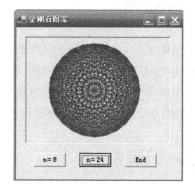

图 8-16　$n=24$ 时的金刚石图案

第 9 章

数据库程序设计

本章要点

◆ ADO.NET 数据库访问模型；

◆ 数据提供程序以及 Connection、Command、DataReader、DataAdapter、
  Parameters 对象；

◆ Dataset 对象；

◆ 数据访问类；

◆ 数据绑定技术；

◆ LINQ 编程。

9.1 ADO.NET 概述

数据库系统是计算机编程中应用最广泛和多样的领域，微软的数据访问技术经历了 ODBC（Open Database Connectivity，开放数据库互连）、OLEDB（Object Linking and Embedding Database，对象链接和嵌入数据库）、DAO（Data Access Objects，数据访问对象）、RDO（Remote Data Object，远程数据对象）、ADO（ActiveX Data Object，ActiveX 数据对象）以及今天的 ADO.NET。

ADO.NET 是为.NET 框架而创建的，是对 ActiveX Data Objects（ADO）的扩充。ADO.NET 提供了一致的对象模型，可以存取和编辑各种数据源的数据，即对这些数据源提供了一致的数据处理方式。ADO.NET 保存和传递数据使用 XML 格式，可实现与其他平台应用程序以 XML 文件进行数据交换。

9.1.1 ADO.NET 特性

ADO.NET 是微软在.NET 平台上数据存取问题的解决方案，它不只是 ADO 的改进版本，实际上是一种全新的数据访问技术。ADO.NET 在许多方面都采用了新的思维方式。

1. 数据在内存中的表示形式

在 ADO 中，数据在内存中的表示形式为记录集（Recordset）。在 ADO.NET 中，数据的表现形式为数据集（DataSet）。

记录集看起来像单个表。如果记录集中包含来自多个表的数据，则必须通过连接查询，将来自多个数据表的数据组合到单个结果表中。

DataSet 可以看作是内存中的数据库，也因此可以说 DataSet 是数据表的集合，它可以包含任意

多个数据表（DataTable），而且每一 DataSet 中的数据表（DataTable）对应一个数据源中的数据表（Table）或是数据视图（View）。数据表实质是由行（DataRow）和列（DataColumn）组成的集合。为了保护内存中数据记录的正确性，避免并发访问时的读/写冲突，DataSet 对象中的 DataTable 负责维护每一条记录，分别保存记录的初始状态和当前状态。从这里可以看出，DataSet 与只能存放单张数据表的记录集（Recordset）是截然不同的概念。

2．ADO.NET 采用了"断开连接"模式

在 ADO.NET 中，打开连接的时间仅够执行数据库操作，例如选择（SELECT）或更新（UPDATE）。用户可以将数据读入数据集中，然后在不保持与数据源的连接的情况下使用它们，稍后可以将对数据集所做的修改传递到数据库中。这种断开连接模式是 ADO.NET 和 ADO 之间一个主要的差别。

3．ADO.NET 提供了对 XML 的内在支持

DataSet 在内部是用 XML 来描述数据的，由于 XML 是一种与平台无关、与语言无关的数据描述语言，而且可以描述复杂关系的数据，比如父子关系的数据，所以 DataSet 实际上可以容纳具有复杂关系的数据，而且不再依赖于数据库链路。

DataSet 可将数据和架构作为 XML 文档进行读/写。数据和架构可通过 HTTP 传输，并在支持 XML 的任何平台上被任何应用程序使用。由于 XML 标准已被广泛采用，这种设计可以大大提高 ADO.NET 的兼容性。事实上，任何能够读取 XML 的组件都可以利用 ADO.NET 功能。而且，由于 XML 文件是纯文本格式的，所以这样的设计还可以使数据传输通过防火墙的过程变得更容易。

9.1.2　ADO.NET 结构

ADO.NET 用于访问和操作数据的两个主要组件是 .NET Framework 数据提供程序（Data Provider）和 DataSet。图 9-1 为 ADO.NET 的结构图，阐释了 .NET Framework 数据提供程序和 DataSet 之间的关系。

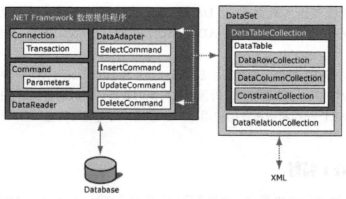

图 9-1　ADO.NET 的结构图

1．DataSet

ADO.NET DataSet 是专门为独立于任何数据源的数据访问而设计的。因此，它可以用于多种不同的数据源，用于 XML 数据，或用于管理应用程序本地的数据。DataSet 包含一个或多个 DataTable 对象的集合，这些对象由数据行和数据列以及有关 DataTable 对象中数据的主键、外键、约束和关系信息组成。

2 ．.NET Framework 数据提供程序

.NET Framework 数据提供程序是 ADO.NET 体系中的一个核心元素，它包含了 Connection、Command、DataReader、DataAdapter 对象，.NET 程序员使用这些对象来实现对实际数据的操纵。Connection 对象提供到数据源的连接，是数据访问者和数据源之间的对话通道。Command 对象包含了提交给数据库的操作命令，例如一个查询并返回数据的命令、一个修改数据的命令、一个调用数据库存储过程的命令及其参数等。DataAdapter 在 DataSet 对象和数据源之间起到桥梁作用；DataAdapter 使用 Command 对象在数据源中执行 SQL 命令以向 DataSet 中加载数据，并将对 DataSet 中数据的更改协调回数据源。DataReader 提供了一个简单而轻量的方法，允许程序在保持与数据库的连接处于活动状态下，在数据记录间进行只读、只向前的数据访问；DataReader 对象提供的数据访问接口没有 DataSet 对象那样功能强大，但性能更高，因此在某些场合下（例如一个简单的、不要求回传更新数据的查询）往往更能符合应用程序的需要。

对于任何形式的数据源，都可以有.NET Data Provider 的实现，从而允许.NET 应用程序使用这些数据源。.NET Framework 自带了两个 Data Provider。

- SQL Server .NET Data Provider：用于连接到 Microsoft SQL Server 7.0 或者更高版本的数据库。它优化了对 SQL Server 的访问，并利用 SQL Server 内置的数据转换协议直接与 SQL Server 通信。
- OLE DB .NET Data Provider：用于管理 OLE DB 数据源的数据提供程序。

相应地，前面提到的 Connection、Command、DataReader 和 DataAdapter 对象都有两个派生类版本，它们分别位于 System.Data.SqlClient 命名空间和 System.Data.OleDb 命名空间中，具体命名如下。

- Connection：SqlConnection 和 OleDbConnection。
- Command：SqlCommand 和 OleDbCommand。
- DataReader：SqlDataReader 和 OleDbDataReader。
- DataAdapter：SqlDataAdapter 和 OleDbDataAdapter。

3 ．ADO.NET 组件访问数据库的工作流程

ADO.NET 两个核心组件提供的对象，实现了应用程序对数据的访问，根据连接的方式不同，可以分为断开式数据库访问方式和非断开式数据库访问方式。应用程序与数据库之间通信时，各对象的作用及工作流程如图 9-2 所示。

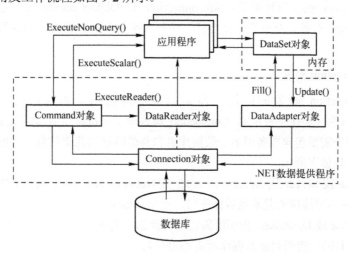

图 9-2　ADO.NET 操作数据库结构图

从图中可以看出，Connection 对象提供与数据源的连接；Command 对象使用户能够执行用于返回数据、修改数据、运行存储过程以及发送或检索参数信息的 SQL 命令；DataReader 从数据源中读取只向前的只读数据流；DataAdapter 提供连接 DataSet 对象和数据源的桥梁；DataAdapter 使用 Command 对象在数据源中执行 SQL 命令，以便将数据加载到 DataSet 中，并使对 DataSet 中数据的更改与数据源保持一致。

4．选择 DataReader 或 DataSet

在决定应用程序应使用 DataReader 还是使用 DataSet 时，应考虑应用程序所需的功能类型。使用 DataSet 可执行以下操作。

（1）在应用程序中将数据缓存在本地，以便可以对数据进行处理；如果只需要读取查询结果，则 DataReader 是更好的选择。

（2）在层间或从 XML Web services 对数据进行远程处理。

（3）与数据进行动态交互，例如绑定到 Windows 窗体控件或组合并关联来自多个源的数据。

（4）对数据执行大量的处理，而不需要与数据源保持打开的连接，从而将该连接释放给其他客户端使用。

如果不需要 DataSet 所提供的功能，则可以通过使用 DataReader 以只进、只读方式返回数据，从而提高应用程序的性能。

5．用于数据访问的命名空间

System.Data 命名空间是 ADO.NET API 的基础命名空间，包含了大部分 ADO.NET 的基础对象，如 DataSet、DataTable、DataRow 等，故在编写 ADO.NET 程序时，必须先声明。

添加 ADO.NET 的主命名空间后，还要根据所选用的数据源引用 System.Data.OleDb 或 System.Data.SqlClient 命名空间。System.Data 提供了通用的代码，而 System.Data.OleDb 和 System.Data.SqlClient 是为两个.NET 的数据提供程序提供的命名空间。

9.2　数据提供程序

9.2.1　Connection 对象

对于不同的.NET 数据提供者，ADO.NET 使用的 Connection 对象也不一样。与两种数据提供者对应，Connection 也有两种类型：SqlConnection 和 OleDbConnection。它们的操作过程类似：创建 Connection 对象，打开数据库连接，访问或操作后台数据库中的数据，数据处理完毕后关闭数据库连接。

1．创建 Connection 对象

在建立 Connection 对象的时候，需要指定所连接的数据库的描述信息，即设置 ConnectionString 属性（连接字符串）。Connection 通过这个字符串中的属性来连接数据库，所以在连接字符串中至少需要包含服务器名、数据库名和身份验证这几个信息。一般来说，一个连接字符串所包含的信息如下所示。

- Data Source 或 Server 或 Address 或 Addr 或 Network Address：指明所需连接的数据库服务器的名称。当连接的是本地数据库时，使用（local）。
- Initial Catalog 或 Database：指明所需访问的数据库名称。
- User ID 或 UID：指明登录数据库所需的用户名。

- Password 或 PWD：指明登录数据库所需的密码。
- Connect Timeout 或 Connection Timeout 或 Timeout：指明数据库连接超时时间，单位是秒。如果在指定的时间内连接不上，则返回失败信息。
- Integrated Security 或 Trusted_Connection：集成安全性，可设置为 true 或 false。如果设置为 true，则表示登录数据库时使用 Windows 身份验证，此时不需要提供用户名和密码；如果设置为 false，则表示登录数据库时，使用 SQL Server 身份验证，此时必须提供用户名和密码。

程序员可以在构造函数中直接传递连接字符串给 Connection 对象，也可以通过 Connection 对象的属性 ConnectionString 来设定数据库的连接信息。例如：

（1）建立与位于运行代码的同一台机器上的 SQLServer 的连接。

```
SqlConnection conn1 = new SqlConnection("Data Source=(local);Initial
                        Catalog=henry; Integrated Security=true;");
```

（2）连接"使用 SQL Server 身份验证"的远程服务器 CZU，同时将 Connection Timeout 指定为 60 秒。

```
SqlConnection conn2=new SqlConnection();
conn2.ConnectionString = "Server=CZU; Database=library;User
                        ID=sa;Password=1234;Connection Timeout=60";
```

（3）连接位于 c:/Example/目录下的 Access 数据库 pubs.mdb。

```
OleDbConnection conn = new OleDbConnection(@"Provider=Microsoft.Jet.OLEDB.4.0;
                        Data Source=c:/Example/pubs.mdb;");
```

2．打开和关闭数据库连接

打开数据库连接，可以通过调用 Connection 对象的 Open 方法。当 Connection 对象不再使用时，必须释放连接；可以通过调用 Connection 对象的 Close 方法或 Dispose 方法实现。

9.2.2 Command 对象

连接到数据库后，就可以使用 Command 对象对数据库进行操作，如进行数据增加、删除、修改等操作。一个 Command 命令可以用典型的 SQL 语句来表达，包括执行选择查询来返回记录集，执行动作查询来更新数据库记录，或者创建并修改数据库的表结构。当然，Command 命令也可以传递参数并返回值，或调用数据源提供的表名或存储过程名。Command 也有两种类型：SqlCommand 和 OleDbCommand，分别对应于两种数据源类型。两种 Command 对象使用方法类似，具有不少共同的属性和方法，以下介绍以 SqlCommand 为例。

1．常用属性

（1）CommandText：获取或设置要对数据源执行的 T-SQL 语句、表名或存储过程名。

（2）CommandType：获取或设置一个值，该值指示如何解释 CommandText 属性。当该属性设置为 Text 时（默认），CommandText 属性应设置为要执行的 SQL 文本命令；设置为 StoredProcedure 时，CommandText 属性应设置为要访问的存储过程的名称；设置为 TableDirect 时，应将 CommandText 属性设置为要访问的表的名称。

（3）Connection：获取或设置 Command 实例使用的 Connection。

（4）CommandTimeout：获取或设置在终止执行命令的尝试并生成错误之前的等待时间。

下面举几个例子来说明这些属性的使用方法。

（1）对数据源执行 T-SQL 命令

```
SqlConnection conn = new SqlConnection("Data Source=(local);Initial Catalog=henry;
                        Integrated Security=true;");
SqlCommand cmd = new SqlCommand();
cmd.Connection = conn;
cmd.CommandType = CommandType.Text;
cmd.CommandText = "SELECT * FROM Book";   //要执行的 SQL 语句
```

以上代码也可以利用 Command 对象的构造函数实现：

```
SqlConnection conn = new SqlConnection("Data Source=(local);Initial Catalog=henry;
                        Integrated Security=true;");
SqlCommand cmd = new SqlCommand("SELECT * FROM Book", conn);
```

CommandText 属性定义的 SQL 语句是 string 类型，当 SQL 语句中出现的条件或更新语句的值是变量时，可以采用以下两种方法定义 SQL 语句。

● 字符串连接方式：使用运算符 "+" 将字符串连接起来。

● 格式化字符串：使用 string 类的 Format 方法，将字符串格式化。

（2）从数据源指定的表中检索所有的行和列

```
SqlConnection conn = new SqlConnection("Data Source=(local);Initial Catalog=henry;
                        Integrated Security=true;");
SqlCommand cmd = new SqlCommand();
cmd.Connection = conn;
cmd.CommandType = CommandType.TableDirect;
cmd.CommandText = "Book";       //要检索的表名
```

（3）执行数据源中的存储过程

```
SqlConnection conn = new SqlConnection("Data Source=(local);Initial Catalog=henry;
                        Integrated Security=true;");
SqlCommand cmd = new SqlCommand();
cmd.Connection = conn;
cmd.CommandType = CommandType.StoredProcedure;
cmd.CommandText = "GetAllBook";
```

2．常用方法

创建了 Command 对象后，可以使用它的一系列的 Execute 方法来完成命令的执行。如果希望返回数据流，可以使用 ExeeuteReader 方法返回一个 DataReader 对象；如果希望返回单个值，使用 ExecuteScalar 方法；执行没有返回值的 SQL 语句时，调用 ExecuteNonQuery 方法；对于 SQL 数据源，如果将 CommandText 属性设置为合法的带有 FOR XML 子句的 T-SQL 语句，可以使用 ExecuteXmlReader 方法来返回一个 XmlReader 对象。下面介绍前三种方法，有关 ExecuteXmIReader 方法及其使用示例的更多信息不在本书的讨论范围，读者可以参考其他介绍 XML 的文档。

（1）ExecuteNonQuery：对连接执行 T-SQL 语句并返回受影响的行数，多用于执行增加、删除、修改数据命令。

下面的代码建立到 SQL Server 的连接，使用 ExecuteNonQuery 运行删除记录命令，并将所返回的受影响的行数写到控制台。

```
SqlConnection conn = new SqlConnection("Data Source=(local);Initial Catalog=henry;
                            Integrated Security=true;");
SqlCommand cmd = new SqlCommand();
cmd.Connection = conn;
conn.Open();
cmd.CommandType = CommandType.Text;
```

```
cmd.CommandText = "DELETE * FROM Book WHERE Price>=100";
int rowsAffected=cmd.ExecuteNonQuery();
Console.WriteLine(rowsAffected);
conn.Close();
```

（2）ExecuteReader：将 CommandText 发送到 Connection，并生成一个 DataReader。此方法用于进行查询操作，通过 DataReader 对象的 Read 方法进行逐行读取。

下面的代码执行指定的 T-SQL 命令并遍历结果集。

```
SqlConnection conn = new SqlConnection("Data Source=(local);Initial Catalog=henry;
                                        Integrated Security=true;");
SqlCommand cmd = new SqlCommand();
cmd.Connection = conn;
conn.Open();
cmd.CommandType = CommandType.Text;
cmd.CommandText = "SELECT * FROM Book";
SqlDataReader dr = cmd.ExecuteReader();
while (dr.Read())
{
//do something with each record
}
conn.Close();
```

（3）ExecuteScalar：执行查询，返回查询所返回的结果集中第一行的第一列，忽略其他列或行。多用于执行 SELECT 查询，得到的返回结果为一个值的情况。例如，使用 count 函数求表中记录个数或者使用 sum 函数求和等。

下列代码使用 ExecuteScalar 方法在表上执行 COUNT(*)，并将返回结果输出到控制台窗口。

```
SqlConnection conn = new SqlConnection("Data Source=(local);Initial Catalog=henry;
                                        Integrated Security=true;");
SqlCommand cmd = new SqlCommand();
cmd.Connection = conn;
conn.Open();
cmd.CommandType = CommandType.Text;
cmd.CommandText = "SELECT COUNT(*) FROM Book";
int titleCount=(int)cmd.ExecuteScalar();
Console.WriteLine(titleCount);
conn.Close();
```

9.2.3 Parameter 对象

Command 对象不仅可以在数据源上执行 SQL 语句，也可以调用数据源提供的存储过程。存储过程是存放在数据库中的特定 SQL 语句序列，数据库设计者从安全性的角度考虑，往往将某些操作以存储过程的方式实现，并允许其他开发人员调用这些存储过程，从而将数据库中的实际表和其他资源隐藏起来，不允许开发人员访问它们。

许多功能强大的存储过程往往需要使用参数，使用 Parameter 对象在 T-SQL 和.NET 语言之间传递和检索参数，每个存储过程参数都需要用一个 Parameter 对象来描述，通过该对象，可以为 Command 中的 T-SQL 命令和存储过程提供输入、输出、输入输出和返回值等各种参数。对于 SqlCommand，使用 SqlParameter 对象；对于 OleDbCommand，使用 OleDbParameter 对象。

1．Command 的 Parameters 属性

Command 对象的 Parameters 属性是一个 Parameter 对象的集合，通过向该集合中添加新的 Parameter 对象，就可以在执行命令时向存储过程传递这些参数。在创建 Parameter 对象时通常需

要指定其 Direction、ParameteName、Size、SqlDbType 等属性。

例如，一个 SQL Server 数据库提供了名为 QueryAuthor 的存储过程，接收一个字符串型的参数，参数名为 Author。假定我们已经创建并打开了一个 SqlConnection 对象为 conn，则可以通过以下代码创建一个 SqlCommand 对象来调用该存储过程。

```
SqlCommand cmd = new SqlCommand();
cmd.Connection = conn;
cmd.CommandType = CommandType.StoredProcedure;
cmd.CommandText = "QueryAuthor";
SqlParameter parameterAuthor = new SqlParameter();
parameterAuthor.ParameterName = "@Author";
parameterAuthor.Direction = ParameterDirection.Input;
parameterAuthor.SqlDbType = SqlDbType.NVarChar;
cmd.Parameters.Add(parameterAuthor);
parameterAuthor.Value = "Johann";
```

或者简洁一点如下。

```
SqlCommand cmd = new SqlCommand();
cmd.Connection = conn;
cmd.CommandType = CommandType.StoredProcedure;
cmd.CommandText = "QueryAuthor";
SqlParameter parameterAuthor = cmd.Parameters.Add("@Author", SqlDbType.NVarChar);
parameterAuthor.Value = "Johann";
```

在通过 SqlCommand 调用存储过程前，需要设置 Parameters 中所有 SqlParameter 对象的 Value 属性，以指定参数值。上例中以下代码设置 Author 参数的值为 Johann。

```
parameterAuthor.Value = "Johann";
```

或

```
cmd.Parameters["@Author"].Value = "Johann";
```

2．返回参数

Parameter 对象有一种特殊的方向选项 ReturnValue，使用这种参数对象可以在执行存储过程后读取其返回值，即 RETURN 语句的返回值。

例如，一个 SQL Server 数据库提供了以下存储过程 CheckBookByTitle，根据书名（输入参数@Title）查询图书，如果该书存在，返回 0，并通过输出参数@price 返回价格；如果图书不存在，则返回-1。

```
CREATE PROC CheckBookByTitle
( @Title char(40),
  @price decimal(8,2) OUTPUT)
AS
SELECT @price=Price
FROM Book
WHERE Title=@Title
IF @@ROWCOUNT>0
  RETURN 0
ELSE
  RETURN -1
```

下面的例子演示了如何在使用 SqlCommad 调用存储过程时传递参数和获得返回值，程序界面如图 9-3 所示。

"查询"按钮的代码如下。

图 9-3　存储过程示例

```
SqlConnection conn = new SqlConnection("Data Source=(local);Initial Catalog=henry;
                        Integrated Security=true;");
SqlCommand cmd = new SqlCommand();
cmd.Connection = conn;
cmd.CommandType = CommandType.StoredProcedure;
cmd.CommandText = "CheckBookByTitle";
//输入参数
cmd.Parameters.Add("@Title", SqlDbType.Char,40);
//输出参数
SqlParameter parameterPrice = new SqlParameter();
parameterPrice.ParameterName = "@price";
parameterPrice.Direction = ParameterDirection.Output;
parameterPrice.SqlDbType = SqlDbType.Decimal;
parameterPrice.Precision = 8;           //设置最大位数
parameterPrice.Scale = 2;               //设置小数位数
cmd.Parameters.Add(parameterPrice);
//返回参数
SqlParameter parameter = new SqlParameter("ReturnValue", SqlDbType.Int);
parameter.Direction = ParameterDirection.ReturnValue;
cmd.Parameters.Add(parameter);
//设置参数,调用存储过程
cmd.Parameters["@Title"].Value = textBox1.Text;
conn.Open();
cmd.ExecuteNonQuery();
conn.Close();
//查看结果
if (Convert.ToInt16(cmd.Parameters["ReturnValue"].Value)==0)
{
    label1.Text = "该书的价格为:" + cmd.Parameters["@price"].Value.ToString();
}
else
{
    label1.Text = "对不起,未找到该书";
}
```

3. 为带参数的 T-SQL 命令提供参数

Parameter 对象除了可以提供存储过程所需的参数外，还可以为带参数的 T-SQL 命令提供参数。在 T-SQL 命令中，所有的参数均以@开头，下面举例说明。

以下程序段执行带参数@Title 的 SELECT 命令，查询某本书的库存量，程序界面如图 9-4 所示。

"查询" 按钮的代码如下：

图 9-4　参数对象示例

```
SqlConnection conn = new SqlConnection("Data Source=(local);Initial Catalog=henry; Integrated
Security=true;");
SqlCommand cmd = new SqlCommand();
cmd.Connection = conn;
cmd.CommandType = CommandType.Text;
cmd.CommandText ="SELECT sum(OnHand) FROM Inventory WHERE BookCode=(SELECT
BookCode FROM Book WHERE Title=@Title)";
//创建参数对象
SqlParameter parameter = new SqlParameter("@Title", SqlDbType.Char);
parameter.Size = 40;
parameter.Direction = ParameterDirection.Input;
cmd.Parameters.Add(parameter);
```

```
//设置参数值，执行带参数的 T-SQL 命令
cmd.Parameters["@Title"].Value = textBox1.Text.Trim();
conn.Open();
int result = Convert.ToInt16(cmd.ExecuteScalar());
conn.Close();
label1.Text = "该书共有:" + result.ToString() + "本";
```

9.2.4　DataReader 对象

可以使用 ADO.NET DataReader 从数据库中检索只读、只进的数据流。查询结果在查询执行时返回，在并存储在客户端的网络缓冲区中，直到使用 DataReader 的 Read 方法对它们发出请求。使用 DataReader 可以提高应用程序的性能，原因是它只要数据可用就立即检索数据，并且（默认情况下）一次只在内存中存储一行，减少了系统开销。

DataReader 被设计为两种类型：SqlDataReader 和 OleDbDataReader，分别对应于 SQL Server 数据源和 OLE DB 数据源。

1．使用 Read 方法读取记录

若要创建 DataReader 对象，必须调用 Command 对象的 ExecuteReader 方法，而不要直接使用构造函数。其常用属性和方法如下。

（1）FieldCount：获取当前行中的列数。

（2）HasRows：获取一个值，该值指示 DataReader 是否包含一行或多行。

（3）IsClosed：检索一个布尔值，该值指示 DataReader 是否已关闭。

（4）Item[Int32]：以列的索引值的方式获取记录中某个字段的数据。

（5）Item[String]：以列的名称方式获取记录中某个字段的数据。

（6）Read：获取一行记录，并将隐含的记录指针向后移一步。

（7）Close：关闭 DataReader 对象。

Read 方法的返回值为布尔值，为 true 表示仍有记录未读取，为 false 表示已经读完最后一条记录，程序中可以根据这个值来判断是否移到结果集的最后一条记录之后。SqlDataReader 的默认位置在第一条记录的前面，因此必须调用 Read 来开始访问任何数据。

程序框架如下。

```
SqlDataReader dr = cmd.ExecuteReader();
if (!dr.HasRows)
{
    //结果集为空
}
else
{
    while (dr.Read())
    {
        //操作语句
    }
}
```

2．获取各个列的数据

（1）使用 Item 属性获取各个列的数据

使用 DataReader 的 Item 属性，以列的索引值或列的名称获取记录中某个字段的数据。

（2）使用 Get 方法获取各个列的数据

读取记录后，可以使用 DataReader 的多个 Get 方法和本身的索引器（Indexer）来获得各个

列的数据，可以以列的序号或列名来指明要获取的列的数据。DataReader 对象的 Get 方法有多个（见表 9-1），使用这些方法时必须确信指定列的数据类型和该方法匹配，否则会抛出一个异常。此外，还有几个 Get 方法和获取数据无关，如 GetDataTypeName 是获取一个表示指定列的数据类型的字符串，GetName 是获取指定列的名称。

表 9-1　Get 方法及适用的数据类型

Get 方法	适用的数据类型
GetBoolean	获取指定列的布尔值形式的值
GetByte	获取指定列的字节形式的值
GetBytes	将指定偏移量的字节流读入给定的 byte 数组
GetChar	获取指定列的单个字符串形式的值
GetChars	将指定偏移量的字符读入给定的 char 数组
GetDateTime	获取指定列的 DateTime 对象形式的值
GetDecimal	获取指定列的 Decimal 对象形式的值
GetDouble	获取指定列的双精度浮点数形式的值
GetFloat	获取指定列的单精度浮点数形式的值
GetInt16	获取指定列的 16 位有符号整数形式的值
GetInt32	获取指定列的 32 位有符号整数形式的值
GetInt64	获取指定列的 64 位有符号整数形式的值
GetString	获取指定列的字符串形式的值
GetTimeSpan	检索指定列的 TimeSpan 对象形式

根据各列数据的数据类型的不同，程序中选择不同的 Get 方法。例如当第 3 列（从 0 开始计数）为 String 时，使用如下代码：

```
while (dr.Read())
{
    //操作语句
    Console.WriteLine(dr.GetString(3));
}
```

（3）使用 GetValues 方法获取一组数据

可以将一个 object 类型的一维数组传递给 GetValues 方法，获取多个列的数据，获取的数据列数由数组的大小决定。该方法返回的 int 值表示实际放入数组的数据个数。当数组比所有数据列的数目还大时，数组的前端（由 0 开始计数）放置了这些列的数据；当数组可容纳元素个数比所有列的列数要小时，数组中容纳了前 n 列数据（n 为数组大小）。

例如，下列代码连接 SQL Server 服务器上数据库 henry，读取 Book 表中数据填充到 SqlDataReader 对象中，逐行读取 SqlDataReader 对象中的记录，将每条记录的列值填充数组 cols，然后遍历该数组将每个值都输出到控制台窗口。

```
SqlConnection conn = new SqlConnection("Data Source=(local);Initial Catalog=henry;
                                Integrated Security=true;");
SqlCommand cmd = new SqlCommand();
cmd.Connection = conn;
cmd.CommandType = CommandType.Text;
cmd.CommandText="select * from book";
conn.Open();
SqlDataReader dr = cmd.ExecuteReader();
if (!dr.HasRows)
```

```
    {
        Console.WriteLine("no book...");
    }
    else
    {

        while (dr.Read())
        {

            object[] cols =new object[6];
            int nGets=dr.GetValues(cols);
            foreach (object col in cols)
            {
                Console.Write(col.ToString()+",");
            }
                Console.WriteLine();
        }
    }
    dr.Close();
    conn.Close();
```

3. 检索多个结果集

前面演示的实例使用单一 SQL 语句填充 DataReader，因此返回的结果集只有一个。如果 SQL 语句中包含有用分号分隔的多个 SELECT 语句，那么就可以返回多个结果集。例如：

```
SqlConnection conn = new SqlConnection("Data Source=(local);Initial Catalog=henry;
                                        Integrated Security=true;");
SqlCommand cmd = new SqlCommand();
cmd.Connection = conn;
cmd.CommandType = CommandType.Text;
cmd.CommandText="SELECT * FROM Book;SELECT * FROM Author";
conn.Open();
SqlDataReader dr = cmd.ExecuteReader();
```

当返回的结果集有多个时，第一次调用 Read 方法会定位到第一个结果集的第一条记录，程序中可以通过 NextResult 方法来判断是否存在下一个结果集。如果方法的返回值为 true，则同时记录指针会定位到下一个结果集的第一条记录之前；如果返回值为 false，则表明已经到达最后一个结果集。定位到下一个结果集后，可以使用 Read 方法来使记录指针指向结果集中的第一条记录。以下代码为遍历所有结果集中的每一条记录的程序框架。

```
    do
    {
        //do something with each result set
        while (dr.Read())
        {
            //do something with each record
        }
    } while (dr.NextResult());
```

在使用 DataReader 时，关联的 Connection 忙于为 DataReader 服务，对 Connection 无法执行任何其他操作，只能将其关闭。除非调用 DataReader 的 Close 方法，否则会一直处于此状态。在调用 DataReader 对象的 Close 方法之后，DataReader 对象只有两个属性可以被使用：IsClosed 和 RecordAffected。使用完 DataReader 对象后，程序中必须调用 DataReader 对象的 Close 方法来关闭与数据源的连接。

另外，DataReader 对象还提供了一个 GetSchemaTable 方法，返回一个没有包含数据的 DataTable。这个 DataTable 对象包含若干行和列，表示当前结果集的数据组织模式的信息。表中的每一行表示结果集中的每一列，表中的每一列表示结果集中 lieder 每一个属性。

9.2.5 DataAdapter 对象

DataAdapter 对象是 ADO.NET 数据提供程序的组成部分，充当 DataSet 和数据源之间用于检索和保存数据的桥梁，能够检索和保存数据。DataAdapter 类代表用于填充 DataSet 以及更新数据源的一组数据库命令和一个数据库连接，每个 DataAdapter 都在 DataSet 中的单个 DataTable 对象和 SQL 语句或存储过程所产生的单个结果集之间交换数据。可以使用 DataAdpater 在 DataSet 和数据源之间交换数据，也就是说，DataAdapter 对象是一个双向通道，用来把数据从数据源读到内存的表中，以及把内存中的数据写回到一个数据源中。一个常见例子是应用程序将数据从数据库读到 DataSet 中，然后将 DateSet 中的更改写回到数据库中。

DataAdapter 用来从数据库中读取数据的 Command 对象存储在 DataAdapter 对象的 SelectCommand 属性中。除此之外，DataAdapter 对象还包括 InsertCommand、UpdateCommand 和 DeleteCommand，DataAdapter 使用这些 Command 对象将保存在 DataSet 中的更改提交到数据库。

- SelectCommand：引用从数据源中检索行的 Command 对象。
- InsertCommand：引用将插入的行从 DataSet 写入数据源的 Command 对象。
- UpdateCommand：引用将修改的行从 DataSet 写入数据源的 Command 对象。
- DeleteCommand：引用从数据源中删除行的 Command 对象。

使用 DataAdapter 提供的方法，可以填充 DataSet 或将 DataSet 表中的更改传送到相应的数据存储。这些方法包括如下。

- Fill：使用此方法，从数据源增加或刷新行，并将这些行放到 DataSet 表中。Fill 方法调用 SelectCommand 属性所指定的 SELECT 语句。
- Update：使用此方法，将 DataSet 表的更改传送到相应的数据源中。该方法为 DataSet 的 DataTable 中每一指定的行调用相应的 INSERT、UPDATE 或 DELETE 命令。

如果所连接的是 SQL Server 数据库，则可以通过将 SqlDataAdapter 与关联的 SqlCommand 和 SqlConnection 对象一起使用，从而提高总体性能。对于支持 OLE DB 的数据源，请使用 OleDbDataAdapter 及其关联的 OleDbCommand 和 OleDbConnection 对象。如下例使用 SqlDataAdapter 对象进行查询：

```
public DataSet SelectSqlServerRows(DataSet dataset, string connection, string query)
{
    SqlConnection conn = new SqlConnection(connection);
    SqlDataAdapter adapter = new SqlDataAdapter();
    adapter.SelectCommand = new SqlCommand(query, conn);
    adapter.Fill(dataset);
    return dataset;
}
```

以 SQL Server 数据库为例，用于创建和刷新 DataSet 并依次更新原始数据源的步骤如下。

① 创建 SqlConnection 对象，连接到 SQL Server 数据库。

② 创建 SqlDataAdapter 对象，设定该对象的 SelectCommand、InsertCommand、UpdateCommand 和 DeleteCommand 属性指向 4 个 SqlCommand 对象。这些 SqlCommand 对象指定了在数据库中进行 SELECT、INSERT、DELETE 和 UPDATE 等数据操作的 SQL 语句。

③ 创建包含一个或多个表的 DataSet 对象。

④ 调用 SqlDataAdapter 对象的 Fill 方法，使用数据源中的数据生成和填充 DataSet 表中的每个 DataTable。

⑤ 修改 DataSet 中的数据。可以通过编程方式来执行修改，或者将 DataSet 绑定到用户界面控件（例如 DataGrid），然后在控件中更改数据。

⑥ 在准备将数据更改返回数据库时，使用 SqlDataAdapter 的 Update 方法，SqlDataAdapter 对象隐式使用其 SqlCommand 对象对数据库执行 INSERT、DELETE 和 UPDATE 语句。

9.3 DataSet 对象

ADO.NET DataSet 是数据的一种内存驻留表示形式，无论它包含的数据来自什么数据源，都会提供一致的关系编程模型。使用 DataSet 的方法有如下若干种，这些方法可以单独应用，也可以结合应用。

（1）以编程方式在 DataSet 中创建 DataTable、DataRelation 和 Constraint，并使用数据填充表。

（2）通过 DataAdapter 用现有关系数据源中的数据表填充 DataSet。

（3）使用 XML 加载和保持 DataSet 内容。

如图 9-1 所示，DataSet 主要由两部分组成：DataTableCollection 和 DataRelationCollection。DataTableCollection 包含零个或多个 DataTable 对象；DataTable 对象代表驻留在内存的数据表，包含 DataColumn 所表示的列和 Constraint 所表示的约束的集合，这些列和约束一起定义了该表的结构；DataTable 还包含 DataRow 所表示的行的集合，每个 DataRow 对象代表表中的一行数据。DataRelationCollection 代表 DataSet 对象中表之间的关系集合，关系由 DataRelation 对象表示。

（1）DataTable 对象：表示内存中的一个表，DataSet 的 Tables 属性包含在 DataSet 中的所有表的集合。DataTable 对象包含了 DataRow 所表示的行的集合和 DataColumn 所表示的列的集合。

（2）DataRow 对象：表示 DataTable 中的一行数据，可以通过 DataTable 的 Rows 属性获取属于该表的行的集合。通过 DataRow 的 Item 属性可对单个列值进行访问。

（3）DataColumn 对象：表示 DataTable 中的列的架构，包括列的名称、类型和属性。列的清单可以通过 DataTable 的 Columns 属性获取。

（4）DataRelation 对象：可以将 DataSet 当作数据库的内存副本。DataTable 对象反映了基本数据库表的结构，但是使用 Fill 方法对它们进行填充时，却不能根据数据库中参照完整性的约束条件隐含地建立 DataTable 之间的关系。ADO.NET 提供了 DataRelation 对象用于创建 DataSet 中各个 DataTable 之间的关系，从而在使用 DataSet 时可以保证数据完整性，并允许实现子表上的级联更新，从而使 DataSet 具备了关系数据库最主要的功能，真正成为内存中的数据库。通过 DataSet 的 Relations 属性可以访问到所有已建立的数据集关系。

9.4 数据访问类

在应用程序开发中，通常使用多层架构来搭建应用程序，这需要将数据访问与业务逻辑或界面分离，将对数据表的访问封装到一个类中，查询或保存数据时通过封装的类进行。下面通过一个实例说明这种方法的实现过程。

（1）在数据库中创建包含学生信息的数据表 Student，字段定义如图 9-5 所示，添加若干记录。

列名	数据类型	允许为 null
🔑 Id	varchar(50)	☐
▶ Name	varchar(50)	☑
		☐

图 9-5 Student 表定义

（2）从数据库中获取的每条记录可以保存为一个对象，当需要保持记录信息时，可以通过对象来传递修改的信息。首先创建一个只包含 Id 和 Name 属性的 Student 类，代码如下：

```
public class Student
{
    public string Id {set; get;}
    public string Name {set; get;}
}
```

（3）在创建数据表访问类之前，可以将一些访问数据库的公共方法封装到一个 BaseDao 类中，比如获取 SqlConnection 对象，执行 SQL 语句等，代码如下：

```
public class BaseDao
{
    //获取 SqlConnnection
    private SqlConnection GetConnection()
    {
        //从 app.config 中获取配置信息
        string conn = ConfigurationManager.ConnectionStrings["db"].ConnectionString;
        return new SqlConnection(conn);
    }

    //设置 SqlCommand 参数
    private void SetParamters(SqlCommand comm, Dictionary<string, object> parameters)
    {
        //判断是否设置了参数
        if (parameters != null)
        {
            //遍历参数，将参数添加到 SqlCommand 对象的 Parameters 集合
            foreach (var parameter in parameters)
            {
                comm.Parameters.AddWithValue(parameter.Key, parameter.Value);
            }
        }
    }

    //执行非查询语句
    public void ExecuteNonQuery(string sql, Dictionary<string, object> parameters)
    {
        var conn = GetConnection();
        var comm = new SqlCommand(sql, conn);
        SetParamters(comm, parameters);
        conn.Open();
        try
        {
            comm.ExecuteNonQuery();
        }
        finally
        {
            conn.Close();
        }
    }
    //执行查询语句，并获取第一条记录的字段集合
    public object[] ExecuteSingle(string sql, Dictionary<string, object> parameters)
    {
        var conn = GetConnection();
        var comm = new SqlCommand(sql, conn);
```

```
                    SetParamters(comm, parameters);
                    conn.Open();
                    try
                    {
                        var reader = comm.ExecuteReader();
                        Object[] values = null;
                        if (reader.Read())
                        {
                            values = new Object[reader.FieldCount];
                            reader.GetValues(values);
                        }
                        reader.Close();
                        return values;
                    }
                    finally
                    {
                        conn.Close();
                    }
                }
            }
```

以上代码创建的 BaseDao 类有 4 个方法、两个私有方法和两个公共方法。

① GetConnection 方法是一个私有方法，用来获取一个 SqlConnection 对象，获取 SqlConnection 对象时所需的连接字符串从 App.Config 配置文件中获取。可以将连接字符串放在 App.config 文件的 connectionStrings 节中。下面创建一个名称为 db 的连接字符串。

```
<configuration>
    ...
    <connectionStrings>
        <add name="db" connectionString="..." />
    </connectionStrings>
    ...
</configuration>
```

connectionString 的内容参见 9.2.1 节关于连接字符串的内容。程序中通过 Configuration Manager.ConnectionStrings["db"].ConnectionString 来获取该字符串。使用 ConfigurationManager 类时，需要添加对 System.configuration 的引用，并在文件添加

```
using System.Configuration;
```

② SetParamters 方法是一个私有方法，将 Dictionary 中的键值配对添加到 SqlCommand 对象的 Parameters 集合中。

③ ExecuteNonQuery 方法是一个公共方法，将执行第一个参数中描述的 Sql 语句，并将第二个参数 parameters 作为参数传递给 SetParamters 私有方法，将其添加到 SqlCommand 对象的 Parameters 集合中。这样 BaseDao 的派生类将无须涉及 SqlCommand 执行的细节。

④ ExecuteSingle 方法是一个公共方法，在执行查询 Sql 语句的同时，返回查询结果的第一条记录内容，并通过 Object 数组返回。

（4）创建学生数据表的访问对象 StudentDao，代码如下。

```
//学生数据访问对象
public class StudentDao : BaseDao
{
    //新建学生对象
    public void Insert(Student student) { ... }
```

```
    //删除学生对象
    public void Delete(string id) { ... }

    //修改学生对象
    public void Update(Student student) { ... }

    //获取学生对象
    public Student Select(string id) { ... }
}
```

StudentDao 类中的方法依次完成对学生的增删改查操作，StudentDao 类由于继承了 BaseDao 类，因此在完成数据访问时无需关心数据库的连接和 SqlCommand 的执行，只需要将要执行的 SQL 语句和参数 Dictionary 对象作为参数，调用 BaseDao 的 ExecuteNonQuery 或 ExecuteSingle 方法即可。

① Select 方法通过学号获取学生对象，如果调用 ExecuteSingle 返回非空，则将内容赋值给新建的 Student 对象并返回。

```
public Student Select(string id)
{
    string sql = "SELECT Id, Name FROM Student WHERE Id = @Id";
    var parameters = new Dictionary<string, object>();
    parameters.Add("@Id", id);
    var values = ExecuteSingle(sql, parameters);
    Student student = null;
    if (values != null)
    {
        student.Id = values[0].ToString();
        student.Name = values[1].ToString();
    }
    return student;
}
```

② Insert 方法新建学生信息，将 Student 对象对应的内容插入到数据库中。

```
public void Insert(Student student)
{
    string sql = "INSERT INTO Student VALUES (@Id, @Name)";
    var parameters = new Dictionary<string, object>();
    parameters.Add("@Id", student.Id);
    parameters.Add("@Name", student.Name);
    ExecuteNonQuery(sql, parameters);
}
```

③ Update 方法根据学号来修改学生的姓名。如果需要根据学号同时修改学号和姓名，可以在 Student 对象中添加保留原始学号的属性。

```
public void Update(Student student)
{
    string sql = "UPDATE Student SET Name = @Name WHERE Id = @Id";
    var parameters = new Dictionary<string, object>();
    parameters.Add("@Name", student.Name);
    parameters.Add("@Id", student.Id);
    ExecuteNonQuery(sql, parameters);
}
```

④ Delete 方法通过学号删除学生信息，代码如下。

```
public void Delete(string id)
```

```
    {
        string sql = "DELETE FROM Student WHERE Id = @Id";
        var parameters = new Dictionary<string, object>();
        parameters.Add("@Name", id);
        ExecuteNonQuery(sql, parameters);
    }
```

StudentDao 类实现了 Student 数据表的增删改查操作。这个数据表访问类可以提供给其他需要访问 Student 数据表的程序使用，这个程序可以是一个 Windows 应用程序，或者是 Web 应用程序，或者是一个 Web 服务。访问时需要传递的参数是字符串或者 Student 对象，而 Student 对象只是一个只包含属性的简单对象。

9.5 数据绑定技术

9.5.1 数据绑定

Windows 窗体中的数据绑定提供了显示和更改来自数据源的信息的方法，这些数据源位于窗体上的控件中，可以绑定到传统数据源和几乎任何包含数据的结构。在.NET 中有两种数据绑定：简单绑定和复杂绑定。

（1）简单绑定：是指将控件的某个属性绑定到一个对象的某个属性上，这样当控件的属性发生改变时，对象对应的属性就能同时改变。同样，当对象的属性发生改变时，控件对应的属性就能同时改变。

（2）复杂绑定：是指一个基于列表的控件，比如 ListBox、ComboBox、DataGridView 等，绑定到一个数据集合上。当列表控件中的内容发生改变时，数据集合中的内容能同时改变；当数据集合中的内容发生改变时，列表控件中的内容同时改变。

9.5.2 简单绑定

图 9-6　输入学生信息窗体

控件与某个对象的属性或对象列表中的当前对象的属性之间的简单绑定可以通过使用 Binding 类创建和维护。

创建一个窗体如图 9-6 所示，添加用于输入学生学号和姓名的文本框，添加一按钮用于显示学生的学号和姓名的信息。

创建一个学生类 Student。

```
public class Student
{
    public string Id {set; get;}
    public string Name { set; get; }
    public override string ToString()
    {
        return string.Format("学号:{0} 姓名:{1}", Id, Name);
    }
}
```

在 Form 中实现如下代码。

```
//全局学生对象
Student student;

//加载窗体
private void Form1_Load(object sender, EventArgs e)
```

```
{
    //新建学生对象
    student = new Student();
    //将文本框的 Text 属性绑定到 student 的相应属性
    TxtId.DataBindings.Add(new Binding("Text", student, "Id"));
    TxtName.DataBindings.Add(new Binding("Text", student, "Name"));
}

//单击按钮
private void BtnShowStudent_Click(object sender, EventArgs e)
{
    //显示学生信息
    MessageBox.Show(student.ToString());
}
```

运行程序，在学号和姓名文本框输入适当信息，单击按钮可以看到提示框中显示学生的信息，如图 9-7 所示。通过观察，这里并没有任何代码对 student 的 Id 属性和 Name 属性进行赋值，通过数据绑定机制，将文本框的 Text 属性绑定到 student 对象的属性上，当文本框中的内容发生改变时，内容将同步到 student 对象上。

代码中新建了一个 Binding 对象，将 Binding 对象添加到文本框的 DataBindings 属性的集合中来完成数据绑定。在初始化 Binding 对象时，需要提供以下三个参数。

图 9-7　学生信息提示框

● propertyName：用于数据绑定的控件的属性名称。
● dataSource：绑定的数据源。
● dataMember：绑定到控件的数据源中的数据成员。

控件的 DataBindings 属性是一个存放 Binding 对象的集合，可以将控件的多个属性进行数据绑定。只需要在 DataBindings 添加多个 Binding 对象，但同一个属性只能绑定一次。

9.5.3　复杂绑定

在对控件进行数据绑定时，除了可以绑定简单对象，也可以绑定到集合或列表对象上。例如，对于如图 9-5 所示的包含学生信息的数据表 Student，可以创建 Student 表的访问对象 StudentDAO 类，创建获取学生记录的方法 GetStudentDataTable，返回包含学生信息的 DataTable 对象。

Student 表访问类，代码如下。

```
public class StudentDAO
{
    //创建 SqlConnection 对象
    private SqlConnection GetConnection()
    {
        //从 app.config 中获取配置信息
        string conn = "Data Source=(local);Initial Catalog=henry; "
                    + "Integrated Security=true;"
        return new SqlConnection(conn);
    }

    //得到包含学生记录 DataTable 对象
    public DataTable GetStudents()
    {
        var conn = GetConnection();
        var sql = "SELECT * FROM STUDENT";
```

```
        var adpt = new SqlDataAdapter(sql, conn);
        var table = new DataTable();
        adpt.Fill(table);
        return table;
    }
}
```

GetConnection 方法创建连接到 SQL Server 数据库的 SqlConnection 对象，GetStudents 方法是一个 public 方法，获取 Student 的数据表中的所有学生记录的 DataTable 对象。然后修改 Form表单中代码。

```
//加载窗体
private void Form1_Load(object sender, EventArgs e)
{
    //获取学生记录的 DataTable 对象
    var dao = new StudentDAO();
    var table = dao.GetStudents();

    //将文本框的 Text 属性绑定到 student 的相应属性
    TxtId.DataBindings.Add(new Binding("Text", table, "Id"));
    TxtName.DataBindings.Add(new Binding("Text", table, "Name"));
}
```

这里将文本框的 Text 属性绑定到了包含学生信息的 DataTable 对象上。在新建 Binding 对象时，dataSource 设置为 DataTable 对象，dataMember 参数设置的并不是 DataTable 对象的属性，而是关联的字段的名称，此时字段的名称等于 DataColumn 对象的列的名称。这是因为当数据源为 DataSet、DataViewManager 或 DataTable 时，实际将绑定到 DataView，绑定的实际行为是DataRowView 对象。

当程序运行后，在文本框中显示数据库中的第一条记录，这是因为默认当前行是第一行。如果需要能在不同的记录之间切换查看，就需要修改当前行。通过 BindingSource 类可以实现当前行的移动。

BindingSource 类建立数据源与控件之间的桥梁，通过 BindingSource 类的成员可以对数据源进行遍历和增删改查。使用 DataSource 属性来绑定数据源，同时自身可以作为数据源被控件进行绑定，对于复杂的数据源如 DataSet，可以通过 DataMember 属性来指定特定的 DataTable。导

图 9-8　记录导航浏览

航数据源可以通过 MoveNext、MovePrevious 等方法来实现，排序和筛选通过 Sort 和 Fitler 属性进行处理。编辑操作在当前项目支持通过 Current 和 RemoveCurrent、EndEdit、CancelEdit和 Add 和 AddNew 方法。

修改界面如图 9-8 所示，添加 4 个按钮进行数据的导航，实现在记录的前后查看。

修改 Form 表单中的代码。

```
//全局 BindingSource 对象
BindingSource bindingSource;

//加载窗体
private void Form1_Load(object sender, EventArgs e)
{
    //获取学生记录
    var dao = new StudentDAO();
    var table = dao.GetStudents();
```

```
    //创建 BindingSource 对象
    bindingSource = new BindingSource();
    bindingSource.DataSource = table;

    //将文本框的 Text 属性绑定到 BindingSource 中对应的字段
    TxtId.DataBindings.Add(new Binding("Text", bindingSource, "Id"));
    TxtName.DataBindings.Add(new Binding("Text", bindingSource, "Name"));
}

//移动到第一个记录
private void BtnFirst_Click(object sender, EventArgs e)
{
    bindingSource.MoveFirst();
}

//移动到上一个记录
private void BtnPrevious_Click(object sender, EventArgs e)
{
    bindingSource.MovePrevious();
}

//移动到下一个记录
private void BtnNext_Click(object sender, EventArgs e)
{
    bindingSource.MoveNext();
}

//移动到最后一个记录
private void BtnLast_Click(object sender, EventArgs e)
{
    bindingSource.MoveLast();
}
```

运行程序单击按钮，文本框中的内容会随着记录的移动而改变。通过 bindingSource 的
Position 属性可以查看当前记录的位置，下标从 0 开始，通过 Count 属性可以查看记录总数。通过这两个属性还可以控制导航按钮的可见性，当没有记录时按钮都不可用；当前记录是第一个记录时，第一个和上一个按钮设置为不可用；当前记录是最后一个记录时，下一个和最后一个按钮设置为不可用。

绑定控件如果是一个列表控件或者表格控件时，只需要设置控件的 DataSource 属性即可实现到数据源的绑定。在窗体上添加一 DataGridView 控件，DataGridView 控件可以在工具箱的数据一栏中找到，修改后的窗体如图 9-9 所示。

修改 Form 表单中 Form1_Load 事件的代码。

图 9-9 带表格的记录浏览

```
private void Form1_Load(object sender, EventArgs e)
{
    //获取学生记录
    var dao = new StudentDAO();
    var table = dao.GetStudents();

    //创建 BindingSource 对象
    bindingSource = new BindingSource();
```

```
    bindingSource.DataSource = table;

    //将文本框的 Text 属性绑定到 BindingSource 中对应的字段
    TxtId.DataBindings.Add(new Binding("Text", bindingSource, "Id"));
    TxtName.DataBindings.Add(new Binding("Text", bindingSource, "Name"));

    //将表格绑定到 BindingSource
    dataGridView1.DataSource = bindingSource;
}
```

图 9-10 带表格的记录浏览运行效果

程序运行后结果如图 9-10 所示，可以通过按钮实现记录的导航，也可以通过鼠标单击表格中的数据行进行导航。如果修改了表格中的内容，会同步到数据源中，同时对数据源的修改能反应到绑定到数据源的其他控件上，学号和姓名文本框中的内容也会同步修改。反之也会。数据在当前记录改变后应立即反映到其他控件，可以调用 Binding 对象的 EndEdit 方法，立即刷新数据。

如果需要将修改后的数据保存到数据库中，可以在 StudentDAO 类中添加用于保存 DataTable 对象的方法来实现，然后通过添加保存按钮调用该方法。代码如下。

```
//保存学生信息
public void SaveStudents(DataTable table)
{
    //创建 SqlDataAdapter 对象
    var conn = GetConnection();
    var sql = "SELECT * FROM STUDENT";
    var adpt = new SqlDataAdapter(sql, conn);

    //通过 SqlCommandBuilder 对象
    //自动设置 SqlDataAdapter 的 Command 属性
    var builder = new SqlCommandBuilder(adpt);

    //将 table 对象中更改的行保存到数据中
    adpt.Update(table.GetChanges());
    //完成 table 对象的所有改变
    table.AcceptChanges();
}
```

代码中通过创建 SqlCommandBuilder 对象自动生成 SqlDataAdapter 对象的 InsertCommand、UpdateCommand 和 DeleteCommand 成员，然后调用 adpt 对象的 Update 方法，将 table 对象中所有发生修改的数据保存到数据库中，最后调用 table 的 AcceptChanges 方法，将处于编辑模式的 DataRow 对象结束编辑。此时 DataRowState 也将发生更改，所有 Added 和 Modified 的行都变为 Unchanged，同时 Deleted 行则被移除。

9.6 LINQ 编程

Language Integrated Query(LINQ)，是 C# 3.0 的语法。LINQ 可以处理数据集合，而不需要大量的循环代码，使用 LINQ 可以快速地投影、过滤、排序和分组集合中的对象，就像数据库中查询语句为我们做的事情一样。

除了操作对象集合以外，LINQ 还可以查询 C#中不同的数据源，包括对象、SQL 数据库、XML 文档、实体数据模型和外部应用程序。

9.6.1　LINQ 查询

定义一个数组如下。

```
var numbers = new int[] { 3, 6, 7, 9, 11, 15 };
```

数组中包含若干整数，如果需要从该数组中获取所有能被 3 整除的整数，正常做法会遍历这个数组然后将满足条件的整数添加到另一个集合中。LINQ 给出了另外一种解决方法，就是使用类似查询语句的方法来获取符合条件的元素的集合。要完成这个任务可以使用 LINQ 语句如下。

```
var items = from n in numbers
            where n % 3 = = 0
            select n;
```

LINQ 查询在声明变量时通常使用 var 关键字，因为 LINQ 查询的返回类型是 IEnumerable <T>的一个泛型可枚举类型。LINQ 查询由 from 子句、where 子句和 select 子句 3 个子句组成。

- from 子句：指定要查询的数据源，并通过数据源来确定遍历的元素的类型。本例中将遍历的元素命名为 n，这里可以使用任何合法的标识符。
- where 子句：指定查询的条件，符合条件的元素将被选出。
- select 子句：指定选择的结果，这里元素是整数类型只有一项，如果元素是一个对象，可以指定结果为对象的某个属性或某些属性。

LINQ 查询的结果将被延时执行。前面的 LINQ 查询中只是保存了一个查询计划，并没有真正执行 LINQ 查询。可以通过遍历 LINQ 的查询结果实际执行 LINQ 查询，foreach 语句可实现对查询结果的遍历，代码如下。

```
foreach (int item in items)
{
    Console.WriteLine(item);
}
```

由于在 LINQ 的 select 子句中指定的结果是 numbers 中的元素，而 numbers 中的元素的类型是整数，所以查询结果的元素也是整型。

9.6.2　查询对象

上面的例子中查询的是整数数组，除了查询值类型的集合以外，还可以查询对象集合。

例如，创建一个学生类 Student。

```
public class Student
{
    //学号
    public string Id {set; get;}
    //姓名
    public string Name { set; get; }
    //性别
    public string Gender { set; get; }
    //构造函数
    public Student(string id, string name, string gender) {
        this.Id = id;
        this. Name = name;
```

```
            this. Gender = name;
        }
}
```

创建 Create5Students 方法，得到一个包含若干 Student 对象的集合。

```
public List<Student> Create5Students() {
var students = new List<Student>();
students.Add(new Student("001", "张三", "男"));
    students.Add(new Student("002", "李四", "女"));
    students.Add(new Student("003", "王五", "男"));
    students.Add(new Student("004", "张六", "女"));
    students.Add(new Student("005", "王七", "男"));
    return students;
}
```

LINQ 查询可以查询对象集合。如果需要查询出 Student 对象集合中所有姓张的同学，LINQ 查询代码如下。

```
var students = Create5Students();
var zhangs = from s in students
             where s.Name.StartsWith("张")
             select s;
```

代码中 students 是通过 Create5Students 方法创建 Student 对象的集合，from 子句指定遍历的元素名为 s，s 的类型为 Student，where 子句指定查询条件为 s 的 Name 属性以"张"开始，select 子句指定返回的是符合条件的 Student 对象的集合。

在 LINQ 查询中子句的次序与平常数据库查询子句的次序有所不同，LINQ 查询中将 select 子句放在最后，而 from 子句放在最前，原因是需要通过 from 子句来确定元素的类型，从而可以在后面的子句中使用智能提示。当在 where 子句中输入"s."以后，将自动提示 s 的属性。

可以使用&&运算符或||运算符连接多个条件，分别表示与运算和或运算；使用！运算符进行非运算。例如，找出所有姓"张"的男同学的代码如下。

```
var zhangs = from s in students
             where s.Name.StartsWith("张") && s.Gender=="男"
             select s;
```

如果查询结果只需要知道学生的姓名，不需要其他信息，只需要修改 select 子句即可，代码如下。

```
var zhangs = from s in students
             where s.Name.StartsWith("张")
             select s.Name;
```

执行这个查询将得到一个字符串的集合，字符串的内容是学生的姓名。select 子句还可以返回匿名对象集合，通过 new 关键字指定新的属性组合或者给属性赋予新的名称。下面的代码只返回学生的学号和姓名。

```
var zhangs = from s in students
             where s.Name.StartsWith("张")
             select new
             {
                 s.Id,
                 s.Name
             };
```

new 关键字可以新建匿名对象，在花括号里指定需要的属性类别，通过遍历查询结果可以得到匿名对象，并访问其属性。

```
foreach (var student in zhangs)
{
    Console.WriteLine(student.Id + ":" + student.Name);
}
```

9.6.3　排序查询结果

通过 orderby 子句可以对结果进行排序，使用 ascending 关键字和 descending 关键字表示升序和降序，按学号进行降序排序的代码如下。

```
var students = from s in students
               orderby s.Id descending
               select s;
```

如果进行排序的属性有多个，使用逗号 "," 进行分隔。如按学号进行升序，姓名降序进行排序，代码如下。

```
var students = from s in students
               orderby s.Id ascending, s.Name descending
               select s;
```

9.6.4　聚合运算符

LINQ 查询中可以使用聚合函数，常用聚合函数见表 9-2。

例如：创建一整数数组，返回这个数组的中能被 3 整除的所有整数的总个数、总和、平均值、最大值和最小值。代码如下。

表 9-2　聚合函数

函　数　名	描　　　述
Sum	计算集合中元素的总和
Count	返回集合中元素的个数
LongCount	返回集合中元素的个数，返回值类型 Int64
Max	返回集合中最大值
Min	返回集合中最大值
Average	计算集合中元素的平均值
Aggregate	对集合值执行自定义聚合运算

```
var numbers = new int[] { 3, 6, 7, 9, 11, 15, 21 };
var items = from n in numbers
            where n % 3 == 0
            select n;
Console.WriteLine("总个数 = " + items.Count());
Console.WriteLine("总和 = " + items.Sum());
Console.WriteLine("平均值 = " + items.Average());
Console.WriteLine("最大值 = " + items.Max());
Console.WriteLine("最小值 = " + items.Min());
```

9.6.5　LINQ to SQL

LINQ to SQL 是 LINQ 的一部分，关系数据库的数据模型映射到对象模型。当应用程序运行时，LINQ to SQL 会将对象模型中的 LINQ 转换为 SQL，然后将它们发送到数据库进行执行。当数据库返回结果时，LINQ to SQL 会将它们转换回对象。

这里使用图 9-5 中的 Student 表定义，然后通过创建 ADO.NET 实体数据模型来完成关系数据库的数据模型与对象模型的映射。菜单选择 "文件" → "添加" → "新建项目"，在添加新项对话框中，选择 "数据" 中的 "ADO.NET 实体数据模型"，名称设置为 StudentDB，如图 9-11 所示。

单击 "添加" 按钮后，将出现如图 9-12 所示的 "实体数据模型向导"（选择模型内容）对话框，选择从数据库生成，单击 "下一步" 按钮。

单击 "下一步" 按钮后，将出现如图 9-13 所示的 "实体数据模型向导"（选择您的数据连接）对话框，在此对话框中选择已有的连接或者新建连接后，单击 "下一步" 按钮。

图 9-11　添加新项对话框

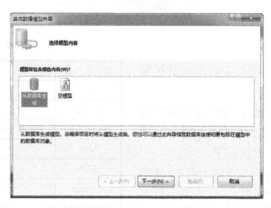

图 9-12　"实体数据模型向导"（选择模型内容）对话框

出现如图 9-14 所示的"实体数据模型向导"（选择数据库对象）对话框，在此对话框中选择需要映射的数据表，单击"完成"按钮。

图 9-13　"实体数据模型向导"
（选择您的数据连接）对话框

图 9-14　"实体数据模型向导"
（选择数据库对象）对话框

此时，系统将自动生成实体数据模型文件 Student.edmx，自动创建实体集 Student，如图 9-15 所示。

系统将创建一系列类，其中 Student 类是 Student 数据表的对象映射。Database1Entities 类是数据库的网关，用来获取与数据库的连接，新建、删除和保存实体对象等，在使用时需创建 Database1Entities 的一个实例。

图 9-15 实体集 Student

```
var entities = new Database1Entities();
```

同时 Database1Entities 中包含 Student 类的集合，LINQ 查询可以通过对其进行查询来获取学生信息。获取所有学生信息代码如下。

```
var students = from s in entities.Student
               select s;
```

当然还可以通过添加 where 子句添加筛选条件，添加 orderby 子句排序。如果需要通过 LINQ 查询多个数据表，还可以使用 join 子句实现连接。例如：

在数据库中添加一个 Department 数据表，表示学生所在部门，字段定义图 9-16 所示。

修改图 9-5 所示 Student 数据表，添加字段 DepartmentId，如图 9-17 所示。

列名	数据类型	允许为 null
Id	varchar(50)	
Name	varchar(50)	☑

图 9-16 Department 数据表定义

列名	数据类型	允许为 null
Id	varchar(50)	
Name	varchar(50)	☑
DepartmentId	varchar(50)	☑
		☑

图 9-17 Student 数据表表定义

在解决方案资源管理中，双击打开 StudentDB.edmx 文件，右击空白区域，在快捷菜单中选择从数据库更新模型，如图 9-18 所示；在随后出现的添加一览对话框中选择 Department 数据表，单击"完成"按钮完成更新。

最后通过 LINQ 查询学生的信息，包括学生的学号、姓名、部门编号和部门名称。代码如下。

添加	▶
关系图	▶
缩放	▶
网格	▶
标量属性格式	▶
全选	
映射详细信息	
模型浏览器	
从数据库更新模型...	
根据模型生成数据库...	
添加代码生成项...	
验证	
属性(R)	Alt+Enter

图 9-18 实体数据模型快捷菜单

```
var entities = new Database1Entities();
var students = from s in entities.Student
               join d in entities.Department
               on s.DepartmentId equals d.Id
               select new
               {
                   StudentId = s.Id,
                   StudentName = s.Name,
                   DepartmentId = d.Id,
                   DepartmentName = d.Name
               };
```

代码中使用 join 子句完成实体集 Student 和实体集 Department 的关联，join 子句分为两个部分：关联的实体集合和关联的条件，关联条件前使用 on 关键字。注意这里使用 equals 关键字表示条件的相同而不使用= =运算符，select 子句返回匿名对象包含了学生的学号、姓名、部门编号和部门名称。

在主从表结构中，join 子句还可以使用 into 关键字，将子表的结果进行分组，并使用聚合函数。如果需要查询每个部门的学生人数可以使用以下代码。

```
var departments = from d in entities.Department
                  join s in entities.Student
                  on d.Id equals s.DepartmentId
```

```
                into students
                select new
                {
                    DepartmentId = d.Id,
                    DepartmentName = d.Name,
                    StudentCount = students.Count( )
                };
```

9.6.6 ADO.NET 实体数据模型的持久化操作

通过 ADO.NET 实体数据模型可以执行 LINQ 查询，还可以完成对于数据的持久化操作。对对象的持久化操作也是基于实体对象进行的。

1. 修改

如果需要修改已经存在的部门信息，需要执行的操作是：利用 LINQ 查询获取一个唯一的实体对象，修改实体对象的属性，最后执行 SaveChanges 方法。代码如下。

```
var entities = new Database1Entities();
var department = (from d in entities.Department
                  where d.Id == "01"
                  select d).Single();
department.Name = "另一个名称";
entities.SaveChanges();
```

代码分析：首先创建 Database1Entities 对象，这是访问数据库的桥梁，获取数据和保存数据都是通过这个对象。然后利用 LINQ 查询获取一个 Department 对象，由于 LINQ 的返回是一个对象的集合，这里可以使用 Single 方法来获取集合中的唯一一个对象。本例代码通过主键 Id 来获取唯一记录，前提是部门编号对应的部门是存在的。接着修改 Department 对象的属性，通过修改对象属性来达到修改字段的目的，幸运的是这些映射工作不需要另外的代码去完成，ADO.NET 实体数据模型会执行这些操作。当然修改属性后，这些修改不会立刻保存到数据库中去，最后需要调用 SaveChanges 方法来完成数据的保存。

如果修改的对象是多个的话，不需要在每次修改后执行 SaveChanges 方法，可以在所有的修改都已经完成后，最后执行 SaveChanges 方法保存修改。

2. 增加

如果需要新建一个 Department 对象，需要执行的操作是新建一个实体对象，将实体对象添加到对应的实体集合中，最后执行 SaveChanges 方法。代码如下。

```
var entities = new Database1Entities();
var department = new Department();
department.Id = "02";
department.Name = "部门 2";
entities.Department.AddObject(department);
entities.SaveChanges();
```

> ☞**注意**：新建的对象必须添加到对应的实体集合中，否则 Database1Entities 对象并不知道新建的对象需要保存到数据库中，此时执行 SaveChanges 方法不会发生任何效果。

3. 删除

执行删除操作同样通过操作实体集合完成，通过 LINQ 查询获取对象后，将它从对应的实体集合中删除即可。代码如下。

```
var entities = new Database1Entities();
var department = (from d in entities.Department
                      where d.Id == "02"
                      select d).Single();
entities.Department.DeleteObject(department);
entities.SaveChanges();
```

DeleteObject 方法删除的对象必须是实体集合中存在的对象，如果是通过 new 关键字新建的对象，将不可以执行删除操作。

9.7　本章小结

ADO.NET 是.NET 战略框架的一个重要内容。本章首先介绍了 ADO.NET 的对象体系，详细介绍了 ADO.NET 的数据提供程序和 DataSet 对象，以及它们的使用方法；接着介绍了如何使用多层架构来搭建数据访问应用程序，如何使用数据绑定技术简化数据的填充过程；本章最后介绍了 LINQ，LINQ 使 C#编写的查询非常简单和强大，说明了如何使用 LINQ 处理对象，如何把 LINQ 应用于查询和数据处理。

 习题 9

1．什么是 ADO.NET？它具有哪些优点？

2．简述 SqlConnection、SqlCommand、SqlReader 对象的作用及使用步骤。

3．设计程序，实现管理系统登录界面，验证用户名和密码输入是否正确，如果正确，启动新窗体；否则，提示重新登录。

4．新建一个窗体，并放置按钮：打开、关闭、上一条、下一条。要求窗体运行时，能够通过读取 SQL Server 2000 中的数据库 PUBS 中的表 authors，并在窗口中使用文本框或 listview 控件显示其中的内容。要求：

● 使用 DataReader 对象访问表 Authors；

● 使用 DataTable 对象访问表 Authors；

● 使用 T-SQL 指令执行查询。

5．新建一个窗体，能够执行 T-SQL 中的数据流指令。要求窗体运行时，能够通过使用 select 指令直接读取 SQL Server 2000 中的数据库 PUBS 中的表 authors 中的数据，并可以通过文本框修改数据后，将数据通过 update 指令执行数据更新、数据插入、数据删除。要求：使用 SqlCommand 对象执行 T-SQL 指令。

6．参考第 1 题，编写相应的参数化过程，将数据插入、数据修改、数据删除的 T-SQL 指令保存为存储过程，在.NET 中将相应的参数通过 SqlCommand 命令传递到后台存储过程，然后，完成表的数据插入、修改、删除。要求：使用 SqlCommand 对象和 SqlParameter 对象执行后台存储过程。

7．新建一个窗体，放置相应的文本框，并使用数据绑定技术将文本框和 SQL Server 2000 中的数据库 PUBS 中的表 authors 中的属性字段关联。利用绑定技术，实现表数据的插入、修改和删除。

8．有一整数集合，使用 LINQ 查询得到集合中整数的平均值。

9．有学生成绩表 Score，包含字段学号 StudentId、课程号 SubjectId、成绩 Score，使用 LINQ 查询得到查询成绩在 60～80 之间的所有记录。

10．使用 LINQ 查询显示 Northwind 数据库中 Products 和 Employees 表的信息。

反侵权盗版声明

电子工业出版社依法对本作品享有专有出版权。任何未经权利人书面许可，复制、销售或通过信息网络传播本作品的行为；歪曲、篡改、剽窃本作品的行为，均违反《中华人民共和国著作权法》，其行为人应承担相应的民事责任和行政责任，构成犯罪的，将被依法追究刑事责任。

为了维护市场秩序，保护权利人的合法权益，本社将依法查处和打击侵权盗版的单位和个人。欢迎社会各界人士积极举报侵权盗版行为，本社将奖励举报有功人员，并保证举报人的信息不被泄露。

举报电话：（010）88254396；（010）88258888

传　　真：（010）88254397

E-mail：dbqq@phei.com.cn

通信地址：北京市海淀区万寿路 173 信箱

　　　　　电子工业出版社总编办公室

邮　　编：100036